Interrègne, risques et puissance

PETER LANG

New York | Berlin | Bruxelles | Lausanne | Oxford

Brigitte VASSORT-ROUSSET (dir.)

Interrègne, risques et puissance

Reconfigurations interrégionales et identitaires

New International Insights
Volume 17

Publié avec le soutien de:
- Centre d'Etudes et de Recherches sur l'Administration publique et la Diplomatie de Sciences Po Grenoble
- Université Grenoble Alpes

© P.I.E. PETER LANG S.A., 2023
1 avenue Maurice, B-1050 Bruxelles, Belgique www.peterlang.com ISSN 1780-5414
ISBN 978-2-87574-796-9
ePDF 978-2-87574-797-6
ePUB 978-2-87574-798-3
DOI 10.3726/b20694
D/20

Information bibliographique publiée par « Die Deutsche Bibliothek »
« Die Deutsche Bibliothek » répertorie cette publication dans la « Deutsche National-bibliografie » ; les données bibliographiques détaillées sont disponibles sur le site
<http:// dnb.ddb.de>.

A Gilles, et à nos fils Côme et Humbert,
avec mon immense gratitude pour le partage de tant
d'interrogations, de découvertes et d'émotions,
et pour leur affection et leur patience sans faille.

Remerciements

En tant que coordinatrice de cet ouvrage, je souhaite assurer de ma vive reconnaissance les auteurs français et africains pour leur fidèle et riche participation de 2018 à 2021 aux Journées d'études de Relations internationales du Centre d'Etudes et de Recherche sur la Diplomatie, l'Administration publique et le Politique (CERDAP^2) de Sciences Po Grenoble, en partenariat avec l'Ecole d'Affaires internationales et d'Administration publique de l'Université océanique de Chine à Qingdao, Shandong, en modes présentiel et hybride (2019 et 2021).

Mes remerciements vont aussi aux collègues, amis, et étudiants français, européens, africains, chinois, et américain, dont les commentaires et questionnements avisés ont permis d'enrichir notre réflexion sur les risques et les mutations des frontières et de la puissance dans les reconfigurations internationales en cours. Les erreurs d'appréciation restent les miennes.

Cette progression collective n'aurait pas abouti à ce livre sans le soutien financier généreux du CERDAP^2 et de l'Université Grenoble-Alpes, la confiance constante de la Direction du Laboratoire et l'organisation précieuse de Bigué Dieng, ainsi que le calme encourageant de Thierry Waser, Responsable éditorial chez Peter Lang, et de Pierre Chabal, co-Directeur de la collection Nouveaux Regards sur l'International. L'efficacité tranquille de l'Equipe de fabrication est à saluer. Qu'ils soient tous chaleureusement remerciés !

TABLE DES MATIÈRES

I- GOUVERNANCE DES RISQUES SUR LES FRONTIÈRES ET LES MARGES (STRATÉGIE ET SÉCURITÉ INTERNATIONALE)

II- DES CONCURRENCES INTERRÉGIONALES CRÉATRICES (INNOVATIONS INSTITUTIONNELLES INTERNATIONALES)

III- RECONSTRUCTION PERMANENTE DES REPRÉSENTATIONS ET DE LEUR MATÉRIALITÉ (SOCIOLOGIE POLITIQUE INTERNATIONALE)

Liste des illustrations

Tableaux

Photos

Introduction : Hétérarchies post-hégémoniques et identités imbriquées

BRIGITTE VASSORT-ROUSSET
Professeur émérite en Science politique,
CERDAP²-Sciences Po Grenoble-UGA

Josep Borrell, Haut représentant de l'Union européenne pour les affaires étrangères et la politique de sécurité depuis décembre 2019, a traité fin mars 2022 dans une pièce de doctrine géopolitique, après sa « boussole stratégique » présentée en novembre 2021 et adoptée par le Conseil en mars dernier, de ce que la guerre en Ukraine changeait pour l'Europe. Il y a mis en évidence l'urgence d'une adaptation stratégique impérieuse et vitale dans l'interrègne, dans un monde en pleine restructuration, de moins en moins compréhensible, à la configuration multiscalaire et à la temporalité éclatée. Pour « apprendre à parler le langage de la puissance » face à la Russie révisionniste et en quête de statut, et à l'intensification de toutes les menaces. Ce sont les principes même de l'ordre de sécurité européen et mondial depuis la fin de la Deuxième Guerre mondiale qui sont en jeu : les relations internationales de la Charte des Nations unies et de l'Acte final d'Helsinki, les sources de solidarité et de légitimité de l'UE.[1]

Dans un monde façonné par une politique de puissance brutale, militarisée et discursive, face à laquelle le concept de *hard power* de l'Union européenne ne peut se réduire à des procédures juridiques ni aux moyens militaires, et doit inclure toute la gamme des instruments pour atteindre ses objectifs, défendre ses intérêts communs, ses valeurs et son modèle, renforcer sa résilience et réduire ses vulnérabilités stratégiques. Pour que son réveil géopolitique devienne une permanence stratégique, tant en

[1] Borrell, J., « L'Europe dans l'interrègne : notre réveil géopolitique après l'Ukraine », *Le Grand Continent,* 24 mars 2022, Bruxelles.

Europe qu'au-delà, impliquant une plus grande coordination au sein de l'Union et de l'OTAN et une solidarité entre elles, un processus de convergence stratégique et d'investissement dans une capacité d'action collective se structure face à « l'instrumentalisation des flux migratoires, à la privatisation des armées et à la politisation du contrôle des technologies sensibles, (. . .) à la dynamique des Etats faillis, au recul des libertés démocratiques, ainsi qu'aux attaques contre 'les biens communs mondiaux' », au revers de la méthode choisie de dépolitisation pour l'intégration européenne, à la manipulation de l'interdépendance économique, et au défi de l'ouverture asymétrique à la Chine.[2]

Depuis l'origine du projet européen, la définition de son identité a été étroitement liée à des crises. Il a su transformer le danger en occasion de progrès, en puisant dans un fonds historique commun, témoin d'une cohérence culturelle, juridique et politique propre à fonder une entité politique européenne. Mais les crises mondiales actuelles, réelles ou potentielles, interagissent en se neutralisant ou en se renforçant mutuellement, et constituent ensemble une véritable crise systémique ; les menaces venant du monde extérieur exigent alors une réponse rapide ou demandent un haut niveau d'improvisation ou d'adaptation. Cela met au défi non seulement une communauté de valeurs économiques et sociales, mais les rapports dialectiques entre unité et diversité culturelle et politique, dans le respect aussi bien de la Charte des droits fondamentaux de l'Union européenne que du patrimoine, culturel, religieux, et humaniste de l'Europe, avec le but précis de forger une destinée commune dans un équilibre fragile mais réel de cet espace multiculturel et plurilingue, y compris par une « bataille des récits ». Faute d'une harmonisation juridique complète, la garantie de la cohérence et de la fonction unificatrice de la jurisprudence et de l'interprétation du droit revêt un rôle essentiel pour assurer la certitude du droit et la confiance des citoyens.[3]

---

[2]   La stratégie indo-pacifique de l'UE de septembre 2021 a engagé un processus de diversification politique des liens avec l'Asie démocratique ; l'approche européenne de la connectivité dans la stratégie *Global Gateway* met l'accent sur une bataille de normes, des règles décidées en commun, la durabilité et l'appropriation locale, avec le soutien de 300 milliards d'euros pour des programmes concrets et tangibles, dont la moitié spécialement pour l'Afrique. Puissance et ressources sont mises au service du dialogue, de la diplomatie, et du multilatéralisme, y compris en travaillant davantage avec les forces locales et les groupes de la société civile.

[3]   Nabli, B., «Identité européenne et communauté politique », *Revue internationale et stratégique*, N°66, 2007/2, p. 37-46.

La guerre en Ukraine a obligé l'Union européenne à affronter le choix entre une union plus parfaite ou une agonie fatale. Soudainement, les problèmes ne venaient plus de l'Union européenne, mais étaient accentués par le choix des élites politiques et économiques allemandes de bénéficier du mirage d'une énergie russe bon marché, et par le concept français d'une Europe élargie incluant la Russie ; ne serait-ce qu'en raison du mépris du Kremlin pour l'UE, et de sa volonté de la voir échouer. Les consciences changent doucement au sujet de Bruxelles et du pouvoir supranational, en Europe centrale et orientale en particulier, et le moteur de l'action politique est dorénavant géopolitique plutôt que culturel. Alors que le lien que font les nationalismes entre les frontières et les identités politiques était ravivé depuis 2015 par le rapport de force entretenu entre l'Union européenne et les pays d'Europe centrale et orientale, au sujet de l'accueil de réfugiés risquant de porter atteinte à des identités culturelles construites dans des projets de nations homogènes autour de la langue, de la culture, et de la religion,[4] de nouvelles perspectives s'ouvrent. Pour une union géopolitique et non plus principalement économique, avec l'admission de la Moldavie et de l'Ukraine au statut de candidates, la compréhension dorénavant partagée (à part par le gouvernement de la Hongrie) de qui sont les ennemis, et le remodelage des modalités décisionnelles et des rapports de puissance dans l'UE (entre Sud, Scandinavie, et Europe centrale) lié à la future appartenance de l'Ukraine.

Les interactions globales entre la pandémie de Covid, l'inflation, la récession, le risque de famine dans le Sud, le réchauffement climatique, les dettes publiques dans la zone Euro, le risque d'escalade nucléaire (en lien avec la guerre en Ukraine), et le déclin relatif du rôle mondial des Etats-Unis sont très déstabilisants pour la structure de l'économie mondiale. Aucune conséquence de ces problèmes ne saurait être résolue par une somme d'ajustements partiels. D'où le besoin de projets englobants et radicaux qui proposent une nouvelle architecture garantissant la prospérité et la paix.

Les théories de Relations internationales ne sont ici pas neutres: elles ont un rôle dans la construction d'un futur durable pour l'humanité. Les théories

---

[4] Wihtol de Wenden, C., « Frontières, nationalisme et identité politique », *Pouvoirs*, N°165, 2018-2, p. 39-49. La frontière y est traitée comme un des symboles de la souveraineté de l'Etat, les espaces frontaliers y sont des espaces d'identités fortes et disputées mais aussi des lieux de proximité linguistique et culturelle diffuse avec le voisin, au-delà de la frontière et souvent par référence à des lieux proches riches d'identification commune, ou encore pour revendiquer une identité commune fracturée par le tracé de frontières nationales.

de R.I. post-occidentales, post-westphaliennes, et globales, sont nécessaires. Pour leur émergence, les expériences et visions globales des civilisations non-européennes le sont aussi, afin de traquer les relations internationales au-delà des états-nations, jusqu'aux populations et à leur survie, dans une forme de théorie internationale critique historico-sociologique qui essaie de reconnecter théorie et pratique, et abandonne les grands récits philosophiques et le piège de l'eurocentrisme pour analyser les dynamiques sociologiques universelles au fondement du développement de toutes les sociétés humaines.[5]

Or l'ordre international est en transition, en deux processus reliés: le déplacement de la puissance matérielle et d'influence, et la transformation institutionnelle par des stratégies d'équilibrage ; la Chine comme *challenger* de l'ordre en place depuis 1945 choisit de maximiser sa propre puissance et sa légitimité dans un nouvel ordre international par des options inclusives aussi bien qu'exclusives, comme l'illustre sa diplomatie environnementale, régionale et globale.

Alors que l'Occident n'a plus le monopole de l'impérialisme (voir l'agression extrêmement violente de la Russie), qu'« Occident » est devenu une catégorie idéologique, que les Etats-Unis n'incarnent plus les valeurs occidentales comme la liberté et la droit à la vie, que les institutions multilatérales dont l'ONU ne fonctionnent plus, que de nouveaux acteurs émergent aux périphéries (Japon, Inde, Nouvelle-Zélande) et agissent comme médiateur (Turquie), il faut trouver un principe de compromis et résoudre les contradictions actuelles entre priorités pour sauver la planète... Et défendre démocratie, souveraineté, sécurité, environnement et liberté contre l'interdépendance des chaînes d'approvisionnement transformée en *sharp power* et arme de guerre, dans une approche collectivement responsable de résistance à la désinformation et aux réseaux globaux de régimes autocratiques, dont les liens sont cimentés par des contrats et des chantages commerciaux, et non plus des idéaux.

Eloigné du régionalisme hégémonique du 20è siècle, le régionalisme du 21è siècle se caractérise par un pluralisme croissant et des antagonismes intensifiés. Ce qui questionne le lien positif entre régionalisme et multilatéralisme, alors que les clivages sont exacerbés entre blocs concurrents. Le régionalisme (l'inter-régionalisme) coopératif représente pourtant la possibilité de relancer la discussion sur ce qu'est le rôle du multilatéralisme dans une perspective interdisciplinaire, et de nourrir les analyses de pratiques et

---

[5]   Saramago, A., "Post-Eurocentric grand narratives in critical international theory", *European Journal of International Relations*, vol. 28-1, mars 2022, p. 6-29.

de formes hybrides de coopération, qui débordent les typologies traditionnelles et agissent comme une puissance montante exigeant davantage de pouvoir de négociation vis-à-vis des puissances établies.

Dans l'évolution actuelle des relations géopolitiques, le défi principal pour les membres de nouvelles régions consiste à concevoir et mettre en place une influence plus importante au niveau international, et à équilibrer l'ordre international libéral par la transformation de l'ordre global. Il existe des raisons à la fois normatives et géoéconomiques de consolider un multilatéralisme légitime à l'ère contemporaine: construire des formes légitimes du multilatéralisme exige de nouveaux types de coopération commerciale intrarégionale et de *leadership*; l'Union européenne a besoin d'établir des relations avec d'autres puissances moyennes, comme l'Inde et le Japon. Il demeure que le régionalisme et la mondialisation peuvent revêtir des contenus et des portées différents en fonction des lieux d'origine et d'application; la Chine promeut ainsi des représentations du monde visant à changer l'ordre international, et à établir de nouvelles règles et institutions de gouvernance globale. Un des risques internationaux devient alors qu'elle bénéficie de façon disproportionnée de sa monopolisation du contrôle, des avantages, et des chances qui accompagnent l'inclusion dans un groupe, les exclus n'ayant plus qu'à passivement subir les nouvelles règles de la société internationale qui prévalent dans la construction d'accords globaux et équilibrés. Soit la « relationalité » plutôt que la hiérarchie, et un cadre de gouvernance globale polycentrique sous les auspices d'un état central, la Chine précisément, qui applique un ordre libéral international sans libéralisme.[6]

Le changement s'accompagne du risque, qui induit potentiellement bénéfices et opportunités. Une meilleure gouvernance des risques cherche à permettre aux sociétés de profiter du changement tout en minimisant les risques associés. La gouvernance des risques globaux et systémiques (stratégiques, géoéconomiques, environnementaux...) exige de la cohésion entre les pays et un processus inclusif dans les choix gouvernementaux. Elle renvoie aux actions, processus, traditions, et institutions par lesquels l'autorité s'exerce et les décisions sont prises et appliquées (pré-évaluation, expertise, suivi, définition scientifique et sociale, et gestion des risques; puis sensibilisation à l'importance de la communication sur ce processus de gouvernance).

---

[6]   Viola, L. A., *The Closure of the International System: How Institutions Create Political Inequalities and Hierarchies in International Relations*, Cambridge Studies in International Relations, Series Number 153, 2020, 336 p.

L'espace d'analyse proposé sur la reconfiguration actuelle des frontières et des marges s'organise autour de la normativité ; de l'informel et de l'(il)légalité ; de la hiérarchisation et des nouvelles structurations ; des facteurs de stabilité et de transgression ; de l'interaction, des échanges, et de la reconstruction permanente des représentations et de leur matérialité ; et des épistémologies enchâssées dans les contextes nationaux et régionaux de tous les continents du monde globalisé.

Cet ouvrage collectif, bilingue et interdisciplinaire, rassemble des contributions issues de la série de Journées d'études en Relations internationales organisées depuis 2018 dans le cadre du CERDAP[2] à Sciences Po Grenoble-UGA, et en partenariat avec l'Ecole d'Affaires internationales et d'Administration publique de l'Université océanique de Chine (SIAPA-OUC) en 2019 et 2021. Trois des six auteurs de l'ouvrage sont des chercheurs membres du CERDAP[2] ; et une quatrième est MCF HDR à Sciences Po Grenoble. Les deux autres sont l'un MCF HDR au Havre et Directeur du Campus Sciences Po Europe-Asie, l'autre Docteur en Science politique et Ambassadeur (burundais) à Genève.

Il s'inscrit pleinement dans le projet scientifique du CERDAP[2], en ayant pour objectif la mise en évidence de reconfigurations institutionnelles et politiques internationales, et de nouvelles rationalités contemporaines : il analyse, pense, propose, et teste des modèles nationaux, régionaux, et internationaux de gouvernance donnant toute leur place aux acteurs institutionnels et à ceux de la société civile. Il intègre l'ensemble des protagonistes impliqués (y compris les acteurs transnationaux) dans des dispositifs administratifs, politiques, économiques, diplomatiques et stratégiques en recomposition continue.

Que nous apprennent les théories classiques des relations internationales sur les hiérarchies, les frontières, et les reconfigurations régionales?

A titre d'exemple, l'état de la relation transatlantique dépendant de plusieurs facteurs clés, les diverses théories des relations internationales se concentrent sur un ou plusieurs d'entre eux.[7] Réalisme et néoréalisme

---

[7]   Girard, M., Milner, H., « Introduction: turbulences et stabilité », *Politique étrangère*, 2009-1, printemps, p. 61-71.

insistent sur l'équilibre des puissances à l'échelle mondiale. *La distribution internationale des capacités, en particulier militaires,* est analysée comme un élément primordial dans les rapports Europe/États-Unis, dont la coopération est plus efficace contre un ennemi commun, comme l'illustre leur réaction commune à l'invasion de l'Ukraine. D'un point de vue réaliste aussi, la fin du monde bipolaire avait questionné la coopération transatlantique,[8] et mené à une période de concurrence voire d'incompréhension entre États-Unis et Europe.[9] Face à l'ascension économique de la Chine et de l'Asie, avec la relativisation de la place des États-Unis, une vision réaliste aurait aussi pu envisager une alliance renforcée entre Américains et Européens pour contrebalancer les puissances émergentes.

Deuxièmement, *la politique intérieure, de part et d'autre,* est un facteur susceptible d'affecter les relations interrégionales. À un premier niveau, la stabilité de ces régimes démocratiques est source de cohésion, et les relations restent pacifiques entre alliés et partenaires économiques.[10] Mais l'alternance au pouvoir, les changements de l'opinion ou des dirigeants peuvent mener à la redéfinition de l'intérêt national d'un pays et provoquer d'importantes modifications de sa politique étrangère (cf. « trumpisme »). Malentendus et conflits peuvent en résulter. En outre, les gouvernements s'appuient souvent sur des coalitions, parlementaires ou idéologiques, dont les changements peuvent avoir des effets concrets, y compris en politique étrangère. Ainsi à partir de 2005, s'est érodée la coalition intérieure qui avait soutenu la politique américaine vis-à-vis du reste du monde depuis la fin de la Seconde Guerre mondiale.

La question du *leadership* a également son importance. À l'occasion de changements de dirigeants, de nouvelles idées, de nouvelles approches

---

[8]   Mearsheimer, J. J., « A realist reply », *International Security,* vol. 20-1, été 1995, p. 82-93.

[9]   Brooks, S. G., Wohlforth, W. C., *World out of balance: international relations and the challenge of American primacy* , Princeton University Press, 2008, 226 p.

[10]   Doyle, M. W., « Liberalism and world politics », *The American Political Science Review* , vol. 80-4, décembre 1986, p. 1151-1169; Oneal, J. R., Russett, B. M., « Assessing the liberal peace with alternative specifications: trade still reduces conflict », *Journal of Peace Research,* vol. 36-4, Special issue on Trade and Conflict, juillet 1999, p. 423-442; Diversion, R. M., Emmons, J., « Birds of a feather », *Journal of Conflict Resolution,* vol. 35-2, 1991, p. 285-306; Mansfield, E. D., Milner, H. V., Rosendorff, B., « Why Democracies Cooperate More: Electoral Control and International Trade Agreements », *International Organization,* vol. 56-3, 2002, p. 477-513.

se diffusent, améliorant ou dégradant les relations et l'image du partenaire, comme le suggèrent les exemples de John F. Kennedy, George W. Bush, Barack Obama, ou Donald Trump. Les dirigeants demeurent malgré tout sous la contrainte de leur situation intérieure, lors de crises brutales induisant soit des politiques protectionnistes, soit l'identification de nouveaux objectifs communs entre deux régions du monde. Les tensions et acteurs politiques intérieurs sont centraux dans la perspective libérale des théories des relations internationales.[11]

La nature des liens économiques entre pays peut affecter également leurs relations, comme la «paix capitaliste »[12] entre l'Union européenne (UE) et les États-Unis (environ 42 % du commerce et du PIB mondiaux, à comparer aux 16 % de la Chine). La théorie libérale des relations internationales voit dans ces liens économiques la plus forte base d'intérêts communs pour la communauté transatlantique, et la plus grande source de résistance aux troubles politiques. La mondialisation a créé un système où les efforts nationaux seuls ne suffisent plus à résoudre les problèmes; selon les fonctionnalistes, la coordination des politiques internationales est essentielle; et la mondialisation a elle-même contribué à créer des intérêts qui vont dans le sens d'une telle coopération internationale.

L'interdépendance peut être à double tranchant, comme le rappellent Hirschmann, et Keohane et Nye ;[13] et les intérêts économiques respectifs peuvent aussi entraver la coopération jusqu'à des politiques potentiellement conflictuelles, quel que soit le réseau dense d'accords économiques, qui permet seulement de freiner les conflits (comme l'Organe de règlement des différends de l'Organisation mondiale du commerce).

Autre facteur influençant les relations entre pays et groupes de pays: *le partage de valeurs et de représentations* dont les constructivistes

---

[11] Moravcsik, A., « Taking preferences seriously: a liberal theory of international politics », *International Organization*, vol 51-4, 1997, p. 513-553; Milner, H., *Interests, Institutions, and Information: Domestic Politics and International Relations.* Princeton, NJ, Princeton University Press, 1997, 309 p.

[12] Gartzke, E., « The Capitalist Peace », *American Journal of Political Science*, 51-1, janvier 2007, p. 166-191.

[13] Hirschmann, A. O., *National power and the structure of foreign trade*, rééd. 1980, Berkeley, University of Colorado Press; Idem, *The Strategy of Economic Development*, New Haven, Yale University Press, 1958, 230 p.; Id., *Les passions et les intérêts. Justifications politiques du capitalisme avant son apogée*, PUF Quadrige, 144 p.; Keohane, R. O., Nye, J. S., *Power and Interdependence: World Politics in Transition.* Boston, Little, Brown and Company, 1977, 273 pp.

ont souligné l'importance.[14] Des pays qui partagent des valeurs fondamentales ont tendance à avoir la même vision du monde, à mieux se comprendre, et donc à adopter des définitions similaires de leurs intérêts nationaux. Derrière cet ensemble commun de valeurs fondamentales fermement établies, les approches peuvent cependant différer significativement. L'affirmation d'une culture commune va bien au-delà de ces différends et peut éviter que les désaccords ne dégénèrent en conflit, mais elle n'empêche pas les querelles quant à l'interprétation de ces valeurs.

Le réseau des institutions internationales créées depuis la fin de la Deuxième Guerre mondiale constitue enfin un aspect important du paysage mondial en faveur de la coopération, et d'une stabilité et d'une ouverture accrues de l'ordre mondial, soulignées par le paradigme institutionnaliste néolibéral dans l'étude des relations internationales. En ce sens, c'est le rôle des institutions internationales qui a fait la différence dans les relations transatlantiques.

Plusieurs strates d'explication

L'analyse des relations internationales nous aide à identifier les facteurs majeurs susceptibles d'expliquer l'état actuel des relations internationales, qui se heurte à nombre de contraintes: nouvelle configuration de la puissance dans le monde, politique interne (tentation du populisme et du protectionnisme), turbulences commerciales et financières, convergence normative, et développement des institutions internationales. La relation transatlantique demeure privilégiée, mais toutes les relations interrégionales sont concernées par de profondes mutations, et l'évolution des rapports de puissance et des politiques intérieures face aux crises multiples montre que le système international traverse une période de reconfiguration.

---

[14] Risse-Kappen, T., « Public opinion, domestic structure, and foreign policy in liberal democracies », *World Politics*, 43 (4), 1991, p. 479-512; *Cooperation among democracies. The European influence over American foreign policy*, Princeton, Princeton University Press, 1995. Selon l'auteur, l'influence européenne sur le processus décisionnel à Washington a résulté de trois mécanismes: les normes prescrivant des consultations en temps opportun entre alliés, l'usage de pressions intérieures pour peser sur les interactions transatlantiques, et des coalitions transnationales et transgouvernementales entre acteurs sociaux et bureaucratiques. Et Wendt, A., *Social Theory of International Politics*, Cambridge Studies in International Relations, 1999, 452 p.

L'approche théorique des relations internationales est souvent présentée, aux États-Unis et en Europe du Nord, comme un ensemble de principes universels, lesquels guideraient les nations, partout et en tout temps. Le réalisme accorde la priorité à la distribution globale des capacités et privilégie les grandes puissances ; le jeu des relations internationales se réduit, selon cette approche, à un équilibre de la puissance destiné à assurer la gestion des conflits dans un monde *anarchique* dénué d'autres moyens de stabilité. Le néolibéralisme partage de nombreux points communs avec le réalisme, mais envisage de manière plus prononcée les possibilités de coopération entre les États, dans la mesure où ces derniers sont engagés dans un jeu à somme positive ; il accorde également un rôle plus marqué aux politiques nationales dans les rapports internationaux. Le constructivisme met l'accent sur le rôle-clé que les idées et les normes ont dans la mise en forme de l'action de l'État, les croyances en cours structurant la politique internationale.

Des réflexions envisagent maintenant des schémas de supra-organisation et de subordination dans la politique mondiale, plutôt que l'importance ou la persistance de l'anarchie internationale. Le réseau d'organisations internationales créées depuis la fin de la Deuxième Guerre mondiale a représenté un aspect important du paysage mondial, et de la production et du maintien de relations pacifiques. Musgrave et Nexon estiment que la hiérarchie de la gouvernance comme stratification verticale remet en cause le cadre de l'anarchie, et que son identification et sa théorisation renvoient à une approche relationnelle qui se concentre sur trois dimensions de la hiérarchie : premièrement, l'hétérogénéité des parties contractantes et processus contractuels (contrats incomplets volontairement ambigus, entraînant des abandons partiels de souveraineté et d'autorité, et sujets à des négociations futures lors des processus de décolonisation; accords entre Etats-Unis, Chine ou Russie et pays d'accueil sur des bases militaires; accords régionaux d'intégration avec l'UE; désaccords israélo-arabes sur les ressources en eau, ou entre Israël et le Liban pour l'exploitation de vastes gisements gaziers dans une zone maritime disputée en Méditerranée orientale; partenariats signés avec la République populaire de Chine dans le cadre des Routes de la Soie, etc.) ; deuxièmement, le degré d'autonomie des autorités centrales; et troisièmement, l'équilibre des engagements entre segments et centre.[15] Ils en déduisent huit formes idéal-typiques, parmi lesquelles des états-nations

---

[15]   Musgrave, P., Nexon, D.H., « Singularity or aberration? A response to Buzan and Lawson », *International Studies Quarterly*, 57-3, septembre 2013, p. 637-639; et Mcconaughey, M., Musgrave, P., Nexon, D.H., « Beyond anarchy: logics of

et des empires, des variantes symétriques et asymétriques de fédérations, confédérations, et systèmes de conciliation. Ils estiment que les formations politiques qui sont des assemblages de gouvernance, empruntant à ces formes variées, sont omniprésentes aux échelons multiples de la politique mondiale, y compris dans les états souverains, à travers eux, et entre eux.

L'hétérarchie, autre forme de gouvernance internationale dans la période d'interrègne

La politique mondiale actuelle apparaît marquée par une hétérarchie de structures politiques imbriquées et qui se chevauchent. L'évolution de l'empire britannique aux 19è et 20è siècles déjà, et l'analyse contemporaine de la politique extérieure et commerciale de la Chine actuelle l'illustrent. L'hétérarchie est une forme de gestion ou de règle par laquelle toute unité peut gouverner ou être gouvernée par les autres selon les circonstances, et dans laquelle aucune ne domine les autres. Dans une hétérarchie, l'autorité est répartie. Elle possède une structure flexible composée d'unités indépendantes, et les relations entre ces unités sont caractérisées par une variété de liens complexes qui créent des voies circulaires plutôt que hiérarchiques.

Les hétérarchies se présentent comme des réseaux d'acteurs, chacun de ces réseaux pouvant être constitué de plusieurs hiérarchies, qui s'ordonnent selon des mesures différentes (du grec *heteros*, l'autre; et *archi*, le principe, le fondement). Le terme est venu de la cybernétique et de la neurologie à partir des années 1940 (Warren S. McCulloch),[16] et a été redécouvert beaucoup plus tard dans les sciences sociales. Sa dynamique circulaire complexe s'applique aux *checks and balances* des trois pouvoirs américains, aux relations entre états souverains et organisations internationales, et au fonctionnement des entreprises multinationales, par exemple. Les réseaux hétérarchiques sont considérés comme flexibles et dynamiques; leurs autorités ne sont pas fixées institutionnellement,

---

political organization, hierarchy, and international structure », *International Theory*, vol. 10-2, juillet 2018, p. 181-218.

[16] McCulloch, W. S., 1945, "A Heterarchy of Values Determined by the Topology of Nervous Nets", *Bulletin of Mathematical Biophysics*, 7, 1945, p. 89-93. Et Abraham, T., *Rebel genius: Warren S. McCulloch's transdisciplinary life in science*. Cambridge, Mass., MIT Press, 2016, 320 p.

mais se déplacent au fur et à mesure que les situations évoluent. L'hétérarchie fonctionne comme mécanisme de métagouvernance permettant une coordination flexible entre les transactions organisées par différents acteurs, et créant un réseau polycentrique d'acteurs hétérogènes dotés de ressources et de capacités distinctes. Une telle structure rend l'organisation plus productive et lui donne une capacité d'adaptation aux changements rapides.

Ce concept est important pour la gouvernance nationale et internationale de la mondialisation. Des hétérarchies ont existé dans le passé (comme dans la civilisation maya), et nous nous acheminons vers une structure internationale plus hétérarchique que hiérarchique, puisqu'aujourd'hui un certain nombre de questions globales demandent que les acteurs s'organisent de façon à faire chevaucher les secteurs publics, privés et civiques, allant du local au global. Des institutions/réseaux transnationaux tels que l'OTAN, l'ONU, l'OMC et l'UE illustrent cette hétérarchie, en facilitant le commerce, la sécurité, et la coopération internationale.

Anarchie, autorité, structure internationale, équilibre et évolution de la puissance

En politique internationale, les schémas d'autorité peuvent être désagrégés en deux dimensions analytiques: le particularisme/cosmopolitanisme renvoie à l'ampleur avec laquelle les normes, identités, et institutions prédominantes d'une politie lui permettent d'imposer un comportement à une autre politie (le gouvernement du plus grand nombre, mais au sein duquel est fortement représentée une catégorie sociale intermédiaire qui apporterait équilibre et stabilité dans la vie politique, selon Aristote); et le degré de substituabilité indique à quel point une politie peut être absorbée/incorporée à une autre (réduisant ainsi le coût de l'expansion et de la consolidation, et facilitant une hiérarchie politique).

Le réalisme structurel peine à rendre compte de la transition de l'anarchie systémique à la hiérarchie; mais il est possible de lui associer des intuitions de l'Ecole anglaise et du constructivisme. Certains systèmes d'autorité, plus particularistes et moins substituables, renforcent et sont renforcés par l'anarchie et des répartitions équilibrées des capacités, alors que d'autres plus cosmopolites et plus substituables facilitent la domination et sont susceptibles d'émerger ou d'être maintenus dans des cadres hiérarchiques et très asymétriques. Ce qui ne permet pas de prévoir l'avenir de systèmes internationaux, mais éclaire sur la possibilité d'équilibre ou de domination en fonction des configurations spécifiques de moyens, et de la structure de l'autorité. Ce qui autorise aussi à prendre au sérieux les conséquences systémiques et structurelles de la contestation par rapport aux ressources symboliques, aux normes, et aux significations de la politique mondiale (*soft balancing*), et à insister sur les circonstances uniques de l'ère unipolaire après la chute de l'Union soviétique plutôt que sur un transfert d'autorité vers les Etats-Unis à la suite d'une campagne hégémonique.

Les défis contemporains aux idéaux libéraux que représentent les formes virulentes d'ethnonationalisme, de populisme, et de révolte contre le « mondialisme » dans certains pays dont les Etats-Unis, longtemps au coeur du système, sont considérables. Le fait que Xi Jinping repositionne la Chine comme promoteur nationaliste d'une nouvelle architecture de la gouvernance mondiale, signale sa compréhension de longue date qu'il y a un *leadership* à reprendre avec une légitimité associée. Remplacer les Etats-Unis au gouvernail d'une structure institutionnelle et normative est après tout moins coûteux que détruire l'ordre existant et en reconstruire un intégralement à sa propre image, ou construire en exclusivité un ordre parallèle, qui s'appuierait sur une légitimité de rechange.[17]

Constatant les principales évolutions des relations internationales depuis le 19è siècle, Barry Buzan et George Lawson évoquent la globalisation et le rétrécissement de la planète, l'impact envahissant des idéologies de progrès, la transformation des unités politiques par l'impérialisme, la révolution et le capitalisme, la construction d'une société internationale occidentalo-coloniale et son évolution jusqu'à une société internationale occidentalo-globale, et les conséquences de ces mutations globales sur la compétition entre grandes puissances, la compétition militaire, et la guerre. Enfin, ils expliquent le passage d'un « changement de système » (d'un monde polycentrique dépourvu de centre, à un ordre de noyau/périphérie où le centre de gravité était à l'Ouest), à un « changement

---

[17]   Barbieri, G., "Beyond ideology: a reassessment of regionalism and globalism in IR theory, using China as a case study", dans Féron, E., Käkönen, J., Rached, G., dir., *Revisiting Regionalism and the Contemporary World Order. Perspectives from the BRICS and beyond*, Berlin & Toronto, Budrich, 2019, 302 p., p. 225-251.

systémique » (d'un mondialisme avec un centre, à un « mondialisme décentré »).[18] Ils estiment que la configuration de l'industrialisation, l'état rationnel, et les idéologies de progrès non seulement ont permis la dynamique qui sous-tend les relations internationales modernes, mais servent encore de fondement à de nombreux aspects importants des questions internationales contemporaines.

Leur raisonnement prend en compte l'*évolution* due à une transformation globale créée par une dynamique de changement d'échelle (comme l'incorporation mondiale des systèmes commerciaux régionaux et des interactions coercitives). Il reconnaît un *processus*, dans la séquence d'événements qui a entraîné une configuration historique spécifique à partir du 19è siècle. Et il désigne une *rupture*, dans une période d'instabilité dramatique. Il démontre que l'ordre international contemporain n'est ni naturel ni éternel, mais correspond à une configuration historique particulière et inédite née des convulsions de la modernité contemporaine.

Ces transformations historiques se sont conjuguées pour donner naissance à un nouveau mode de puissance, et à de nouvelles formes et dynamiques de l'ordre international à partir du 20è siècle. Premièrement, les structures de différenciation (par segmentation, stratification, ou fonction)[19] au coeur des systèmes hiérarchiques sont très marquées par la puissance, et intrinsèquement politiques. En outre, dans la politique mondiale, les hiérarchies stratifient, rangent, et organisent les relations non seulement entre les états, mais aussi entre d'autres types d'acteurs, et mêlent souvent ces différents acteurs dans une seule structure de différenciation. Troisièmement, il existe de nombreuses formes de relations hiérarchiques dans le monde, chacune initiant des logiques différentes entraînant des résultats sociaux, moraux, et comportementaux spécifiques.

Simultanément, la construction identitaire s'affirme. Elle comporte une dimension spatiale importante, autour de lieux significatifs. Plusieurs continuums permettent de rendre compte des types de rapports identitaires élaborés relativement aux fondements territoriaux: les identités plurielles de chaque individu sont mobilisées et combinées en fonction des pratiques et du vécu, des matériaux culturels, dans un processus

---

[18]   Buzan, B., Lawson, G., *The global transformation. History, Modernity, and the Making of International Relations*, Cambridge University Press, 2015, 396 p.

[19]   Buzan, B., Albert, M., "Differentiation: a sociological approach to international relations theory", *European Journal of International Relations*, 16-3, 2010, p. 315-337.

dynamique et complexe inscrit dans des rapports de force. Mais les quatre axes de l'individuel au collectif, du passé à l'avenir, de la nature au construit, et de l'utilitaire à l'existentiel[20] sont définis par rapport aux lieux particuliers et contextes spatiaux qui servent de référents identitaires. L'identité territoriale se présente comme une construction symbolique incluant identité, structure et signification, soit une organisation mentale du territoire et de la territorialité, résultant d'un assemblage d'éléments physiques dessinant les axes de déplacement (cheminements), les lignes de discontinuité (limites), les confluences de flux et d'axes (nœuds), les éléments marquants du paysage (repères), et les quartiers (divisions administratives). Cette identité est multi-niveaux, plusieurs identités de lieu pouvant être imbriquées l'une dans l'autre, chaque niveau étant relié à différentes échelles environnementales et servant en conséquence des buts différents. Les identités sont aussi relationnelles, affectives, et centrées sur des pratiques, des expériences signifiantes et imagées des lieux, marquant un souvenir de rassemblement, un sentiment d'appartenance à un collectif social, un témoin de l'histoire ou de la continuité, un sentiment de liberté, d'équilibre et de sécurité, une représentation du passé et une prépondérance du présent, des valeurs communautaires voire spirituelles émergentes derrière l'aspect utilitaire des lieux... La construction identitaire se décline ainsi en continuum, tout en demeurant en mouvance.

En Relations internationales, la hiérarchie est envisagée de deux façons: étroitement comme une relation d'autorité, et plus largement comme des manifestations intersubjectives d'inégalité organisée. La hiérarchie opère aussi sur toute une gamme de registres, de la commande de solutions à l'activation de structures profondes. Les changements dans la politique mondiale, de l'émergence des acteurs non-étatiques aux protestations globales et à l'érosion du pouvoir étatique, rendent impossible d'ignorer les hiérarchies mondiales transversales. Trois logiques

---

[20] Blais, R., Camplain (de), Y., Nolin, D., « La dimension spatiale de la construction identitaire chez les jeunes francophones du Nouveau-Brunswick : du rapport à soi, aux communautés, et aux institutions », *Minorités linguistiques et société/Linguistic minorities and society*, (8), p. 40-58, 2017. Sur la construction et la mobilisation de l'identité comme vecteur d'accès à la citoyenneté et à l'espace public, donc mode légitime de participation politique, et la tendance à l'universalisation du pluralisme culturel parallèlement à la fabrication de l'exclusion par la mondialisation, voir Otayek, R., *Identité et démocratie dans un monde global*, Presses de Sciences Po, 2000, 228 p.

hiérarchiques sont identifiables, qui coexistent avec l'hétérarchie : la hiérarchie comme négociation fonctionnelle institutionnalisée entre acteurs internationaux (logique de compromis); la hiérarchie comme rôles sociaux et politiques différenciés induisant un comportement (logique de positionnement); et la hiérarchie comme espace ou structure politique productive (logique de productivité). Elles apparaissent successivement dans les trois parties du livre, sur la gouvernance des risques aux frontières et aux marges (stratégie/sécurité internationale) ; sur des concurrences interrégionales créatrices (innovations institutionnelles internationales); et sur la reconstruction permanente des représentations et de leur matérialité (sociologie politique internationale).

Pour rendre compte de la dynamique de la puissance et du changement imprévu dans la politique mondiale, l'analyse des relations et des situations dépassera la puissance perçue comme contrôle du risque. Elle intégrera les caractéristiques du contexte et l'expérience des acteurs, et mettra en évidence la puissance protéiforme d'acteurs internationaux qui s'adaptent avec agilité au risque, aux variables nouvelles, et à l'incertitude créée par des phénomènes émergents, des processus aux probabilités mouvantes, l'irréductibilité informatique d'un monde complexe, et la nature inéluctable d'une incertitude radicale aux probabilités inconnaissables.[21] Cette dynamique innovante de la puissance protéiforme ouvre aux concepts de possibilité et de potentialité ; elle est souvent étroitement reliée à la puissance de contrôle tout en en étant distincte analytiquement ; elle utilise différents niveaux d'analyse en reliant les individus aux états, aux marchés, aux entreprises, aux mouvements sociaux, et aux organisations internationales.

La première partie du livre développera une analyse théorique du risque, de la marge, et de la frontière, puis deux exemples concrets en stratégie/sécurité internationale, sur la gouvernance des risques aux frontières et aux marges. La deuxième partie étudiera trois exemples d'innovations institutionnelles internationales et de concurrences inter-régionales

---

[21] Katzenstein, P. J., Seybert, L. A., "Protean power and uncertainty: exploring the unexpected in world politics", *International Studies Quarterly*, 62-1, mars 2018, p. 80-93. Sur la nécessité et la difficulté d'intégrer l'expert dans un processus politique, qui au-delà des arguments factuels, inclut toujours les valeurs, les intérêts, et les opinions, voir Ulmi, N., « L'apprentissage de l'incertitude », Fonds national suisse-Académies suisses des sciences, *Horizons*, 117, été 2018, p. 22-23.

créatrices. La troisième, de sociologie politique internationale, présentera trois cas de reconstruction permanente des représentations et de leur matérialité en Afrique, Europe, et Asie-Pacifique. La conclusion constatera un multilatéralisme abîmé et hybride, ou plutôt un polylatéralisme multiscalaire, fortement inégalitaire, nourri de réseaux opportunistes, de plus en plus sur initiative non-occidentale.

I- GOUVERNANCE DES RISQUES SUR LES FRONTIÈRES ET LES MARGES (STRATÉGIE ET SÉCURITÉ INTERNATIONALE)

Le risque, la marge, et la frontière. Quels transferts de paradigmes entre géographie, sociologie, et sciences du danger ?

Tawfik Ch. Bourgou
Maître de conférence HDR en Science politique,
Université de Lyon, Chercheur au CERDAP²-Sciences Po
Grenoble-UGA

Introduction

L'étude des risques en sciences sociales s'est construite autour d'un rapport à l'espace et donc d'un lien particulier entre risques, frontières et marges au regard des interactions sociales, des rapports entre individus et entre groupes. De fait, il s'est agi du rapport à l'espace dans l'appréciation du risque. Cette métrique était congruente avec le rapport entre connaissance du risque et action politique de maîtrise des risques localisés. La frontière et l'espace étaient alors envisagés comme des outils de maîtrise des risques. Le contrôle de la frontière, la quarantaine, la maîtrise des déplacements, la traçabilité des mouvements, des flux, des hommes, et des choses apparaissaient alors comme les technologies de pouvoir de toute politique et de toute action de maîtrise des risques. On sait que ce paradigme était issu d'une connaissance partielle et limitée des risques, très liée aux premières étapes des systèmes industriels des 18è et 19è siècles. On a appris depuis que ce paradigme a été construit sur une connaissance et une vision limitées. L'histoire des épidémies, celle des conquêtes, de la colonisation, et des échanges commerciaux fut très certainement un récit de transfert de sources de risques, d'épidémies, de maladies, mais aussi de sources de catastrophes sociales et politiques de grande ampleur. En se focalisant sur le risque localisé, industriel, aux effets limités dans le temps, et surtout sur l'illusion de la réversibilité, le premier paradigme a orienté la recherche en science des risques et en sociologie des risques dans une direction particulière.

A cette étape, l'espace, le territoire, la territorialité, la marge, la frontière, mais aussi la perception et la gestion des risques formeront une matrice de la connaissance des risques et conditionneront pendant une longue période les modèles de politiques publiques de gestion des risques, et le cadre paradigmatique de recherche sur les rapports entre le risque et le politique.

Deux décennies vont remettre en question ce cadre et imposer une refondation du paradigme. Deux décennies qui illustrent certaines intuitions, prospectives, analyses, voire anticipations lancées par des scientifiques, des philosophes, des politistes. Entre 1986 (Tchernobyl), en passant par le 11 septembre 2001, le SRAS, Fukushima en 2011, et Daech, c'est tout l'univers épistémique de la sociologie de la géographie des risques, mais aussi des sciences du danger qui se trouve bouleversé. Remise en question du rapport à l'espace, à la marge, à la frontière, mais aussi élargissement soudain et spectaculaire des risques et des catastrophes. Lorsque nous avions débuté nos travaux de recherche sur le domaine, spécifiquement des risques industriels et biologiques, la catégorie risques comportait peu de rubriques. Les risques naturels, les risques technologiques majeurs formaient les deux catégories de base, balisaient l'univers de la connaissance tant en géographie qu'en sciences de l'ingénieur. Peu ou pas d'analyses sociologiques, peu ou pas d'ouvrages en science politique s'intéressant à la question. La décennie 1990 voit apparaître la catégorie « risques du vivant » en raison d'une perception forte de la révolution biotechnologique, malgré l'ancienneté des catastrophes biologiques. Le post-11 septembre marque l'apparition du risque géopolitique ou l'irruption des risques sociaux et politiques.

Une sociologie des sciences appliquée au domaine d'étude des risques et des catastrophes reste à construire. Elle pourrait avoir pour première préoccupation de cartographier les différentes écoles ayant eu pour objectif d'étudier les risques, les menaces, et les catastrophes. Entre les travaux de J.J. Rousseau sur le tremblement de terre de Lisbonne de 1755 et les travaux les plus récents sur la catastrophe de Fukushima, en passant par l'irruption de l'hyperterrorisme comme risque majeur, c'est une histoire des idées et une histoire des sciences et des techniques qui se déploie avec ses paradigmes, ses controverses, sa communauté. Depuis une matrice initiale liée aux sciences de l'ingénieur, des notions, des discours, une vulgate vont émerger et irriguer le champ des sciences humaines et sociales. Si la matrice initiale s'est construite autour d'un double rapport à la science et à la technologie d'une part, et au scientisme d'autre part, cette première strate va intéresser d'abord la géographie, progressivement la sociologie, et la science politique plus tardivement.

Nombre, localisation, impact quantifié, mesure de la perception, effets sur les structures et les systèmes de décision constituent les biais par lesquels les « sciences du danger », les sciences sociales, et les études de la sécurité abordent la question des risques et des catastrophes. C'est à partir de ces axes que les propos qui suivent se proposent de retracer les transferts notionnels des sciences du danger, vers la sociologie du risque et vers les études de sécurité.

Ces disciplines ne donnent pas la même portée, ni le même usage aux notions de risque, de crise, de menace, d'accident, ou de catastrophe. Comme premières définitions du risque, on peut retenir à titre d'illustration « un danger sans cause, un danger prévisible et calculable, un danger qui prolifère »[1] ; un « danger imperceptible qui prolifère parallèlement au développement de la société industrielle ».[2] « Dans le contexte actuel la notion de risque renvoie aux incertitudes et inquiétudes engendrées par le type de développement de notre société [. . .], le risque fait l'objet d'une des préoccupations majeures des populations désormais inquiètes des dangers inhérents au développement. D'où l'essor des sciences du risque pour identifier et si possible gérer le risque. Au sens technique, la notion de risque associe deux concepts : celui de danger et celui de probabilité [. . .] ».[3]

Les usages dépendent bien sûr des finalités de recherche, de l'audience des champs respectifs des disciplines et des savoirs professionnels centrés sur les risques. Les expertises produites, référées aux différents champs académiques et professionnels, se différencient elles aussi par des usages spécifiques des notions et des concepts qui leur sont liés. Ainsi, pour les « sciences du danger » ou les usages des notions de « risque », d'« accident » ou de « catastrophe », leur portée technique, leur quantification, l'usage de l'outil mathématique et statistique ont donné à ces notions une portée particulière. L'univers professionnel dans lequel sont diffusées les techniques cindyniques est plus restreint, agissant dans un espace

---

[1]   Peretti-Watel, P., *La société du risque*, Paris, La Découverte, 2001, p. 12 et suivantes.

[2]   Beck, U., *La société du risque. Sur la voie d'une autre modernité*, Paris, Aubier-Alto, 2004.

[3]   Beauchamp, A., « Risque (Évaluation et gestion) », dans Hottois, G., Missa, J.-N. *Nouvelle Encyclopédie de bioéthique. Médecine, environnement, biotechnologie*, Bruxelles, 2001, De Boeck-Larcier, p. 710 et suiv.

particulier, dans des postures de décision limitées, microsociologiques pourrait-on dire. Les perceptions et les rapports aux risques, accidents et catastrophes sont eux aussi envisagés dans le cadre d'espaces restreints, ceux des opérateurs et non des populations environnantes. L'environnement immédiat est privilégié au détriment de perspectives plus larges, plus macrosociologiques. L'objectif final n'étant pas de produire une sociologie des attitudes vis-à-vis des risques, mais plutôt un affinement de la connaissance des mécanismes pouvant aboutir à la réalisation d'un accident ou d'une catastrophe. *In fine*, il s'agit de construire des méthodes de prévention et de les réviser continuellement grâce à un apprentissage par la catastrophe ou par l'accident.

La sociologie des risques, sans minimiser l'étude des interfaces (homme/ système technique ou homme/système technique/milieu environnant), sans négliger les postures individuelles face au risque (étude des contextes de décision en forte incertitude), envisage l'accident ou la catastrophe sous l'angle des rapports aux structures et aux contextes sociaux. L'incertitude, l'indécidabilité, l'absence d'une expertise unifiée ou bien les jeux politiques autour des questions d'expertise ou de politiques du risque, constituent certains des objets de la sociologie des risques.

Dans le cas spécifique des études de la sécurité, nous constatons, depuis plus d'une dizaine d'années, que la prolifération réelle ou potentielle des risques et des accidents a conduit à un élargissement de la notion de sécurité à de nouvelles sources : risques technologiques majeurs, risques environnementaux, risques sanitaires, risques liés aux détournements de techniques ou de substances à des fins terroristes, etc. Les risques sociaux et politiques ont constitué une des plus récentes branches de la sociologie des risques en rapport avec les questions de sécurité.[4] Parmi les multiples problématiques communes à la sociologie des risques et aux études de la sécurité, on citera l'étude des précurseurs des risques sociaux et politiques, et le rapport entre les sources (biologiques, technologiques, environnementales), sans oublier les impacts politiques et sociaux. Une autre préoccupation commune concerne l'étude des mobilisations au moment des crises induites par la réalisation d'un risque.[5] Enfin, la question des

---

[4]   Sur ce point, on pourra se référer à Dauphiné, A., *Risques et catastrophes. Observer, spatialiser, comprendre, gérer,* Paris, A. Colin, 2003, notamment p. 86 et suiv.

[5]   Dufault, E., « Revoir le lien entre dégradation environnementale et conflit: l'insécurité environnementale comme instrument de mobilisation », *Cultures & Conflits. Approches critiques de la sécurité,* 2004, n° 54, p. 105 et suiv.

perceptions et du rapport entre perception du risque et mobilisations complète le cadre scientifique des liens entre risques et sécurité. Un espace de recherche très riche, intégrant une sédimentation d'approches sectorielles du lien entre risques et sécurité.

Certes, le risque terroriste induit par l'usage de substances ou de matières dangereuses constitue un domaine privilégié d'illustration et d'approche du lien risque/sécurité, mais d'autres sources constituent des terrains de plus en plus investis, comme les risques environnementaux, les changements climatiques globaux comme précurseurs de crises politiques majeures, et aussi les études centrées sur le potentiel crisogène des risques sanitaires, épidémiques. Cette énumération des axes de recherche ne saurait conclure à une juxtaposition des problématiques et à l'absence de passerelles entre les différentes simulations.

Bien au contraire, les approches interdisciplinaires des risques ont apporté un croisement des savoirs et une plus grande précision dans l'usage des notions. Des emprunts de techniques et de paradigmes ont permis progressivement d'affiner les études sécuritaires centrées sur le lien entre risques et sécurité. On peut identifier trois dimensions dans la dynamique interdisciplinaire autour de la notion de risque, et des problématiques centrales des études de sécurité élargies aux menaces autres que militaires. Nous proposons ici de distinguer les croisements interdisciplinaires entre les sciences du danger et les études de sécurité, de la fin des années quatre-vingts à l'après-11 septembre 2001, date-clé dans l'intégration de nouveaux « risques » aux problématiques fondamentales concernant la sécurité.

Le risque et les processus accidentogènes : objets centraux des sciences du danger. Transferts notionnels vers les sciences sociales et les études de la sécurité

Les politiques de sécurité, et les études les concernant, ne se situent pas à l'écart des mouvements des idées agitant la sociologie des risques et les politiques publiques de gestion des risques. Les années 2000 ont constitué un moment particulier dans la construction des paradigmes sécuritaires autour de l'élargissement de la notion de sécurité aux risques majeurs ayant un retentissement potentiel sur la sécurité des États. Cependant, la notion de « menace », catégorie de réflexion des sciences militaires, subsumant jusqu'alors le risque d'occurrence d'un événement explicable par l'existence d'intentions et de capacités, s'est éclipsée un moment lorsqu'au début des années quatre-vingt-dix, certains ont prédit la disparition d'une confrontation majeure avec un ennemi identifié.[6] Durant cette période (1990 à 2001), l'usage provisoire de la notion de « risque » dans les études de sécurité a posé problème, l'absence d'intention claire, énoncée et identifiée, la cause fortuite, ou enfin l'occurrence d'événements complexes avec des incidences sur la sécurité des États ayant accentué l'inconfort intellectuel face à l'intégration des risques dans le champ des études de la sécurité.

En sociologie des risques et en analyse des politiques de gestion des risques,[7] les notions de « risque », d'« accident », et de « catastrophe » ont borné les paradigmes. Ces deux domaines ne méconnaissaient pas la conjonction des intentions et des capacités dans l'enchaînement acciden-tel. Cependant, l'évaluation et la quantification des conséquences per-mettant un retour sur expérience, et une amélioration de la conduite des systèmes complexes ou un guidage des comportements, ne furent pas un objet central de la sociologie des risques. Le retour sur expérience, mo-ment central dans l'épistémologie des sciences des dangers, fut intégré par la sociologie des risques aux études de l'expertise technique et des rapports aux systèmes techniques, ou dans le cadre d'une sociologie de la décision ou des univers professionnels et de rapports à l'erreur et à l'accident.[8] L'intégration assez ancienne en sociologie de l'étude de la perception des risques,[9] et l'intégration plus récente de la notion de vul-nérabilité mesurant l'exposition des groupes et des sociétés à des crises potentielles[10] complétèrent le tableau.[11]

---

[6]   Andréani, G., « Menaces et risques dans l'après-guerre froide », *Risques*, n° 59, sep-tembre 2004, p. 79-84.

[7]   Bourgou, T., *Politiques du risque*, Paris, 2005, Perspectives Juridiques, p. 75 et suiv.

[8]   Morel, C., *Les Décisions absurdes. Sociologie des erreurs radicales persistantes*, Paris, Gallimard, 2002.

[9]   Castel, R., *La Gestion des risques. De l'anti-psychiatrie à l'après-psychanalyse*, Paris, Minuit, 1981.

[10] D'Ercole, R., « La vulnérabilité des sociétés et des espaces urbanisés: concepts, typologies, mode d'analyse», *Revue de Géographie Alpine*, n° 4, 1994.

[11] Pour une illustration de l'usage des notions héritées des sciences du danger et de la sociologie du risque, on pourra se reporter à Freier, N., *Strategic competition and resistance in the 21st century: irregular, catastrophic, traditional, and hybrid challenges in context*, US Army War College, mai 2007.

Sur un autre plan, celui des transferts des notions entre sciences du danger et études de la sécurité, l'analyse pourrait montrer une plus grande complémentarité en raison du souci commun de l'anticipation. Si pour les sciences du danger, ce sont essentiellement les suites prévisibles ainsi que la défense en profondeur, et l'anticipation des suites accidentelles qui bornent l'univers scientifique, pour les études de la sécurité l'amont de l'événement accidentel est intégré dans l'univers de l'analyse dans une posture similaire d'anticipation. Ces positionnements spécifiques aux deux univers logiques sur un axe du temps allant du précurseur à l'accident, des sources complexes à l'événement, ont facilité les emprunts. Ceux-ci sont plus nombreux dans le cas des cindyniques, quand on considère la tendance des sciences du danger à englober toutes les sources dans une typologie des risques, qui va du risque naturel comme précurseur de risques et de crises sociales et politiques, aux risques et catastrophes d'origine sociale et politique, en tant que source d'un dérèglement durable augmentant la vulnérabilité des individus et des écosystèmes. En s'attachant aux processus et aux conséquences, les sciences du danger, sans méconnaître les actes intentionnels précurseurs des catastrophes, ont toujours ambitionné d'explorer les processus et les enchaînements accidentels dans une logique anticipatrice. Contrairement aux sciences sociales, à la science politique ou la géopolitique, qui lient les risques et les menaces, la cindynique a toujours voulu être une science du danger dotée d'une architecture conceptuelle structurée autour d'un ordre chronologique (les déroulements élémentaires des événements, l'enchaînement des causes et des effets, une dégénérescence allant d'un état stable, une absence de danger à la réalisation du risque), un « ordre public » qui se décompose lui aussi en dimension géographique et en termes de compétence ou de technicité.[12]

Par ailleurs, les transferts notionnels se sont confrontés à un rapport différencié à la notion d'événement, d'irréversibilité, d'incertitude et d'imprévisibilité. Très tôt, les sciences du danger se sont posé la question du classement des événements selon leur intensité, leur nature et leur impact.[13] Comme le note G. Y. Kervern, le concept « d'intensité cindynique » a été forgé pour « dépasser les querelles de vocabulaire sur le bon usage des vocables courants : incident, accident, catastrophe,

---

[12] Kervern, G.Y., *Éléments fondamentaux des cindyniques*, Paris, Économica, 1995, p. 29 et suiv.

[13] Sur les techniques de classement des risques, des accidents et des catastrophes, on pourra se reporter à Dauphiné, A., *Risques et catastrophes. Observer, spatialiser, comprendre, gérer*, p. 15 et suiv.

catastrophe majeure, apocalypse».[14] Les cindyniques « identifient des couches concentriques allant du superficiel au plus profond. [...] On réserve le mot incident pour les événements qui ne conduisent qu'à une modification des banques de données sans entraîner une révision des modèles, des finalités, des règles et des valeurs ».[15] Enfin, comme l'indique encore G. Y. Kervern, les cindyniques s'attachent à étudier des phénomènes diffus dans des univers complexes. Dans ces espaces, les actions individuelles, les capacités et les intentions des individus ne sont que des paramètres parmi tant d'autres, enchâssés dans des réseaux où collaborent des événements, des acteurs, et des actants très hétérogènes humains et non humains.

En somme, les « sciences du danger » se veulent une approche technique des risques, elles développent des méthodes de prévention révisées et perfectionnées par l'apprentissage qu'offrent les analyses des accidents et des catastrophes. La mesure du danger, du risque sous l'angle de la probabilité, le classement des sources et des processus, la mesure des impacts et leur comparaison quantitative et qualitative sont donc centraux dans le raisonnement cindynique.

Différent est le rapport aux « événements » au sein des sciences sociales et des études sur la sécurité. Tout autre, et presque opposé, serait l'angle de vision du rapport entre risques-accidents-catastrophes et action des individus ou des groupes. De même pour ce qui est de la vision du rapport entre le contexte politique, social, économique et la réalisation du risque. Les sciences sociales et la science politique, plus spécifiquement, n'envisagent la réalisation d'un risque qu'en fonction de la collaboration d'événements de nature politique ou sociale qui expliquent partiellement ou totalement son occurrence. Autrement dit, l'intention, les capacités, deviennent des paramètres fondamentaux dans l'étude des accidents et des catastrophes.

Sous un autre angle, même si l'action humaine est minime, ou même si elle n'est que fortuite ou incidente, les sciences sociales et la science politique n'envisagent les risques et les catastrophes que dans la mesure où il s'agit d'événements susceptibles de modifier, d'altérer une trame sociale, une structure de pouvoir ou un rapport de force dans un contexte géographique ou géopolitique déterminé. De même la réalisation d'un risque ou d'un accident est envisagée du point de vue de la défaillance des

---

[14]   Kervern, G.Y., *op. cit.*, p. 53.
[15]   Ibidem.

chaînes de décision ; elle peut être étudiée sous l'aspect de l'analyse des structures latentes de pouvoir dans les organisations complexes, c'est-à-dire en tenant compte de la recherche des réseaux de décision qui court-circuitent les structures officielles. Il peut parfois s'agir d'analyser les « déviances » institutionnelles, au sens de Reason.[16] Se superposent alors trois perspectives de recherche : celle de la défaillance organisationelle, celle de la déviance au sens d'une volonté de court-circuiter les sécurités et les contrôles, ou enfin celle de l'action intentionnelle de nuire. Les sciences sociales intègrent le risque et la catastrophe dans son rapport particulier au temps, marqué plus largement par l'irréversibilité,[17] l'imprévisibilité.[18] Elles n'intègrent pas la notion de réparation et de retour à la situation *ex ante*, centrale dans les cindyniques.

Contrairement aux sciences du danger, la logique anticipatrice devient alors secondaire, même si ces dernières années, les études des risques sociaux et politiques ont été menées dans l'objectif d'explorer les différentes possibilités de jeu des variables dans la réalisation d'un risque social et politique. À titre d'illustration, on pourra évoquer les analyses de l'impact des risques et des catastrophes d'origine sociale et politique sur les milieux naturels et les écosystèmes, ou inversement, l'impact des risques et des catastrophes du vivant sur les groupes, les sociétés, et les espaces politiques.[19]

Par ailleurs, malgré un intérêt certain pour les groupes sociaux, les populations, les sciences des dangers ne les envisagent que comme des acteurs secondaires. Or, dans l'espace du danger ou du risque, il y a une succession de cercles concentriques de responsabilités : les opérateurs, les décideurs sont au plus près de l'action et de la scène de réalisation du risque et du danger. Ceci est compréhensible dans la mesure où les cindyniques sont construites dans un souci de complémentarité avec les sciences de l'ingénieur et d'analyse de la conduite de systèmes techniques complexes. À l'inverse, la sociologie par le truchement de l'analyse des trames de pouvoir et de compétences concernant les organisations complexes, s'est

---

[16] Reason, J., *L'erreur humaine*, Paris, PUF, 1993.

[17] Boyer, R., Chavance. B., Godard, O., *Les figures de l'irréversibilité en économie*, Paris, Éditions de l'EHSS, 1991.

[18] Sur la notion d'imprévisibilité et sa réception en sociologie, on pourra se reporter à Grossetti, M., *Sociologie de l'imprévisible. Dynamiques de l'activité et des formes sociales*, Paris, PUF, 2004, p. 14 et suiv.

[19] Sur ce point, on pourra se reporter à Dauphiné, A., *Risques et catastrophes. Observer, spatialiser, comprendre, gérer*, op. cit., p. 86 et suiv.

intéressée plutôt aux rapports aux risques et à l'impact de leur perception, ou à leur anticipation sur la vie de l'organisation et sur la distribution du pouvoir. La compréhension du risque par les populations ou par
les secteurs sociaux les plus larges fait quant à elle l'objet de recherches et
de publications que l'on peut rattacher aux études psychométriques.[20] En
guise de synthèse, on appréciera que les sciences du danger transmettent
aux sciences sociales des outils et des notions, des définitions, mais dont
la précision peut paraître secondaire dès que l'on entre dans le raisonnement propre aux sciences sociales, centré sur la recherche des trames de
pouvoir sous-jacentes aux systèmes sociaux. La science politique, prise au
sens large du terme, dépasse donc les cindyniques.

Le transfert des outils et des raisonnements cindyniques vers les études de la sécurité

La notion de risque a été progressivement intégrée dans les études de
sécurité vers la fin des années quatre-vingts et tout au long des années
quatre-vingt-dix,[21] moments particuliers marqués par la prolifération
des accidents et des catastrophes : explosion de la centrale nucléaire de
Tchernobyl, crise de la vache folle, contamination sérielle à l'hormone
de croissance, soupçons de contamination à la dioxine, contestation des
cultures de maïs transgénique, etc. C'est aussi dans un climat surchargé
par la profusion de recherches sur les changements climatiques comme
précurseurs de crises alimentaires et crises politiques majeures, que la
notion de risque a connu ses premiers usages dans les études de sécurité
internationale; ces premières études étaient d'ailleurs l'œuvre de structures ou d'institutions de sécurité et de renseignement, certains auteurs
dès le milieu des années soixante-dix ayant essayé d'analyser l'impact des
grandes menaces climatiques sur la sécurité internationale.[22]

---

[20] Fischhoff, B., Slovic, P., Lichtenstein, S., Read, S., Combs, B., "How safe is safe
enough? A psychometric study of attitudes towards technological risks and benefits", *Policy Sciences*, 8, 127-152. Repris dans Slovic,P., dir., *The perception of risk*,
Londres, Earthscan, 2001.

[21] Sur l'évolution de la notion, on pourra se reporter à Duclos, D., « Heurts et malheurs du concept de risque », dans Dupont, Y., *Dictionnaire des risques*, Paris,
A. Colin, 2003, p. 327-345.

[22] On peut citer le rapport de la CIA en date de 1974, « Potential implications of trends in world
population, food production, and climate », publié en 1977 sous le titre *The weather con-
spiracy : the coming of the new ice age*, New York, Ballantine, 1977. Cf. également, Gleick, P.,

Dans la seconde vague, essentiellement constituée d'études d'origines européenne et canadienne,[23] on insista sur les rapports complexes entre des sources et des manifestations globales d'altérations durables de l'environnement ou des ressources.[24] Jusqu'au début des années 2000, peu ou pas d'études francophones essayèrent d'intégrer dans l'étude des risques globaux (climatiques, environnementaux, perte de ressources) les questions de sécurité. Certes, depuis la fin des années quatre-vingts et la première guerre du Golfe, on put établir une première passerelle entre risques, guerres, et suites de conflits armés. On put aussi mettre en exergue des possibilités de comportements de certains groupes terroristes potentiellement capables de détourner des technologies « civiles » et de les utiliser à des fins de terreur : bombes sales, détournement des bio-technologies, etc. Cependant, on se trouvait assez éloigné de la relation entre risques majeurs, technologiques ou naturels, et sécurités (nationale et internationale).

De fait, il y avait deux sphères, deux domaines de compétences, deux espaces de recherches parallèles. Un premier domaine – des cindyniques ou sciences du danger – approchait la notion de risque global par le biais d'une réflexion et d'une analyse essentiellement fondées sur le pronostic d'une superposition de sources des risques, des catastrophes et une capillarité de leurs conséquences. De l'autre côté un espace de recherche, où l'on commençait à s'interroger sur l'impact en sécurité internationale des atteintes à l'environnement, qu'il s'agisse d'accidents technologiques majeurs ayant pour conséquence la construction de la défiance du public, ou bien des risques ayant une faible cinétique, mais susceptibles de se traduire par des tensions internationales et/ou des modifications durables des relations entre groupes humains : déplacements de populations, épidémies,[25] guerres de l'eau, conflits autour des ressources énergétiques, etc.

« The implications of Global Climate Change for International Security", *Climate Change*, vol. 15, 1989, p. 303-325; voir aussi Kaplan, R., « The coming anarchy : how scarcity, crime, overpopulation, tribalism, and disease are rapidly destroying the social fabric of our planet", *The Atlantic*, février 1994. Et Homer-Dixon, T., *Environment, scarcity, and violence*, Princeton U. Press, 1999, 272 p.

[23] Pour un approfondissement des perspectives canadiennes, voir « Approches critiques de la sécurité. Une perspective canadienne », *Cultures & Conflits*, n°54, 2004.

[24] Dauphiné, A., *op. cit.*

[25] Se reporter à Gualde, N., *Epidémies, la nouvelle carte*. Paris, 2002, Desclée de Brouwer, coll. « Médecine ».

Chacune des deux sphères de réflexion adoptait un lexique spécifique, même si les emprunts entre les deux perspectives de recherche et d'analyse se multipliaient à mesure que devenait nécessaire l'élargissement de la notion de sécurité.[26]

Malgré les différents emprunts, nous restions dans le cadre d'un dialogue et d'un croisement de perspectives entre deux champs scientifiques structurés autour de finalités professionnelles spécifiques, ayant des objectifs de recherche propre : pour les sciences du danger, l'objectif était dans une perspective de retour sur expérience, d'optimiser les systèmes de sécurité et de développer des méthodes de gestion des risques. Sur un plan plus épistémologique, l'objectif des cindyniques était d'étudier les univers complexes des interfaces entre actions humaines, systèmes techniques complexes, et environnements eux aussi complexes (naturels ou techniques). On se trouvait alors en face d'une différence de finalités professionnelles, de recherches, malgré l'existence de lexiques communs.

Si la notion de « risque » est centrale dans la construction des cindyniques, celle de « menace » est étrangère à la science des dangers. Cette notion constituait le déterminant central des politiques de sécurité pendant la Guerre froide.[27] Pour Andréani, la menace se définit comme « [. . .] combinaison de capacités militaires et d'intentions prêtées de part et d'autre à l'adversaire ».[28] Toujours selon lui, c'est au cours des années quatre-vingt-dix et plus encore après 2001 que les principaux pays ont abandonné la notion de « menace » pour celle de « risque », postulant ainsi une déconnexion entre menaces et capacités. Cet auteur, diplomate, pense que dans la formulation des doctrines stratégiques depuis le début des années quatre-vingt-dix, il y a eu une confusion entre les deux concepts de risque et de menace.[29]

Le tableau suivant illustre l'évolution des usages de ces désignations, et montre la relative imprécision des définitions institutionnelles et politiques concernant la sécurité.

---

[26] Bigo, D., « Troubler et inquiéter : les discours du désordre international », *Cultures & Conflits*, n°19-20, automne-hiver 1995. Disponible sur www.conflits.org

[27] Andréani, G., « Menaces et risques dans l'après-guerre froide », *op. cit.*

[28] Ibidem, p. 79.

[29] Ibid., p. 80.

Tableau 1 Usages des notions de risque et de menace

Acteur	*Sources classées chronologiquement*	*Substitution de la notion de risque à la notion de menace*	*Définition de la notion de risque et / ou exemples*
OTAN	*Concept stratégique de l'Alliance.* Rome 1991	« [. . .] au lieu de résulter d'une menace prédominante, les risques qui subsistent pour la sécurité des Alliés se présentent désormais sous des formes complexes et proviennent de directions multiples, ce qui les rend difficiles à prévoir et à évaluer. »	Pas de définition claire. Exemples: « [. . .] prolifération des armes de destruction massive, la rupture des approvisionnements en ressources vitales, les actes de terrorisme ». « Conception élargie de la sécurité ».
France	*Livre blanc sur la défense*, 1994	Retient la conception élargie de la sécurité, intègre les notions « d'imprévu, de crise, de risques ». Utilisation indifférenciée des notions de « risque » et de « menace ».	« Risques liés à la présence de minorités nationales ». « Nouvelles menaces ».
OTAN	*Concept stratégique de l'OTAN.* Washington, 1999	Utilisation exclusive de la notion de « risque ».	[Les armes de destruction massive]* constituent un risque ou sont susceptibles de représenter une menace militaire directe pour la population, le territoire, ou les forces armées des Alliés.
États- Unis	*The National Security Strategy of The United States.* Washington, septembre 2002	Utilisation de la notion de menace extrême, la notion de risque disparaît au profit de la notion de menace.	Menace de collusion entre groupes terroristes et États voyous.
UE	*Une Europe sûre dans un monde meilleur, stratégie européenne de sécurité.* Bruxelles, décembre 2003	Utilisation exclusive de la notion de « menace ».	Cinq menaces majeures: terrorisme, prolifération, conflits régionaux, affaissement des États, criminalité organisée.

(suite)

Tableau 1 Suite

Acteur	Sources classées chronologiquement	Substitution de la notion de risque à la notion de menace	Définition de la notion de risque et / ou exemples
États- Unis	*The National Defense Strategy* 2005	Utilisation d'une échelle plus englobante: *traditional, irregular, disruptive, catastrophic.*	La notion de risque disparaît, retour à la notion de menace.
France	*Livre blanc sur la défense et la sécurité* 2013	Utilisation des deux notions.	Encadré p. 48, « risques et espoirs ». P. 55, risques naturels et sanitaires, risques technologiques accrus. P. 56, interconnexion entre risques et menaces. Usage de la notion de vulnérabilité. Hiérarchisation des risques et des menaces adaptée des sciences des dangers, encadré p. 59.
États- Unis	*National security and the threat of climate change*	Les risques naturels envisagés comme source de menaces pour la sécurité nationale.	« Conversion » des risques en menaces.

(*) NDLR
Source : Elaboré par l'auteur.

Il est permis, à cette étape de l'analyse, de rappeler notre hypothèse quant à l'usage des deux notions considérées. C'est en fonction de l'intention et de la posture que les différentes doctrines ont classé les risques et les menaces. La menace représente une intention conjuguée avec une capacité, le risque étant quant à lui envisagé comme la probabilité de survenance d'un événement, fortuit, non intentionnel ou non dirigé contre son territoire propre, sa population, ses forces armées ou ceux d'un allié. Il peut s'agir d'un événement dont le retentissement est de nature sécuritaire, sans qu'il soit de nature militaire ou sécuritaire, mais qui peut avoir des incidences sur la sécurité des biens et des personnes.

Bien que fondées sur l'analyse probabiliste des occurrences d'accidents, les cindyniques ne retiennent dans leur lexique qu'un seul terme pour signifier la possibilité de survenance d'un événement, plus ou moins connu et dont les impacts peuvent être décrits avec plus ou moins de précision, anticipés et bien sûr limités par le prépositionnement de moyens, par la création de niveaux de sécurité redondants dans un objectif de « défense en profondeur ». Ce dernier concept a été, on l'aura compris, emprunté par la sécurité civile et les cindyniques aux sciences militaires. Ainsi dans le *continuum* logique des cindyniques allant de l'événement probable (le risque) à l'événement certain (l'accident ou la catastrophe), «du risque potentiel à la catastrophe réelle»,[30] il n'y a pas de place pour des catégories intermédiaires d'événements plus probables ou plus certains. Ainsi, si dans les études de sécurité la notion de menace exprime une possibilité d'un événement dont on a préalablement tracé les contours, délimité l'espace d'occurrence et calculé les probabilités d'impact, en cindynique, il n'existe pas d'équivalent à la notion de menace.

Il est à remarquer cependant, que les deux domaines empruntent l'un à l'autre concepts et méthodes, résultats de recherche, et postures préventives ou curatives. La science des dangers a adopté nombre de concepts venant directement des sciences militaires. Ainsi dans un domaine particulier, celui du risque-pays, ou dans sa version *post*-11 septembre de «risque géopolitique»,[31] les sciences du danger, les sciences assurantielles, vont avoir recours sans utiliser le terme, à « l'analyse des menaces » pour graduer des échelles de risques de perte d'actifs, de dommages à des installations situées dans des pays ou dans des zones connaissant une situation de troubles politiques, économiques, et sociaux.[32] C'est ainsi que la notation du risque (*rating*) va se fonder sur une analyse de la menace pour situer un pays et/ou une zone, dans une échelle allant du pays le plus sûr au pays le plus instable (étayant ainsi le concept de « risque-pays »). Cette lecture de la menace sert surtout à guider la décision de l'assureur. L'assurabilité ou la non-assurabilité servant aussi *in fine* d'analyse et de quantification de la menace.[33] Dès lors, faut-il conclure à des usages croisés de notions et d'outils entre sciences du danger et sciences

---

[30] Dauphiné, A., *Risques et Catastrophes. Observer, spatialiser, comprendre, gérer,* op. cit., p .16.

[31] Schmidt, C., « A la recherche d'une théorie du risque géopolitique », *Risques,* n°9, 1954, p. 94.

[32] Alphandéry, E., « Assurabilité du risque géopolitique et intervention de l'Etat », *Risques,* n°59, septembre 2004, p. 120.

[33] Hess, T., Tanner, R., « Risques géopolitiques et assurances», *Risques,* n°59, septembre 2004, p 120.

militaires, sans qu'il y ait convention agréée d'usages et d'emprunts sur le plan épistémologique ?

Il serait facile de conclure à l'existence de telles traductions et de tels usages et de procéder ainsi à une revue de la littérature pour arriver à la conclusion d'une interdisciplinarité, d'une hybridation des savoirs, et d'une mise en commun de la « boîte à outils » méthodologique. Il est possible ici de souscrire à ce transfert de paradigmes, d'outils, et de concepts. Cependant, on peut penser qu'en réalité, les emprunts sont beaucoup plus subtils. À titre d'illustration on pourra avancer une comparaison des échelles de risques et de menaces, celles produite pour les sciences du danger,[34] la géographie des risques,[35] et celle avancée plus récemment dans le cadre du *Livre blanc sur la Sécurité et la Défense*.

L'intégration de la sécurité globale aux sciences du danger

Les sciences du danger, appliquées aux risques majeurs, globaux, ont emprunté aux sciences militaires des lexiques, des outils, et des paradigmes afin de construire des méthodes d'encadrement des risques dits géopolitiques ou des risques liés à l'usage de technologies duales. C'est ainsi qu'ont été jetées les bases des cindyniques dites « de troisième génération », mêlant les techniques classiques de prévention des accidents industriels et des pollutions diverses, les analyses des perceptions et d'encadrement des populations en situation de crise majeure, et des analyses de sources de « menaces » dans une posture d'anticipation. Cette dernière génération va aussi emprunter des échelles plus larges : zones de défense, espace de la sécurité sanitaire, et de plus en plus des échelles empruntées à la géopolitique de la santé ou de la géographie humaine, celle des corridors de migration, celle des routes maritimes et aériennes, celle enfin des réseaux de trafics divers. Des espaces et des flux qui tracent les contours d'une géopolitique des risques, une géopolitique des lignes de fracture entre espaces politiques, espaces humains, espaces de prospérité, et espaces de pauvreté. Des failles, des interstices producteurs de risques, de « menaces » au sens militaire et collectif du terme.

Pour les spécialistes de la sécurité, la dernière génération des cindyniques approche plus significativement leur objet. Mais son intérêt est

---

[34] Cf. Kervern, *op. cit.*

[35] Cf. Dauphiné, *op. cit.*

plus récent. Les deux premières générations précédentes de ces sciences du danger n'avaient d'intérêt que dans un cadre restreint : la sécurité des installations et des systèmes complexes, dont le complexe des armes, l'étude des comportements des opérateurs en situation de *stress* au combat dans une situation d'usage de ces dispositifs et devant prendre des décisions en présence de signaux contradictoires. L'autre usage est « post-Tchernobyl », où l'accident majeur nécessite le déploiement de moyens et de capacités que seules les forces armées sont en mesure de mettre en mouvement. La zone du risque majeur se confond ainsi avec un espace de défense, et le contrôle des populations, la traçabilité des mouvements, ne sont plus alors assurés sans le concours ou le recours à des institutions spécifiquement proportionnées à des situations exceptionnelles relevant de contextes de guerre.

C'est à travers l'événement majeur qu'a constitué l'explosion de la centrale ukrainienne que les questions de sécurité au sens de la sécurité civile ont fait leur entrée dans l'étude des « menaces », qui sans relever des catégories classiques comme les guerres civiles, les conflits interétatiques, le détournement vers des usages militaires de produits radioactifs (bombes sales...), de produits chimiques (attaque au gaz sarin...) ou biologiques (crise de l'anthrax aux États-Unis), ont eu aussi un retentissement sur la sécurité d'une zone, d'un pays, d'une sous-région, ou d'une région tout entière. Il s'agit à titre d'exemple et sans être exhaustif, des suites de catastrophes sanitaires, d'accidents technologiques majeurs, de risques sanitaires globaux (SRAS, contamination au VIH...), de retombées sanitaires de conflits majeurs, de catastrophes environnementales...

Dans cette perspective, nous nous trouvons dans un emprunt d'outils et de résultats des sciences militaires et des études de sécurité par les sciences du danger et la sociologie des risques. Il serait alors intéressant d'étudier les processus de traduction et d'emprunt.

Dans une publication plus récente de l'United States Army War College,[36] James Russell reprend à son compte la notion de « risques globaux » telle qu'elle a été mise en évidence par le Forum économique mondial. Ce dernier identifiait en 2007 dans le tableau suivant, cinq de ces phénomènes pouvant avoir un impact sur la sécurité des États, voire sur la sécurité internationale.

---

[36] Russell, J.A., *Global Security Challenges to US interests. Regional Threats and Security Strategy: The Troubling Case of Today's Middle East*, Washington, USAWC, 2007, 46 p.

Tableau 2 Défis globaux aux intérêts des Etats-Unis

Risque	Manifestations ou signes précurseurs
Économique	Chocs pétroliers / interruption des approvisionnements / chute des valeurs boursières/ chute brutale de la croissance chinoise/ crise de l'endettement
Environnemental	Changement climatique / crise dans les approvisionnements en eau / tempêtes tropicales / tremblements de terre / inondations
Géopolitique	Terrorisme / prolifération des ADM/ guerres civiles et/ou interétatiques / criminalité globale / déconnexion de la globalisation / instabilité du Moyen-Orient
Social	Pandémies / infections dans les pays en développement / maladies chroniques dans les pays développés
Technologique	Rupture des systèmes d'information / risques émergents liés à l'usage des nanotechnologies.

Source : US Army War College, 2007

Ce tableau illustre la difficulté d'établir une typologie des risques qui sans être de nature militaire ou politique, peuvent avoir des incidences sur la sécurité des États. Cette « technique » de l'énumération des risques potentiels est désormais de plus en plus courante dans les *Livres blancs* et autres prospectives servant de base à une formulation des politiques de politiques de défense ou de sécurité.[37] En soi, elle illustre l'élargissement de la notion de sécurité, devenue désormais « globale » comme le concevaient l'Institut national des hautes études de la sécurité et de la justice (INHESJ, dissous en Conseil des ministres mi-décembre 2020) en France, et le rapport d'Alain Bauer présenté au Président de la République en mars 2008 ;[38] et elle montre un net rapprochement entre sciences du danger et études de la sécurité. Si elles sont inédites dans le cas des études de sécurité internationale, et dans le cadre de l'activité des forces armées des *think tanks* travaillant sur les questions de sécurité, les analyses des risques globaux et multiformes avaient fait l'objet de publications tant dans le champ académique que dans le cadre des productions des organisations internationales. Certaines de ces organisations ont essayé de construire une typologie des risques, insistant sur

---

[37] Gottron, F., *Projet Bio Shield. CRS Report for Congress,* Washington, 2002, CRS.

[38] Bauer, A., « Déceler, Étudier, Former: une voie nouvelle pour la recherche stratégique. Rapprocher et mobiliser les institutions publiques chargées de penser la sécurité globale », Rapport remis au Président de la République, avril- juin 2008, *Cahiers de la Sécurité*, Supplément au n° 4.

les origines multiformes, mais concluant pour la plupart à la possible globalisation de l'insécurité.

C'est ainsi, à titre d'illustration, qu'un article d'avril 2000 du *Bulletin de l'Organisation mondiale de la Santé* explorait les liens entre globalisation et santé.[39] Les auteurs visaient à cerner les rapports entre libéralisation des échanges et risques, et prenaient appui sur les trois piliers des accords commerciaux internationaux : échanges de produits, protection de la propriété intellectuelle, ouverture des services sanitaires à la concurrence, ceux-ci pouvant receler des risques. Pour eux, le lien entre protection de la propriété intellectuelle et risques, peu manifeste, contribuait cependant comme les vecteurs classiques des risques à augmenter la vulnérabilité des populations. De fait, les auteurs ont montré que l'intensification des échanges de produits de la santé a nécessité une plus grande protection des droits de la propriété industrielle et intellectuelle. Plus un médicament est prisé, plus s'intensifient les velléités de protection et de limitation des possibilités de transfert de technologie vers les pays du Sud. La santé ne bénéficie d'aucune dérogation, le médicament est un produit comme un autre. Ceci aboutit à l'exclusion de nombre de pays du marché des médicaments et des produits de santé. Cette situation est exacerbée lors de bras de fer autour des médicaments génériques entre entreprises du Nord et pays du Sud.[40] Il s'agit là d'un exemple extrême qui associe mondialisation et refus d'assistance à des populations menacées... Illustration d'une association inédite autour de la source présumée de croissance, l'échange étant lui aussi porteur de périls.

Technologie, altérité, et espace global non maîtrisable constituent ainsi les paramètres de la grille d'analyse des rapports entre risques et globalisation. Une matrice qui s'est construite progressivement à partir de la fin des années 1980, et a emprunté ses paradigmes aux études sur la sécurité intérieure et internationale, considérant l'espace-monde comme la source des périls pesant sur les individus et les groupes. A émergé alors la notion de « risques globaux» et de « crises globales », achevant ainsi la jonction entre les études du risque et les études de la sécurité.

---

[39] Bettcher, D. W, Yach, D., Guindon, E., « Global trade and health: key linkages and future challenges », *Bulletin of the World Health Organization*, avril 2000, n°78, p. 521-534.

[40] Cf. Dix-Neuf, M., « Au-delà de la santé publique: les médicaments génériques entre perturbation et contrôle de la politique mondiale », *Revue française de science politique*, vol. 35, n° 2, avril 2003, p. 277 et suiv.

La notion de risques globaux surgit à chaque naufrage d'un navire-poubelle ou à chaque réapparition d'une pandémie comme celle du SRAS au cours des années 2002 et 2003, ou plus proches le H1N1 en 2009 et la Covid-19 depuis 2019, qui ont pris en quelques jours la dimension de contaminations planétaires. Exemples brandis pour illustrer le rapport entre l'intensification des échanges et l'augmentation du nombre d'accidents et de catastrophes...

Il s'agit d'un fait assez ancien : c'est la « saillance » médiatique qui confère aux accidents et catastrophes sanitaires le caractère de crises inédites. Norbert Gualde a montré la concomitance entre circulation de produits, propagation de maladies, d'épizooties, de virus, et ouverture de nouvelles routes maritimes,[41] le déplacement étant source de risques et le contact entre populations ayant toujours eu des répercussions sanitaires... Plus récemment, on a semblé redécouvrir le "spectre des crises globales", qui nécessite une planification de moyens et de ressources approchant les mobilisations en temps de conflit armé majeur.[42]

La crise financière américaine et sa transmission au reste du monde ont été évoquées pour illustrer l'affaissement des « régulations » comme source d'une insécurité économique globale. Elle a été aussi supposée illustrer la notion de « défaillance systémique », notion antérieure et centrale dans les sciences du danger comme dans la gestion du risque dans les systèmes complexes. Chronologiquement et sur le plan de la recherche académique, on remarquera que la thématique des risques environnementaux et sanitaires est assez ancienne dans le champ des politiques publiques nationales ; ce n'est que très récemment qu'elle a commencé à intéresser la sociologie des relations internationales.[43]

Autour de cette thématique s'organise un débat entre ceux qui pensent que ces risques et accidents seraient induits par un système international intrinsèquement « anarchique », où les acteurs seraient indisciplinés et jaloux de leurs souverainetés, et ceux qui pensent que la globalisation a atteint le noyau dur des moyens de régulation des États, et que l'anarchie serait l'œuvre d'opérateurs qui profitent d'un vide de coercition pour se

---

[41]   Gualde, M., *op. cit.*, p. 25.

[42]   Gilbert, C., "Comment gérer les crises ? Les pouvoirs publics face à des risques polymorphes », *Regards sur l'Actualité*, n° 328, 2009, p. 61.

[43]   Cf. Bigo, D., « La mondialisation de l'(in)sécurité. Réflexions sur le champ des professionnels de la gestion des inquiétudes et analytique de la transnationalisation des processus d'(in)sécurisation», *Culture & Conflits*, n° 58, 2005, p. 53-101.

livrer à des activités qui augmentent la vulnérabilité de régions entières, voire de l'ensemble de l'humanité. Il en va ainsi de la prédation de « biens publics communs » stratégiques, mais aussi de la destruction de ressources rares et nécessaires à l'équilibre écologique de la planète.[44]

Autrement dit, livrer l'organisation du marché des produits et des services à des acteurs privés n'a pas eu pour corollaire une augmentation de leurs obligations de sécurité. On assiste en réalité, au niveau mondial, à une série de défaillances comparables à celles survenues dans les marchés domestiques de services ou des commodités observées depuis peu dans les chemins de fer au Royaume-Uni, ou le marché de l'électricité aux Etats-Unis... Le débat oppose non pas les tenants de l'étatisme aux tenants d'une régulation au niveau mondial, mais deux conceptions de la sécurité. Pour les uns, celle-ci est spécifique, étatique et indivisible; pour les autres, les interdépendances économiques doivent s'accompagner d'un partage des risques que ne peut qu'atténuer un projet de sécurité globale sanitaire, environnementale, économique, et financière.

Ainsi, tant au niveau des défaillances systémiques (illustrées par la crise financière de l'automne 2008) que des crises induites par la dilution des niveaux de décision (pollutions majeures, navires poubelles, contaminations sérielles, crises sanitaires de type SRAS ou Covid-19...), les sciences du danger réinvestissent dans les études de sécurité environnementale globale, certaines des notions centrales produites pour des systèmes restreints, au sens keynésien du terme. C'est autour de ces nouvelles passerelles et des emprunts de concepts depuis les relations internationales, comme la sécurité, que se sont construites (et se réaliseront) les « cindyniques de troisième génération ».

Conclusion

Cette réflexion a été triple. D'une part nous avons tenté de *tracer* les transferts notionnels des sciences du danger vers les sciences sociales et vers les études de sécurité. En second lieu, nous avons essayé de montrer que ce transfert n'est pas unilatéral. En effet, les sciences du danger par le truchement de la notion de risque global, ont essayé d'approcher les notions de sécurité globale et d'intégrer la dimension globale de

---

[44] Smouts, M.-C., *Forêts tropicales, jungle internationale. Les revers d'une écopolitique mondiale*, Paris, Presses de Sciences Po, 2001.

survenance des accidents et des catastrophes, y compris les risques qu'on classera dans la catégorie des risques politiques. C'est ainsi que la notion de risque géopolitique qu'explore C. Schmidt,[45] et à laquelle ce chapitre a fait référence, veut dépasser les notions de risque politique et de risque-pays, en essayant d'intégrer la dimension anticipatrice. Il s'agit là d'une voie de recherche qui reste peu ou pas suffisamment explorée.

Parmi les transferts qu'on pourra considérer comme profitables aux études de sécurité, on peut citer tout d'abord la construction des échelles de gravité et l'opérationnalisation des rapports entre échelles de mesure des précurseurs de risque, et le déploiement des dispositifs sécuritaires. Il s'agit d'un outil aujourd'hui largement médiatisé, cependant sa mise en place et les liens qu'il nécessite pour l'activation de plans d'urgence et la construction de synergies avec les systèmes de réaction (sécuritaire, sanitaire, sécurité civile, militaire) ont constitué une des plus importantes innovations de ces dernières années.

Il en va de même pour l'usage des cartographies dynamiques et du SIG (Système d'Information Géographique) dans le traitement des questions sécuritaires, et dans la construction d'une vision intégrée des rapports entre risques, zones de crise, et cartographie sécuritaire.[46] Ce *crime mapping*, que certains n'exemptent pas de critiques ou d'arrière-pensées,[47] est aujourd'hui une des illustrations des transferts d'outils de la cartographie des risques vers les études de sécurité.

Sur un plan académique et sans anticiper les développements en cours, notamment aux Etats-Unis, on remarque un foisonnement de tentatives de capitalisation dans le domaine de la sécurité des avancées dans la science des dangers appliquée aux sites et aux activités sensibles. Ainsi que l'a analysé Linda Kiltz,[48] les attaques du 11 septembre 2001 ainsi que les enseignements tirés de la gestion des suites de la tempête Katrina, ont

---

[45] Schmidt, C., *op. cit.*

[46] On peut citer les recherches entreprises au Canada en vue de la construction d'un SIG « criminalité » créé par ESRI Canada. On pourra consulter l'article de Schutzberg, A., « La vague de la cartographie pour la lutte contre la criminalité », *Directions Magazine*, janvier 2009, www.directionsmag.com/article.php?article_id=2993

[47] Beaude, B., « *Crime Mapping*, ou le réductionnisme bien intentionné. », *Espaces Temps*, mai 2009.

[48] Kiltz, L., «Developing Critical Thinking Skills in Homeland Security and Emergency Management Courses», *Journal of Homeland Security and Emergency Management*, 6-1, 2009, Art. 36. Berkeley Electronic Press.

progressivement imposé une collaboration entre la gestion des risques et les méthodes de gestion de la sécurité. Cette collaboration a pris deux directions : une direction de recherche sur les transferts de méthodologies de gestion des situations à risque ou la gestion des crises majeures, l'autre direction concernant l'effort de formation et d'enseignement de la gestion des risques globaux dans les universités.

Parallèlement, l'élargissement de la notion de sécurité à un ensemble de vulnérabilités jusqu'alors classées en dehors des risques géopolitiques ou politiques, a eu pour impact l'intégration dans le « domaine de compétences » des spécialistes de la sécurité de nouveaux flux de risques, de nouvelles sources, de nouveaux opérateurs nécessitant de nouvelles « traçabilités », que permettent les méthodes de gestion des risques au sens des sciences du danger. Sont concernés par ce type d'application de telles méthodes de gestion, les réseaux d'infrastructures critiques qui peuvent être à la fois cibles d'accidents industriels, de ruptures à la suite d'événements environnementaux, et bien sûr d'actes terroristes.

Le souci de la quantification, celui de l'analogie avec la gestion des systèmes complexes tracent eux aussi les contours des derniers emprunts pour prendre en charge des risques sociaux, environnementaux, et sanitaires qui peuvent avoir un retentissement sécuritaire. Le transfert de ces outils vers les études de sécurité doit être poursuivi; il s'agit là aussi d'une voie de recherche intéressante et fort ambitieuse.

Bibliographie

1. Alphandéry, E., « Assurabilité du risque géopolitique et intervention de l'État », *Risques*, n° 59, septembre 2004, p. 101.

2. Andréani, G., « Menaces et risques dans l'après-guerre froide », *Risques*, n° 59, septembre 2004, p. 79-84.

3. Bauer, A., « Déceler, Étudier, Former: une voie nouvelle pour la recherche stratégique. Rapprocher et mobiliser les institutions publiques chargées de penser la sécurité globale». Rapport remis au Président de la République, avril- juin 2008, *Cahiers de la Sécurité*, Supplément au n° 4.

4. Beaude, B., « *Crime Mapping*, ou le réductionnisme bien intentionné», *EspacesTemps.net*, 4 mai 2009.

5. Beauchamp, A., « Risque (Évaluation et gestion) », dans Hottois, G., Missa, J.N., *Nouvelle encyclopédie de bioéthique. Médecine, environnement, biotechnologie*, Bruxelles, De Boeck-Larcier, 2001.

6. Beck, U., *La société du risque*, Paris, Aubier, 2004.

7. Bettcher, D. W., Yach, D., Guindon, E., « Global trade and health: key linkages and future challenges», *Bulletin of the World Health Organization*, février 2000, 78(4), p. 521–534.

8. Bigo, D., dir., «Troubler et inquiéter : les discours du désordre international», *Cultures & Conflits*, automne-hiver 1995, n° 19-20. https://doi.org/10.4000/conflits.54

9. Idem, « La mondialisation de l'(in)sécurité ? Réflexions sur le champ des professionnels de la gestion des inquiétudes et analyse de la transnationalisation des processus d'(in)sécurisation. », *Cultures & Conflits*, n° 58, 2005.

10. Bourgou, T., *Politiques du risque*, Paris, Perspectives juridiques, 2005.

11. Castel, R., *La Gestion des risques. De l'anti-psychiatrie à l'après-psychanalyse*, Paris, Éditions de Minuit, 1981.

12. D'Ercole, R., « La vulnérabilité des sociétés et des espaces urbanisés : concepts, typologies, mode d'analyse », *Revue de Géographie Alpine*, n°4, 1994.

13. Dauphiné, A., *Risques et Catastrophes. Observer, spatialiser, comprendre, gérer*, Paris, Armand Colin, 2003.

14. Dix-Neuf, D., « Au-delà de la santé publique: les médicaments génériques entre perturbation et contrôle de la politique mondiale », *Revue française de science politique*. Vol 35, n° 2, avril 2003, p. 277.

15. Dufault, E., « Revoir le lien entre dégradation environnementale et conflit: l'insécurité environnementale comme instrument de mobilisation », *Cultures & Conflits*, Approches critiques de la sécurité, 2004, n° 54, p 105 et suiv.

16. Dupont, Y., *Dictionnaire des risques*, Paris, Armand Colin, 2003.

17. Freier, N., *Strategic competition and resistance in the 21st century : irregular, catastrophic, traditional, and hybrid challenges in context*, US Army War College, mai 2007.

18. Gilbert, C., « Comment gérer les crises? Les pouvoirs publics face à des risques polymorphes », *Regards sur l'Actualité*, n° 328, 2009, p 61.

19. Gleick, P., « The implications of Global Climate Change for International Security», *Climate Change*, vol. 15, 1989, p, 303–325.

20. Gottron, F., *Projet Bio Shield. CRS Report for Congress*. Washington, 2002, CRS.

21. Grossetti, M., *Sociologie de l'imprévisible. Dynamiques de l'activité et des formes sociales,* Paris, PUF, 2004.

22. Gualde, N., *Épidémies, la nouvelle carte,* Paris, Desclée de Brouwer, 2002.

23. Hess, T., Tanner, R., « Risques géopolitiques et assurances», *Risques,* n° 59, septembre 2004, p. 120.

24. Homer-Dixon, T., *Environment, scarcity, and violence,* Princeton University Press, 1999.

25. Kaplan, R., « The coming anarchy: how scarcity, crime, overpopulation, tribalism, and disease are rapidly destroying the social fabric of our planet », *theatlantic.com/politics/foreign/anarchy.html.*

26. Kervern, G.-Y., *Éléments fondamentaux des cindyniques,* Paris, Économica, 1995, p. 29 et suiv.

27. Kiltz, L., «Developing Critical Thinking Skills in Homeland Security and Emergency Management Courses», *Journal of Homeland Security and Emergency Management,* Volume 6, Issue 1 2009, Article 36. (Berkeley Electronic Press)

28. Maldonado, M., « Privatisation des services urbains domiciliaires et transformation du droit étatique en Colombie», dans Parini, L., *États et mondialisation. Stratégies et rôles,* Paris, L'Harmattan, 2001, 289 p., p. 71.

29. Morel, C., *Les décisions absurdes. Sociologie des erreurs radicales persistantes,* Paris, Gallimard, 2002.

30. Peretti-Watel, P., *La société du risque,* Paris, Découverte, 2001.

31. Reason, J., *L'erreur humaine,* Paris, PUF, 1993.

32. Russell, J. A., *Global Security Challenges to United States Interests. Regional Threats and Security Strategy : the Troubling Case of Today's Middle East,* Washington, 2007, USAWC, 46 p.

33. Schmidt, C., « À la recherche d'une théorie du risque géopolitique », *Risques,* n° 59, p 94.

34. Schutzberg, A., « La vague de la cartographie pour la lutte contre la criminalité », *DirectionsMagazine,*janvier2009. www.directionsmag.com/article.php?article_id=2993

35. Smouts, M.-C., *Forêts tropicales, jungle internationale. Les revers d'une écopolitique mondiale,* Paris, Presses de Sciences Po, 2001.

Crise de l'État postcolonial, crise des frontières : de l'analyse du trafic du *kpayo* entre Bénin et Nigeria

SERGE WINNER ABBECY
Docteur en Science politique, Chercheur associé au CERDAP²-Sciences Po Grenoble-UGA

Introduction

L'État est une espèce particulière de société politique résultant de la fixation sur un territoire déterminé d'une collectivité humaine homogène régie par un pouvoir institutionnalisé, dont la fonction la plus symbolique est le monopole de la contrainte organisée.[1] Il est la personnalisation juridique et morale d'une nation.

L'État souverain, neutre, impartial, impersonnel ainsi fondé, détenteur du *jus tractatum* et du *jus belli ac pacis*, a le quadruple monopole du droit positif, de la politique étrangère, de l'allégeance citoyenne et de la force légitime à des fins d'assurer la sécurité et la territorialité. Il tire sa marque de sa compétence territoriale, de l'institutionnalisation de la frontière qui dessine les contours de sa souveraineté, et surtout d'un principe qui exclut tout chevauchement ou toute superposition de territoires sollicitant conjointement l'allégeance d'un même individu.

La construction d'un tel ordre fut longue et sinueuse. Elle a à la fois intégré et dépassé bien des formes et des héritages qui font partie intégrante de l'histoire : la tribu, la cité antique, le royaume, et l'empire. L'État-nation n'a jamais totalement aboli ces différentes formes, mais en a fait la synthèse à travers notamment le principe de territorialité.[2] La

---

[1] Guillien, R., Vincent, J., *Lexique des termes juridiques*, Paris, Dalloz, 14ᵉ édition, 2003, p. 57.
[2] Badie, B., *La fin des territoires*, Paris, CNRS Éditions, Biblis, 2013, p. 17.

genèse de la frontière en tant que démarcation des confins du territoire civique est aussi celle de l'État. L'empire romain consacre la notion de frontière épaisse avec l'apparition des *limes,* terme tiré de l'arpentage pour désigner les limites d'un domaine. Il s'agissait d'un dispositif linéaire sur près de 9000 kilomètres, prenant parfois la forme d'une frontière naturelle (le *limes* rhénan), ou d'une frontière artificielle matérialisée par une succession de places fortifiées, voire de constructions comme le fameux mur d'Hadrien (117 kilomètres) ou le mur d'Antonin (57 kilomètres). Il en est de même de la Muraille de Chine dont le tracé constitue un extraordinaire témoignage de la conception de la frontière. Plus tard, Byzance développa (entre le Ve et le XIIe siècles) une conception idéologique de la frontière où les confins devaient correspondre aux frontières du monde romain chrétien. C'est à partir de cette époque que s'affermit la conception moderne de la frontière évoluant vers la frontière ligne. A la suite de la Conférence de Westphalie furent négociés les premiers règlements frontaliers entre États aux structures idéologiques différentes.[3]

Les frontières géographiques sont désormais entendues comme les limites de l'État, et l'État est avant tout territorial. Si pour M. Foucher, « les frontières sont des structures spatiales élémentaires, de forme linéaire, à fonction de discontinuité géopolitique et de marquage, de repère, sur les trois registres du réel, du symbolique et de l'imaginaire »,[4] en science politique les frontières étatiques sont considérées soit comme une cloison entre des entités souveraines et des volontés politiques qui cristallisent la confrontation de rapports de force gelés dans le temps et dans l'espace, soit comme un passage, une ouverture (frontière-lien). Dans tous les cas, elles structurent un ordre interne et un ordre externe *(Ordnung und Ortung,* unité d'ordre et de localisation). Nos savoirs ont incorporé cette conception territoriale comme le signe de l'ordre étatique. La frontière est ainsi une ligne fixe continue qui crée un espace clos, et marque la séparation d'une population des autres, d'une société des autres, d'un État de ses voisins; c'est-à-dire qu'elle dessine une forteresse et même une mise en ligne de forteresses formant une longue muraille impénétrable autour du *homeland,* et pas du tout une série de lignes brisées ou poreuses

---

[3]   Sorel, J.-M., « La frontière comme enjeu de droit international », *CERISCOPE Frontières*, p. 1-2, (en ligne), http://www.ceriscope.science-po.fr/content/part2/la-frontiere-comme-enjeu-de-droit-international, 2011, consulté le 26/04/2017.

[4]   Foucher, M., *Fronts* et *frontières. Un tour du monde géopolitique,* Paris, Fayard, 1991, p. 38.

où les démarcations d'États existent, mais se modifient en permanence et peuvent encourager les contacts dans une logique de passage, d'ouverture sur le monde.

L'État souverain est donc un construit, un dogme occidental qui se propagea en même temps que l'influence judéo-chrétienne dans le monde. La souveraineté est la qualité de l'État de n'être obligé ou déterminé que par sa propre volonté, dans les limites du principe supérieur du droit, et conformément au but collectif qu'il est appelé à réaliser. C'est le caractère d'un pouvoir de commander, au-dessus duquel aucun pouvoir n'est placé et qui se trouve ainsi au sommet d'une hiérarchie normative.[5] Elle a deux caractéristiques : la plénitude et l'exclusivité.

La souveraineté territoriale emporte des effets absolus tant positivement que négativement : « positivement, exclusivité et plénitude de la souveraineté territoriale se confortent mutuellement pour laisser à l'État la pleine maîtrise des utilisations de son territoire, y compris le droit d'en interdire l'accès... ; négativement, on peut faire découler directement du principe de l'exclusivité territoriale ceux de l'intégrité territoriale et de la prohibition de l'ingérence ».[6] Seulement, les États africains postcoloniaux peinent à acquérir contenu et substance, notamment en tant qu'entités territoriales.

En raison d'une stato-genèse récente et du caractère squelettique de son administration, l'État béninois ne saurait prétendre à l'encadrement et au contrôle social de l'ensemble de son espace; alors il s'est fait une raison quant au trafic du *kpayo*. Face au principe de réalité, il joue le jeu des « contrebandiers », prélève des « taxes », fournit des « certificats de respectabilité » aux gros trafiquants, hésite parfois entre une volonté de répression et une nécessité du laisser-aller, du laisser-faire pour corriger ses propres impérities. Sous les pressions conjuguées du Nigeria qui renâcle à subventionner l'économie de son voisin et des bailleurs de fonds internationaux, il fait de temps en temps preuve de radicalité (fermeture de la frontière, saisies de produits, arrestations...), pour tout juste après, devant ses propres contradictions, réaliser très vite son impuissance. Le *kpayo*, symbole de ces trafics hybrides et d'un gigantesque blanchiment,

---

[5] Quoc Dinh, N., Daillier, P., Pellet, A., 2002, *Droit international public*, 7ᵉ éd., Paris, LGDJ, 2002, p. 424.

[6] *Ibidem*, p. 475.

est une variable clé du fonctionnement ou du dysfonctionnement de l'État béninois.

États africains postcoloniaux et territoire

Les États et les frontières africains sont des sous-produits de l'histoire européenne. La colonisation européenne ne se réduisit pas à une simple récupération des structures indigènes, mais elle fut une mystification visant à s'assurer le contrôle des populations dans un cadre institutionnel et spatial très largement inventé.[7] Selon M. L. Jamfa Chiadjeu, « si l'État moderne est né des transformations successives de la société européenne sous l'effet de la révolution industrielle, en Afrique au Sud du Sahara, cette forme d'organisation sociale et politique est le résultat de l'entreprise d'exportation des valeurs de la société occidentale vers les territoires occupés pendant la période coloniale. En d'autres termes, on peut dire sans grand risque de se tromper que l'État en Afrique noire est né d'un mouvement de transfert de technologie institutionnelle. De ce fait, à l'issue du processus, la forme nouvelle de société politique qui émerge sous les tropiques n'est pas conforme au modèle et au principe d'origine de légitimité du pouvoir, pour n'avoir pas été travaillée par les diverses mutations sociales liées aux apports gréco-romain et judéo-chrétien, et consécutives à la Révolution industrielle. De même, elle n'est pas conforme non plus au modèle ancestral, en ce sens que de nombreuses institutions nouvelles sont venues ruiner les institutions anciennes dans leurs fondements.

En clair, les États d'Afrique au Sud du Sahara sont des États « formels ». Car, le degré de développement infrastructurel n'est pas encore de nature à permettre l'émergence d'une superstructure étatique véritablement fonctionnelle, comme l'attestent d'ailleurs les divers traits caractéristiques de l'État postcolonial.[8] La notion d'État a été imposée par le haut, sous la colonisation comme au moment des indépendances. L'absence de valeurs partagées concernant l'organisation de la société s'explique par

---

[7]   Girault, F., *Retour du refoulé et effet chef-lieu. Analyse d'une refonte politico-administrative virtuelle au Niger*, Paris, Grafigéo, 7, 1999, p. 27-28.

[8]   Jamfa Chiadjeu, M. L., *Comment comprendre la « crise » de l'État postcolonial en Afrique? Un essai d'explication structurelle à partir des cas de l'Angola, du Congo-Brazzaville, du Congo-Kinshasa, du Liberia et du Rwanda*, Berne, Publications Universitaires Européennes, 2005, p. 8.

des facteurs géographiques et socioculturels. Certains groupes se sentent extérieurs à l'État constitué, dont ils ne perçoivent que l'aspect purement dominateur.[9]

Les créations juridiques postcoloniales vivent douloureusement leurs relations avec les structures géopolitiques africaines antérieures, faites de groupes tribaux, parfois indépendants. Seuls les empires coloniaux et les fédérations ont permis ensuite de maintenir la continuité de certaines communautés qui devenaient, par une ruse de la raison historique et la force de choses, de simples marchés. En effet, la partition de l'Afrique faite par le pouvoir colonial n'avait tenu aucun compte de ces traditions et des continuités ethniques de part et d'autre des frontières. Il n'y a ainsi pas moins de 177 groupes ethniques qui ont été divisés par les tracés coloniaux. Pour morceler le continent, le colonisateur s'est appuyé sur des caractéristiques géographiques telles que les fleuves et les collines, les tracés des méridiens et des parallèles. J. O. Igué et B. G. Soulé considèrent l'arbitraire colonial, dans le tracé des frontières qui a produit des territoires soit trop petits soit trop grands pour être viables, et entretenant de lourds contentieux, comme le principal drame des États postcoloniaux: « Le problème de fond pour sortir l'Afrique de ses malheurs n'est pas seulement une question de liberté démocratique, c'est aussi celui de la gestion de l'héritage colonial à travers les frontières léguées par la colonisation».[10]

Mais cette analyse est simpliste, car les frontières en Afrique ne sont ni plus artificielles ni plus «absurdes» ni plus « injustes », et n'ont pas d'effets plus « délétères » pour les entités étatiques établies qu'ailleurs dans le monde. La crise de l'État en Afrique est davantage l'effet d'une maladie infantile de l'État qu'un véritable rejet de la greffe de ce mode d'organisation sociale et territoriale en rupture avec le passé.[11]

Les États africains « postcoloniaux » relevant d'une dissymétrie organique entre les sociétés traditionnelles et l'État moderne, adoptent un

[9] Deval, H., « Les conflits de l'Afrique de l'Ouest », dans Hermant, D., Bigo, D., *Approches polémologiques: conflits et violence politique dans le monde au tournant des années quatre-vingt-dix*, Paris, FEDN, 1991, p. 51.

[10] Igué, J.O., Soulé, B.G., *États, frontières et dynamiques d'aménagement du territoire en Afrique de l'Ouest. (Document de travail du projet Etude des perspectives à long terme en Afrique de l'Ouest)*, Abidjan, Ouagadougou, Paris, CINERGIE, CILSS, OCDE, 1993, p. 21.

[11] Pourtier R., « L'Afrique dans tous ses États », dans Lévy, J., dir., *Géographies du politique*, Paris, Presses FNSP, Références, 1991, p. 137.

récit national frisant la sacralisation des « États-nations », des lignes-frontières, des institutions contingentes, alors que la réalité endogène est bien différente. Le modèle universalisé de territoire et de souveraineté, assimilé jusqu'à la rupture en Afrique, fonde une série d'apories notamment en ce qui concerne les trafics transfrontaliers, même si les fondements de l'impouvoir des États postcoloniaux en Afrique sont beaucoup plus complexes. Érigés sur les contours des subdivisions des empires coloniaux, les États postcoloniaux s'imposèrent la mission de créer des nations et s'acharnèrent, pour ce faire, à isoler leurs populations, à en circonscrire les mouvements, à contrôler les relations «parallèles» qu'elles entretenaient et continuent à entretenir à travers et malgré les frontières. Celles-ci sont parfois bien plus que de simples et cruelles «cicatrices » d'une histoire tourmentée, et plutôt des sources d'opportunités pour les populations qui jouent des limites, et profitent des différences des ordres juridiques, institutionnels, socio-économiques, ou parfois monétaires.

Les espaces frontaliers, en particulier quand ils sont à la jonction de deux zones monétaires, sont animés par d'importants flux commerciaux transversaux plus ou moins contrôlés. Ils accélérèrent l'activation ou la réactivation d'une culture de rente de situation. Ces activités transfrontalières prennent des formes plus anciennes comme le commerce de l'or, de l'ivoire, de cultures de rente, de produits céréaliers, de la viande, mais aussi des trafics à la convergence de réseaux criminels comme ceux des armes, des médicaments, de stupéfiants, la traite des êtres humains, la contrebande de cigarettes, de produits pétroliers. Ces modes alternatifs d'accumulation de capitaux par des « réseaux parallèles, clandestins, souterrains»,[12] qualifiés de « flux informels transnationaux»,[13] ou de « flux informels»,[14] sont bien souvent des « excroissances » de l'État.[15] Loin d'être systématiquement informels, les réseaux transfrontaliers, s'ils ne peuvent faire l'objet de statistiques précises, témoignent parfois de réalités complexes du fait de l'imbrication des réseaux formels et « informels »,

---

[12] Bach, D., dir., *Régionalisation, mondialisation, et fragmentation en Afrique sub-subsaharienne*, Paris, Karthala, 1998.

[13] Badie, B., Smouts, M.-C., dir., *L'international sans territoire*, Paris, *Cultures & Conflits*, n° 21-22, 1996.

[14] Igué, J. O., Soulé, B. G., *L'État entrepôt au Bénin. Commerce informel ou solution à la crise?* Paris, Karthala, 1992.

[15] Geschiere, P., Komings, P., « Les modes d'accumulation 'alternatifs' et leurs variations régionales», dans Idem, dir., *Itinéraires d'accumulation au Cameroun*, Paris, ASC-Karthala, 1993, p. 9.

des liens «incestueux » entre acteurs criminels et étatiques. Certains trafics sont largement tolérés et quasiment intégrés à la vie économique et sociale du Bénin et du Nigeria, qui sont par ailleurs si asymétriques.

Photo 1: Raffinerie clandestine dans le Delta du Niger au Nigeria (Prise par l'auteur)

Bénin-Nigeria : *couple*[16] asymétrique

Le Nigeria est le premier producteur de pétrole en Afrique, avec 86 pour cent de la production ouest-africaine, et le sixième exportateur au monde avec plus de 2,2 millions de barils par jour en moyenne. Ses réserves pétrolières estimées à 37,2 milliards de barils[17] représentent 32 pour cent des réserves africaines et 3 pour cent des réserves mondiales. De plus, il dispose de réserves gazières prouvées de 5,2 milliards de m^3, soit 36 pour cent du total des réserves africaines et 2,9 pour cent des réserves mondiales. Le pays est toutefois incapable de raffiner son pétrole; l'essentiel est raffiné en France, aux Etats-Unis ou en Grande Bretagne, en dépit

---

[16] Selon B. Vassort-Rousset, « Le concept de 'couple' est utilisé (. . .) pour désigner un type de relations internationales sans pour autant l'assimiler à un soutien large ou mutuel ». Cf. Vassort-Rousset, B., "Introduction: Critical Components of Peaceful Couples in International Relations", dans Idem, dir., *Building Sustainable Couples in International Relations*, Palgrave, 2014, p. 3.

[17] CSAO/OCDE, *L'Afrique de l'Ouest: une région en mouvement, une région en mutation, une région en voie d'intégration*, Paris, CSAO/OCDE, p. 41, février 2010.

de la mise en exploitation de la raffinerie d'Alesa-Eleme près de Port-Harcourt en 1965, suivie plus tard de trois autres (celles de Wari dans l'État de Bendel, de Kaduna, et de Port-Harcourt).

Dans un contexte général marqué par l'insécurité, des réseaux criminels liés au MEND (Movement for the Emancipation of the Niger Delta), à l'OPC (Oodua People's Congress), au MASSOB (Movement for the Actualization of the Sovereign State of Biafra), ou à la NDPVF (Force des Volontaires du Peuple du Delta du Niger) siphonnent le carburant, attaquent des pipelines et des oléoducs, exploitent des raffineries clandestines, et alimentent un important marché noir.[18]

Le Nigeria, même s'il est la seule fédération du continent africain qui ait résisté aux pressions centrifuges responsables de l'éclatement de la plupart des ensembles fiscalo-douaniers[19] constitués durant la période coloniale, souvent craint et redouté par ses voisins, est perçu comme un colosse aux pieds d'argile ou même une sorte de Frankenstein.[20]

A côté des 923 768 kilomètres carrés et des 186 millions d'habitants[21] du Nigeria, le Bénin avec ses 10 millions d'habitants et ses 114 000 kilomètres carrés, apparaît comme un tout petit « *État-entrepôt* »[22] dont l'économie est essentiellement basée sur l'effet-frontière. Il compte sur le captage d'une partie des activités de transit et de réexportation vers le Nigeria et ses voisins de l'*hinterland* (Niger, Burkina Faso) pour financer son économie, avec toutefois une dépendance particulièrement marquée vis-à-vis du Nigeria.

Dès les années 1950, la différence entre les régimes coloniaux français et anglais à travers des dissymétries des régimes fiscaux et des prix entre les deux pays, des régimes tarifaires protectionnistes, des disparités monétaires en termes de taux de change, de régime de convertibilité,

---

[18] Pérouse de Montclos, M.-A., « Vertus et malheurs de l'islam politique au Nigeria depuis 1803», dans Gomez-Perez, M., dir., *L'islam politique au Sud du Sahara : identités, discours et enjeux*, Paris, Karthala, 2005.

[19] Bach, D., « Crise des institutions et recherche de nouveaux modèles », dans Lavergne, R., dir., *Intégration et coopération régionale en Afrique de l'Ouest*, Paris, Karthala, 1996, p. 242.

[20] Igué, J. O., « Le Nigeria et ses périphéries frontalières », dans Bach, D., Egg, J., Philippe, J., dir., *Nigeria, un pouvoir en puissance*, Paris, Karthala, 1988, p. 220-239.

[21] Hugon, Ph., *Géopolitique de l'Afrique*, 3ᵉ éd., Paris, SEDES, 2012, p. 117.

[22] Igué, J. O., Soulé, B. G., *L'État-entrepôt au Bénin. Commerce informel ou solution à la crise?* Paris, Karthala, 1992.

et de décote du *naira* par rapport au franc CFA sur le marché parallèle de change, a fait le lit de multiples trafics dont l'ampleur et la nature dépendent beaucoup de la politique économique des États.

Le Bénin dont les recettes sont essentiellement fiscales, encourage l'importation puis des réexportations massives vers le Nigeria à travers la délivrance de licences. Cette politique de réexportation « horripile » les autorités nigérianes qui considèrent que le coût de cette interdépendance asymétrique est trop élevé pour leur pays. Comme en témoigne cet extrait tiré d'une interview que l'ancien Président nigérian Olusegun Obasandjo a accordée à *Jeune Afrique* du 26 octobre 2017 : « Ce que je sais, c'est qu'il (le Bénin) n'a pas d'usines, qu'il ne produit rien, que son PIB n'arrive même pas à la hauteur de celui de l'État d'Ogun (dont la capitale est Abéokuta), mais qu'il fait entrer sur notre territoire des marchandises importées, contrefaites, sans payer de droit de douane. En effet, il faut contrôler mieux ce qui entre au Nigeria. Le Bénin ne doit pas servir de porte d'entrée à des produits de contrebande revendus ensuite chez nous. Je m'y étais opposé comme Président. Cela n'aide ni son économie ni la nôtre. Le Nigeria serait tout à fait capable d'absorber tout ce que pourrait produire le Bénin à travers des relations commerciales normales. Mais si j'étais aux affaires, je le forcerais à mieux faire, car il a fait du Bénin et du Nigeria de véritables dépotoirs. » Le Nigeria a multiplié ces quarante dernières années des mesures de contingentement de certains produits destinés à la réexportation massive depuis le Bénin comme le riz, le sucre, les produits congelés, les liqueurs, les textiles, le coton hydrophile, les pâtes alimentaires, à travers la démonétisation du *naira*, le renforcement du contrôle du taux de change et la fermeture des frontières comme d'avril à mai 1982, du 24 avril 1984 au 1er mars 1986, du 9 août au 11 novembre 2013 et du 24 octobre au 15 décembre 2014, ou encore d'avril à début mai 2015 ...

La vacuité de ces mesures de rétorsion est cependant frappante. Elles sont systématiquement contournées grâce notamment aux continuités ethnolinguistiques transfrontalières. Celles-ci sont l'un des facteurs explicatifs de la contrebande du *kpayo* (essence ordinaire, pétrole lampant, gasoil, fioul combustible, lubrifiants – « l'huile à moteur » –) entre le Bénin et le Nigeria.

Le *kpayo*, en voulez-vous?

773 kilomètres de frontières tracées par les colonisateurs français et britanniques à la fin du 19e siècle constituent la frontière entre le Bénin et le Nigeria, alors que la notion même de frontière est étrangère à la tradition historique, culturelle et politique du continent, car « quelle que soit la nature de l'organisation politique précoloniale, le rapport entre le pouvoir et la société privilégiait la gestion des hommes sur le contrôle du territoire. Les peuples sont ici surtout liés par un sentiment d'appartenance à un même monde marqué par des échanges culturels, commerciaux et des alliances militaires ou matrimoniales ».[23] Le découpage colonial en rangeant par exemple la majeure partie du royaume *bariba* sous le contrôle de la France (Dahomey), et la majorité des *Yoruba* sous l'autorité britannique (Nigeria), a créé des « populations flottantes »,[24] et posé les bases d'une communauté transfrontalière qui fait prospérer la contrebande du *kpayo* notamment.

Le *kpayo* est un néologisme tiré de la langue gun (Bénin) qui signifie le « toc », du fait de la qualité douteuse des produits pétroliers transportés en vrac, au mépris des normes et des règlements. Si le trafic à grande échelle des produits pétroliers entre les deux pays n'a pris l'ampleur qu'on lui connaît qu'au début des années 1990, il remonterait à la guerre du Biafra (mai 1967-janvier 1970) et aux chocs pétroliers (1973 et 1979-1980) Il aurait été initié à Takpako ou « BB » (petit village situé dans le *no man's land* à la frontière Igolo-Idiroko) dès le début des années 1960 par un certain « Adandé, originaire de Banigbé », qui transportait le produit dans des *glawa* (mini-tanks de fabrication locale) et allait le distribuer à Porto-Novo ou à Sakété. Le trafic du *kpayo* a depuis pris une ampleur gigantesque, au point de devenir un trafic structurant les échanges commerciaux bénino-nigérians, alors même que l'État détient le monopole en matière d'approvisionnement, de stockage, de transport, et de distribution des produits pétroliers raffinés et de leurs dérivés. Aux abords des routes, des pistes, et même dans des concessions sont implantés des points de vente au détail du *kpayo,* constitués d'un bric-à-brac fait de dames-jeannes, de bidons en plastique, de bouteilles de capacités variées (0,5 litre à 50 litres), de raccords, d'entonnoirs. Ces points de vente

---

[23] Moncel, C., « Besoins d'Etat », *Afrique Asie*, mai 2010, p. 26.

[24] Igué, J. O., *L'Afrique de l'Ouest entre espace, pouvoir et société*, Paris, LARES/Karthala, 2006, p.95.

Photo 2: Point de vente de *kpayo* au Bénin (Prise par l'auteur)

Tableau 1: Comparaison des ventes d'essence entre circuit formel et marché parallèle au Bénin (2008-17), en m³

Années	Marché officiel	Marché parallèle	Total
2008	208.100	23.200	231.000
2009	210.100	29.200	239.300
2010	130.200	137.400	267.600
2011	50.500	245.800	296.300
2012	51.300	258.600	309.900
2013	88.700	232.200	320.000
2014	91.100	245.000	336.100
2015	48.500	258.500	307.000
2016	47.600	262.500	310.100
2017	47.100	270.000	317.800

Source: BCEAO-Bénin, 2017, *Le marché formel des produits pétroliers au Bénin: Diagnostic et propositions pour sa restauration*, Cotonou, Service de la Recherche et de la Statistique, BCEAO, p. 10-23.

concurrencent directement les rares stations-service encore ouvertes. Les filiales de grandes compagnies pétrolières comme Shell, Total, Texaco, ou Oryx ont toutes été depuis longtemps contraintes au dépôt de bilan par l'essor du marché parallèle.

Il n'existe *a priori* pas de structures centralisées contrôlant et régle-
mentant la contrebande, mais une multitude d'acteurs et d'organisations
au fonctionnement mafieux. Les principaux acteurs du trafic sont de gros
exportateurs nigérians organisés en associations, qui fixent les prix et
les conditions de livraison des produits aux importateurs béninois du
gros, comme Midodjiho Oloyè, Aloukou, Zangbéto. La catégorie des
« exportateurs » nigérians dont l'influence a grandi avec la pénurie de
produits pétroliers survenue en avril et mai 1992, est apparue à la suite
des nombreuses fermetures unilatérales de la frontière par le gouvernement nigérian dans les années 1980 (1984, 1985 et 1986), et de la création d'une *border zone* (zone frontalière), qui ont empêché les trafiquants
béninois d'opérer directement au Nigéria. Les patrons béninois du *kpayo*
emploient une « armée » qui convoie les produits grâce à des barques,
des camions, des véhicules légers aux réservoirs modifiés, des motos, des

Photos 3 et 4: Divers modes de transport et de distribution du *kpayo* (Prises
par l'auteur)

pirogues, vers des entrepôts de stockage frontaliers (magasins, habitations, champs. . .) à Djofin, Owodé, Otta, Idiroko («BB»), Ilara, Mêko, Badagry, Médédjonou, Porto-Novo, Klaké, Igolo, pour ensuite les distribuer à travers tout le pays et dans les pays voisins.

Longtemps confiné aux périphéries du territoire entre les deux pays, le trafic prit un caractère structurel avec une ramification des réseaux marchands et la dispersion spatiale des circuits commerciaux.

Fondements structurels du trafic du *kpayo*

Le trafic du *kpayo* est favorisé par de nombreux dysfonctionnements liés au caractère impécunieux de l'État béninois, à son inca-

Tableau 2: **Prix moyen d'un litre de *kpayo* à l'achat et à la vente en F CFA, (converti à titre illustratif en *naira* au coût du marché noir)**

Prix/l	Essence	Pétrole	Gasoil	Huile à moteur
Prix/l à la frontière Bénin/ Nigeria (Igolo/Idiroko)	244 (65 *naira*)	170 (45 *naira*)	195 (52 *naira*)	472 (126 *naira*)
Prix/l d'achat par les semi-grossistes	263 (70 *naira*)	200 (53 *naira*)	215 (57 *naira*)	528 (141 *naira*)
Prix/l d'achat par les détaillants	282 (75 *naira*)	250 (67 *naira*)	275 (73 *naira*)	625 (166 *naira*)
Prix de vente aux consommateurs	325 (86 *naira*)	325 (86 *naira*)	375 (100 *naira*)	875 (233 *naira*)

Source: Enquêtes de terrain réalisées par l'auteur, novembre 2017

pacité à contrôler son territoire et à la décote du *naira* nigérian par rapport au franc CFA. On peut y ajouter les effets pervers des

Tableau 3: Différences de prix entre secteur formel et marché parallèle en moyenne (1 euro = 656 F CFA)

Produits	Secteur formel	Marché parallèle	Différence
Essence	510	350	160
Pétrole lampant	565	500	65
Gasoil	515	400	115
Huile à moteur	2500	1200	1300

Source: Enquêtes de terrain réalisées par l'auteur, novembre 2017.

Programmes d'Ajustement Structurel, le faible pouvoir d'achat des populations, et l'avantage comparé des prix pratiqués dans le secteur « informel » par rapport à ceux pratiqués à la pompe.

Le boom de la contrebande s'explique aussi par les différences de prix entre le secteur formel et le marché noir.

La densité du réseau officiel de distribution de produits pétroliers au Bénin n'a cessé de s'affaiblir, et le nombre et la répartition géographique des points n'ont cessé de baisser en quarante ans, passant de 171 stations-service au 1er janvier 1975 à 148 au 1er janvier 1994 et à seulement 80 en 2016 dont 80 pour cent à Cotonou et ses environs. Alors qu'au Nigeria, d'importantes subventions de l'État, et l'instauration de l'*Equalization Fund Management Board* et d'un mécanisme de prix unique, permettent la disponibilité des produits pétroliers à des prix particulièrement compétitifs jusqu'au plus petit village du pays.[25] C'est ce dispositif qui est largement détourné aux fins d'organiser un vaste trafic entre le Nigeria et ses voisins.

Impuissance de l'État et trafic du *kpayo*

Le trafic du *kpayo* favorise des logiques spéculatives. De très nombreux producteurs agricoles, mais aussi des enfants, se convertissent en petites mains du trafic. Il est également à l'origine de nombreux accidents et incendies qui émaillent la chronique des faits divers dans le pays. Le Bénin entier peut flamber ! Et Cotonou n'a sans doute pas besoin de

---

[25] Nous avons par exemple compté 39 stations-service sur seulement huit kilomètres entre les localités d'Idiroko et d'Adjégounlè.

stations d'essence, mais davantage de compagnies de sapeurs-pompiers tant sont nombreuses les victimes d'accidents de circulation au Bénin impliquant un camion transportant du *kpayo*.

En outre, Cotonou doit faire face à une pollution atmosphérique record, avec une émission journalière de 93 tonnes de dioxyde de carbone, de plomb, de benzène, de soufre, et 46 tonnes d'hydrocarbures volatils (HC3). De plus, le trafic du *kpayo* est un gigantesque canal d'évasion fiscale.

Face au trafic du *kpayo* et à ses conséquences, la politique officielle alterne entre tolérance, mesures d'accompagnement, répressions, menaces, et ultimatums. Selon son porte-parole, le gouvernement est décidé à mettre fin à la vente illicite des produits pétroliers. Ainsi, à la faveur d'une séance tenue le mardi 30 mai 2006 à Cotonou avec les gros revendeurs des produits pétroliers frelatés, le gouvernement représenté par quatre ministres avait donné jusqu'au 15 juin 2006 aux acteurs illégaux pour mettre fin à leurs activités. Passé ce délai, ils encouraient le risque d'emprisonnement ferme. Cette décision avait été prise en présence des trafiquants qui n'ont même pas eu droit à la parole. Mais les campagnes de répression ont toujours fait long feu.

Depuis 2001, la Commission Nationale d'Assainissement du Marché Intérieur des Produits Pétroliers (CONAMIP) est le bras armé de l'État béninois dans sa « lutte » contre la contrebande du *kpayo*. Mais son action n'a au mieux qu'un effet provisoire de renchérissement des prix. Les trafiquants font de la résistance. L'un d'eux déclarait ainsi : « Je suis un trafiquant d'essence, je transporte souvent de l'essence de « BB », de Doké-Tokpa, d'Akadja-Tokpa (Bénin) et de Taiguey (Nigeria) vers les localités d'Ifangni, de Porto-Novo, et de Missrété. Je suis conscient des risques que je cours en transportant de l'essence frelatée. Mais, je n'ai pas de choix. J'étais agriculteur. Le déclin de l'agriculture m'a entraîné dans la présente activité. Il y a déjà trente ans que j'exerce cette activité. (…). J'ai des personnes à charge et je n'ai plus d'autres opportunités. Je suis croyant. J'ai confiance en Dieu, qui m'a toujours assisté. Ça fait des décennies que je pratique ce commerce. Kérékou n'a pas réussi, Yayi non plus. Talon vient d'arriver, qu'il nous laisse cinq ans d'abord, après ça, on pourra discuter ».[26]

---

26   Enquêtes de terrain réalisées par l'auteur.

Conclusion

La crise de l'État africain pose la question de la pertinence de l'emprise territoriale de jeunes États postcoloniaux. Dans un contexte marqué par le sous-dimensionnement et la sous-capacité de l'appareil étatique, la contrebande du *kpayo* a valeur de symptôme. La solidarité ethnique transfrontalière joue un rôle moteur dans le trafic du *kpayo*. Les acteurs se considérant comme membres d'une même nation, s'inscrivent à travers leurs groupes de parenté ou leurs communautés marchandes dans des espaces qui dépassent le cadre des États. Selon leurs besoins et la conjoncture, ils mobilisent l'un ou l'autre des modes d'appartenance.[27] Les dynamiques des espaces de part et d'autre de la frontière apportent parfois davantage aux populations et aux analystes du politique que la considération d'espaces plus vastes à l'intérieur du même tracé frontalier exclusif. Ce précepte éclaire la distinction qui existe en anglais entre le *border* (frontière-ligne qui sépare), la *boundary* (frontière-ligne qui unit), et la *frontier* qui revêt plutôt le sens d'une zone pouvant être repoussée, à la limite du pays.

Bibliographie

1. Bach, D., « Crise des institutions et recherche de nouveaux modèles », dans Lavergne, R., *Intégration et coopération régionale en Afrique de l'Ouest*, Paris, Karthala, 1996, p. 95-121.

2. Idem, dir., *Régionalisation, mondialisation et fragmentation en Afrique subsaharienne*, Paris, Karthala, 1998.

3. Badie, B., *La fin des territoires,* Paris, CNRS Éditions, Biblis, 2013.

4. Badie, B., Smouts, M.-C., *Le retournement du monde. Sociologie de la scène internationale*, Paris, Presses FNSP-Dalloz, Amphithéâtre, 1992.

5. Idem, dir., « L'international sans territoire », Paris, *Cultures & Conflits*, 1996.

6. BCEAO-Bénin, *Le marché formel des produits pétroliers au Bénin : Diagnostic et propositions pour sa restauration*, Cotonou, Service de la Recherche et de la Statistique, BCEAO, 2017, p. 10-23.

---

[27] Lambert, A., *Espaces d'échanges, territoires d'État en Afrique de l'Ouest*, Autrepart, Ed. de l'Aube, 1998, p. 37.

7. CSAO/OCDE, *L'Afrique de l'Ouest : une région en mouvement, une région en mutation, une région en voie d'intégration*, Paris, CSAO/OCDE, février 2010.

8. Deval, H., « Les conflits de l'Afrique de l'Ouest », dans Hermant, D., Bigo, D., *Approches polémologiques : conflits et violence politique dans le monde au tournant des années quatre-vingt-dix*, Paris, FEDN, 1991, p. 55-67.

9. Foucher, M., *Fronts et frontières. Un tour du monde géopolitique*, Paris, Fayard, 1991.

10. Geschiere, P., Komings, P., « Les modes d'accumulation 'alternatifs' et leurs variations régionales», dans Idem, dir., *Itinéraires d'accumulation au Cameroun*, Paris, ASC-Karthala, 1993, p. 9-15.

11. Girault, F., *Retour du refoulé et effet chef-lieu. Analyse d'une refonte politico-administrative virtuelle au Niger*, Paris, Grafigéo, 7, 1999.

12. Guillien, R., Vincent, J., *Lexique des termes juridiques*, Paris, Dalloz, 14ᵉ éd., 2003.

13. Hugon, Ph., *Géopolitique de l'Afrique*, 3ᵉ éd., Paris, SEDES, 2012.

14. Igué, J.O., Soulé, B.G., *États, frontières et dynamiques d'aménagement du territoire en Afrique de l'Ouest*. (Document de travail du projet « Étude des perspectives à long terme en Afrique de l'Ouest »), Abidjan, Ouagadougou, Paris, CINERGIE, CILSS, OCDE, 1993.

15. Idem, *L'État-entrepôt au Bénin. Commerce informel ou solution à la crise ?* Paris, Éd. Karthala, 1992.

16. Igué, J. O., « Le Nigeria et ses périphéries frontalières », dans Bach, D., Egg, J., Philippe, J., dir., 1988, *Nigeria, un pouvoir en puissance*, Paris, Karthala, 1988, p. 220-239.

17. Idem, *Le Territoire et l'État en Afrique. Les dimensions spatiales du développement*, Paris, Karthala, 1995.

18. Id., *L'Afrique de l'Ouest entre espace, pouvoir et société*, Paris, LARES/Karthala, 2006.

19. Jamfa Chiadjeu, M. L., *Comment comprendre la « crise » de l'État postcolonial en Afrique ? Un essai d'explication structurelle à partir des cas de l'Angola, du Congo-Brazzaville, du Congo-Kinshasa, du Liberia et du Rwanda*, Berne, Publications Universitaires Européennes, 2005.

20. Lambert, A., *Espaces d'échanges, territoires d'État en Afrique de l'Ouest*, Autrepart, Aube, 1998.

21. Moncel, C., « Besoins d'État », *Afrique Asie Archives,* mai 2010, p. 175–181.

22. Pérouse de Montclos, M.-A., « Vertus et malheurs de l'islam politique au Nigeria depuis 1803 », dans Gomez-Perez, M., dir., *L'islam politique au Sud du Sahara : identités, discours et enjeux*, Paris, Karthala, 2005.

23. Pourtier, R., « L'Afrique dans tous ses États », dans Lévy, J., dir., *Géographies du politique*, Paris, Presses FNSP Références, 1991, p. 128-141.

24. Quoc Dinh, N., Daillier, P., Pellet, A., *Droit international public*, 7ᵉ éd., Paris, LGDJ, 2002.

25. Sorel, J.-M., « La frontière comme enjeu de droit international », *CERISCOPE Frontières*, p. 1-2, (en ligne), http://www.ceriscope.scie nce-po.fr/content/part2/la-frontiere-comme-enjeu-de-droit-internatio nal, 2011, consulté le 26/04/2017.

26. Stary, B., « Réseaux marchands et territoires étatiques en Afrique de l'Ouest », *Le territoire, lien ou frontière ?*, p. 5, horizon.documentation. ird.fr, 1995, consulté le 13/02/2017.

27. Vassort-Rousset, B., "Introduction: Critical Components of Peaceful Couples in International Relations", dans Idem, dir., *Building Sustainable Couples in International Relations*, Palgrave, 2014.

Environment as geopolitical stake. China's environmental diplomacy

BRIGITTE VASSORT-ROUSSET
*Professeur émérite en Science politique,
CERDAP²-Sciences Po Grenoble-UGA*

Introduction

As countries in all the regions of the world are grappling with a cascade of challenges to their developing economies, they increasingly look not to the North but to the East. Indeed, energy procurement, climate change, and environmental protection are three interconnected concerns, which raise major geopolitical and geoeconomic issues. The European Union holds a relatively weak position in that regard when compared to the People's Republic of China and the United States, because of its dependency on critical ore procurement, and because of its place in the supply chain of low carbon technologies, so crucial for renewable energies. China's proactive economic strategy and assets combine domestic support to innovative research, a government-backed industrial policy, technology transfer as a condition for Foreign Direct Investment (FDI), a huge market, control over decisive value chains (rare earths, special alloys, solar farms and windmills, third generation nuclear reactors, electric or hydrogen transport, smart grids and artificial intelligence), plus tremendous investment capacities and a strong ability to understand markets and change norms.

Acute competition between China and the US has developed in the field of low carbon technologies and energy transition systems, and has led to tensions and trade retaliation in other sectors, as well as filing complaints with the World Trade Organization Dispute Settlement Body. For, if value chains come to be dominated by a limited number of countries and actors, and if low carbon policies do not yield more local jobs but only more import, energy transition will lose popular support and hurt national economic interests. The extraction of rare earths causes geological

and environmental challenges, and major economic hazards, with oligo-
polistic markets, highly volatile prices, concentration in a small number of
countries which are often not Organization for Economic Cooperation
and Development members, and mining investments mainly concentrated on Latin America, and Africa to a lesser extent. As a considerable
strategic advantage and token of independence, including in the field of
military technologies, China dominates extraction and refining of critical
ores and rare earths (*e.g.*, lithium, cobalt. . .), to meet its domestic needs,
preempt markets, face rising environmental issues within China, foster
more competitive resources, and limit the use of its own resources. In any
discussion about energy transition and environment protection, a new
strategy and risk appraisal is much needed in China and elsewhere.

In March 2018, during the 13th People's National Assembly, the phrase
"ecological civilization" (*sheng tai wen ming*) as a philosophical guideline and
a political goal was added to the Constitution, thus underlining the central
role of the Chinese Communist Party (and of alternative energy procurement!) in the definition and implementation of major political guidelines.
It also stressed China's will to act as a global power on environmental issues,
as both an essential component of global security and a part of the social
system highlighting full and harmonious integration of heaven and man. It
addresses the question of sustainable economic development in a situation
of scarce resources and environment restriction.[1]

The analysis will first shed light on the interconnected dimensions of security and global governance in China's asymmetric developmental diplomacy towards Latin America, will then deal with
Belt-and-Road Initiative-*America Crece* competition,[2] and suggest in

---

[1]   Lee, L. T., ed., *Chinese People's Diplomacy and Developmental Relations with East Asia.
       Trends in the Xi Jinping Era,* Routledge, 2022, 180 p. China's diplomatic policy has
       changed significantly as it assumes a role of regional leadership, while Beijing has also
       emphasized people-to-people diplomacy as an important part of building stronger
       relations with its neighbors, a token of particular interest in soft power, and a recog-
       nition of the increasing mutual exposure of their citizens.

[2]   Evan Ellis, R., Lazarus, L., https:www.csis.org/analysis/preparing-deterioration-latin-
       america-and-caribbean-strategic-environment, Center for Strategic and International
       Studies, 2022, 9 p. As a theater for great power confrontation, Latin America's tra-
       jectory away from the United States is "the consequence of three mutually reinforc-
       ing phenomena: the Covid-19 pandemic, engagement with China, and the spread
       of a particular model of leftist authoritarian populism. The dynamics is enabled by
       long-standing citizen discontent with poverty, inequality, corruption, insecurity,
       and poor governance that fails to address those ills. While right-wing populism is

the third part of this chapter a more conceptual approach to quasi-governmental global interest communities, and to a new practice of diplomatic leadership on global commons.

---

also problematic, the dynamics that leads left-wing populists to turn away from free markets and embrace a turn towards the People's Republic of China as an alternative source of resources, presents unique challenges for US foreign policy and the US strategic position in the hemisphere." Besides, rather than understanding Latin America better than the US, China has a pragmatic approach that fits the profile of Latin American governments and leaders. Meanwhile, Taiwan fights for its diplomatic survival in Latin America, in dire need of investment, technology, and infrastructure, and is familiar with using diplomatic recognition as leverage to win larger donations, infrastructure projects, and free trade agreements and economic cooperation agreements (Belize, Guatemala, Honduras, and Paraguay). Even for the traditional allies of the United States (Brazil, Chile, and Uruguay), China has become the largest trading partner. China forms a united front with Argentina against Western colonialism; and between 2016 and 2021, China deprived Taiwan of eight diplomatic allies, half of which in Latin America and the Caribbean (Panama, Dominican Republic, El Salvador, and Nicaragua, the first three thereby losing their US ambassadors in response to the switch from Taipei to Beijing in 2018). 21 out of 33 Latin American countries had signed up for China's Belt and Road Initiative by May 2022. In retaliation in 2019, the US Congress had adopted the Taiwan Allies International Protection and Enhancement Initiative (TAIPEI) Act, which empowers Washington to exert punitive measures (such as the cancellation of foreign aid as leverage) on countries which may abandon Taiwan for China. Until March 2023, among Taiwan's 14 diplomatic allies, eight were located in Latin America and the Caribbean (*i.e.* Belize, Guatemala, Haiti, Honduras, Paraguay, Saint Kitts and Nevis, Saint Lucia, and Saint Vincent and the Grenadines); the question has been how long Taiwan can rely on the US to forestall further diplomatic losses in the region (possibly Honduras, Guatemala, Paraguay, and Haiti). Cf. Wang, L., Lee, J., "Latin America's Choice and the Cross-strait Diplomatic Battle", *The Diplomat*, May 13, 2022. On China pouring resources into South America this century, chipping away at US historic dominance and making itself the continent's number 1 trading partner, while international focus has turned in recent years to China's ventures in Africa and Asia, see also Gilbert, J., Rosati, A., and Bronner, E., "How China Beat Out the US to Dominate South America", *Bloomberg Markets*, February 17, 2022. It signals an important shift which has gone largely unnoticed in China's approach, namely going local and focusing on relationships from the ground up instead of national leaders to expand and strengthen its financial grip, including globally. Which illustrates "the distant proximities of dynamics beyond globalization" in an ever-shrinking world of uncertainty, change, and contradiction stressed by Rosenau, as a dual process of integration and fragmentation ("fragmegration") under which an epochal transformation driven by relentless scientific and technological advances collapses time and distance, and alters the dimensions of political space. Cf. Rosenau, J. N., *Distant Proximities: Dynamics beyond Globalization*, Princeton, NJ, Princeton University Press, 2003, 456 p.

Asymmetric balance of flows and multi-level commitments in Central and Latin America

The stresses of Covid-19 have made Latin America and the Caribbean particularly vulnerable to China's advance, including its growing importance as a purchaser of the region's exports, a provider of loans and investment, and a potential purchaser of corporate operations in the region as Western firms sell off assets in favor of stronger performing markets. Simultaneously, sociopolitical frustrations have stemmed from endemic corruption, violence, economic stagnation, and inequality in the region, and been whipped by an unprecedented number of populists and other left-of-center governments receptive to working with the Chinese.

The China-CELAC (Community of Latin American and Caribbean States) 2022-2024 plan[3] provides a general indication of the directions in which the Chinese government and companies are interested in proceeding, as they work to re-orient Latin America and other parts of the world to the PRC's economic advantage. Which *via* a key focus on digital

---

[3]   See "Second CELAC-China Forum on Poverty Reduction and Development to kick off for increased cooperation in post-Covid19 era", *Global Times*, July 12, 2022. On August 31, 2021, the first CELAC-China (online) Forum on Poverty Reduction and Development was hosted by the National Rural Revitalization Administration, created earlier in 2021 to facilitate the national rural vitalization strategy, alongside the International Poverty Reduction Center in China. "To mitigate the negative effects of the Covid-19 pandemic, (...) build a China-Latin America-Caribbean community, (...) and promote the implementation of the 2030 Agenda for Sustainable Development, the China-CELAC Joint Action Plan for Cooperation in Key Areas (2022-24), the BRI, and the Global Development Initiative will be the policy basis for future China-CELAC cooperation in poverty reduction, involving building quality infrastructure to increase productivity, salaries, and employment, enhanced connectivity both physical and digital, and the application of digital technologies. (...) Trade between China and CELAC hit a record high of $451.6 billion in 2021. China is the third-largest source of investment in Latin America, and Latin America is the second-largest destination for China's overseas investment. Over 3,000 Chinese enterprises have invested in Latin America and the two sides have actively promoted cooperation in emerging areas such as big data, Artificial Intelligence, 5G, the internet and clean energy, to inject new momentum into China-CELAC cooperation, data shows. (...) More than 80 representatives and officials from the Latin American and Caribbean affairs department of the Chinese Ministry of Foreign Affairs, the UN, three organizations in Latin America, and 22 CELAC member countries attended the forum that was hosted by the National Rural Revitalization Administration, created earlier in 2021 to facilitate the national rural vitalization strategy, alongside the International Poverty Reduction Center in China."

economy and associated technologies,[4] raises issues related to the region's sovereignty, to norm- and standard-setting (*e.g.,* through the International Telecommunications Union-ITU), to competitive advantages in associated sectors, and to whether that engagement with Beijing and other extra-hemispheric players will occur in a rules-based framework of transparency and equality, under the supervision of strong institutions with technically qualified personnel, and with the full enforcement of relevant national laws on all actors.[5]

In Latin America, whose top trading partner happens to be China, Paraguay is one of only 13 countries in the world, incl. eight in Latin America and the Caribbean (Guatemala, Belize, Haiti, Saint Kitts and Nevis, Saint Lucia, Saint Vincent and the Grenadines, and Paraguay) that still don't recognize the government in Beijing (April 2023). The political debate in Paraguay thus reflects a broader battle raging across Latin America about China's swelling influence. Indeed during COVID-19, Latin America has once again been reliant on China, whose middle-class drives demand for beef from Uruguay, copper from Chile, oil from Colombia, and soya from Brazil. These are the commodities and exports that will help Latin America weather the storm, and China will inevitably be the primary customer, as it is just more profitable to sell to China than anywhere else.

For China, the investment entails political returns: in the past five years, Honduras (2023), Nicaragua (2021), the Dominican Republic and El Salvador (2018), and Panama (2017) have each switched their

---

[4]   On the consequences of the unmatched Latin-American expansion of the Chinese telecommunications sector for surveillance systems, health architectures, "smart cities" initiatives, e-commerce, fintech, big data, and support to the PRC's authoritarian friends (Venezuela, Ecuador, Cuba, Bolivia. . .), see Ellis, E. R., "El Avance Digital de China en América Latina », *Revista Seguridad y Poder Terrestre*, vol. 1-1, July-September 2022, Strategic Studies Institute-US Army War College, https://doi.org/10.56221/spt.v1i1.5. Digital economy and associated technologies have received significant focus in "Made in China 2025" and the PRC's 2015 "Digital Silk Road" initiative, and together with connectivity, constitute two of the eight pillars in China's "Global Development Initiative".

[5]   Also, cf. Ellis, R. E., *op.cit.* Despite obstacles arising from both resistance in the region and internal PRC politics, Chinese companies have made significant advances in these sectors, and created leverage opportunities for them in other areas, as well as occasions to collect intelligence on both government and commercial targets. Thus putting at risk the ability of governments to make sovereign decisions about the PRC and its companies, and to protect the intellectual property of the companies operating within these territories.

recognition from Taiwan to China, after Costa Rica did so in 2006. Gaining these kinds of alliances in Latin America offers Beijing invaluable votes at the UN and backing for Chinese appointees to multinational institutions. It also empowers China to embed standard-setting technology companies like Huawei, ZTE (Zhongxing Telecommunication Equipment Company Limited), Dahua and Hikvision (video surveillance), all sanctioned by the US, in regional infrastructure, allowing Beijing to control the rules of commerce for a generation.

The pandemic has opened up new avenues in the struggle for influence, as by late October 2020 China had already provided over 180 billion masks, nearly 2 billion protective suits and 550 million testing kits to 150 countries and seven international organizations around the globe. China's mask diplomacy thus became important in defining the lines of a new cold war; but it is not yet clear where the « silk curtain » will fall in Latin America, as the battle for influence is flaring up once again.

Undoubtedly, US ties run deep across Latin America, but perhaps deeper in Panama, where the US dominated commerce and politics throughout the 20th century, and which has emerged as a battleground in the superpower contest. Near the canal's entrance, the Colon Free Trade Zone (ZLC) had quickly become a gateway for American firms such as Gillette, Coca-Cola, and Pfizer to enter the Latin American market.

Yet today, seven decades later, things have changed in the ZLC. Panama's economy was one of the hardest hit in the region by the Covid-19 pandemic, contracting by nearly 18 percent in 2020, furthering its vulnerability to Chinese advances. Panama's longstanding connection with China has been marked by a significant Panamanian-Chinese community; many are descendants of Chinese who immigrated during the early part of the 20th century, at a time of weakness and chaos in China, with many making the journey in order to work on the Panama Canal and railroad. Today, around five percent of Panama's 4.3 million population have some Chinese ancestry, *i.e.,* the largest Chinese community in Central America; several have leading positions in the government, business, and society in Panama.

Panama's position, both as an international and commercial hub and a logistical chokepoint (due to its geographic positioning), endows it with high strategic importance. Late 1999, the Panamanian government awarded the Chinese firm Hutchison-Whampoa concessions to operate ports on both the Atlantic and Pacific sides of the Canal; it was the PRC's first major port concession in the region, which raised some concern in

Washington, in relation to the strategic importance of the Canal Zone that had just been returned by the United States to Panamanian control under the 1977 Carter-Torrijos Treaty. Since then, Chinese shipping companies have become the second or third largest user of the Canal, the United States remaining the top user of the Canal (in 2019, 66 percent of the cargo traffic transiting the Canal began or ended its journey at a US port, *vs.* 13 percent from or destined to China), and China is the primary source of products going through the Colon Free Trade Zone. Across its 1,000-hectare sprawl of ports, warehouses and offices, China now accounts for the largest share of imports that come into the zone, 40 percent of the total. The surge of Chinese products began around 2010, and as China has sought to boost its trade with the rest of the world in the wake of the pandemic, it has identified the potential of Panama and the ZLC as a reference point for distribution. This reflects China's enthusiasm for Panama, which remains a strategic linchpin for Washington.

Mid-June 2017, Panama's diplomatic switch from Taiwan to the PRC coincided with China-based Landbridge Group's new investment in a US$ 900 million deepwater port for megaships and a logistics complex on Margarita Island, where the Panama Colon Container Port would take over land once occupied by a US military base; it is Panama's largest port on the Atlantic side and in the Colon Free Trade Zone, the largest free trade zone in the Western hemisphere. Thereafter, a visit by President Xi launched a surge in Chinese investment and 16 commercial deals, including grand infrastructure projects . . .out of which however at least 5 have since been nixed, due to US pressure to put a pause on the growth of Panama-China ties. Just five months after recognizing the PRC, in December 2017, the Panamanian government joined the Belt and Road Initiative, as part of 19 non-public memorandums of understanding signed with the PRC; it was the first country in the region to officially join, with 19 Latin American countries officially signing on in the two following years.

Balancing strategies in Central and Latin America, BRI environmental setbacks and China's clout in renewable energy, and competition with *América Crece*

After the Varela era, the Cortizo government has not reversed Panama's participation in the BRI, although the specific obligations of his country's membership are not clear; no "strategic partnership" has been established yet, although gifts and offers of other pandemic-related supplies (*ca.* US$ 2 million) have provided the PRC with some continuing influence and an instrument to restart multiple delayed infrastructure projects, including the Canal's fourth bridge; the PRC has also invested in energy-related facilities along the Canal, as well as in water management efforts against droughts and to improve local access to water for the next 50 years, as other key sources of entry for Chinese players.

Nonetheless, a significant Chinese reversal in Panama (see below) highlights that, as in El Salvador, the benefits offered by changing recognition, in the context of transparency and fair dealings, may be less than what is imagined by nations contemplating a change in recognition like the Dominican Republic, and elsewhere. But these setbacks won't deter China from further geostrategic needling in the greater Caribbean. That way, China can show the United States that "it can play in its backyard just the way the US plays in China's neighborhood". Although the February 2019 pushback in El Salvador had a chilling effect on the rest of the region, when antiestablishment candidate Bukele criticized his predecessor's planned deals with China and renegotiated a much smaller package, Panama continues to hold great importance for the PRC, because of its unique position: while the combination of increased scrutiny by the Cortizo government, US pressure, and the COVID-19 pandemic may have derailed some of the most significant Chinese advances (unlike over half of Latin American countries, Panama has not chosen to include Chinese-produced vaccines within its government response to the pandemic, and reportedly turned down a Chinese proposal to construct a temporary hospital), the PRC continues to have a significant and even expanding cultural, trade, investment, and financial footprint in the country, including intellectual infrastructure (Confucius Institute, scholarships, and graduate programs), e-commerce and banking expansion, protective equipment donations, electronic equipment, telecommunication technology, as well as other infrastructure projects.

As in other countries in the region, Panama's overall trade with the PRC has grown by a factor of 22 since the PRC joined the WTO in 2001; its exports to the PRC grew from US$ 2 million in 2002 to US$ 370 million in December 2020, compared with US$ 532.6 million the previous year, while Panama's imports from the PRC grew from

US\$ 41 million in 2001 to US\$ 1.58 billion during 2021...[6] The figures are somewhat distorted, however, because a significant portion of the incoming products, particularly into the former Canal Zone, are warehoused and transformed in minor ways for re-export to other parts of the hemisphere. During 2020, China had a large net trade with Panama in the exports of Machines (US\$ 2.64 billion), Transportation (US\$ 2.2 billion), and Mineral Products (US\$ 1.31 billion). In the same year, Panama had a large net trade with China in the exports of Mineral Products (US\$ 365 million), Foodstuffs (US\$ 14.4 million), and Animal Products (US\$ 12.9 million).

But the most controversial train and electricity-line projects through multi-billion loans from the PRC were ultimately deemed unnecessary and cancelled; and FTA negotiations were suspended when Varela left office. In addition, the vast majority of Chinese projects related to the Panama Canal and infrastructure have been delayed, canceled, or scaled back under the Cortizo Administration (in office since 2019). Yet at the end of May 2022, President Laurentino Cortizo said he intended to immediately restart negotiations with China over an FTA, after conversations had been put on hold during the pandemic; and to seek bigger concessions than previous Panamian administrations had attempted to get from the PRC, for instance on agricultural products. Besides, Panama continues to have and use an FTA with Taiwan.[7] Cortizo made clear that his country's top ally remains the US: "The US is the main user of the Panama Canal. The second main user of the Panama Canal is China. So we do have a very important relationship with both countries."[8]

Panama's economy posted 15 per cent growth last year, one of the biggest leaps in America, and returned to capital markets in 2022, with inflation below 3 per cent and the dollar-dominated economy shielded from currency losses seen across much of Latin America. Clearly, China's BRI expansion into port-related facilities has stirred alarm for the United

---

[6]   Cf. the United Nations COMTRADE database on international trade. "Panama Imports from China" was last updated in August 2022.

[7]   Runde, D. F., Doring, A., "Key decision point coming for the Panama Canal", Washington, Center for Strategic and International Studies, online, May 21, 2021; and Ellis, E., "China's advance in Panama and update", theglobalamericans.org, April 14, 2021.

[8]   Interview at Bloomberg's New Economy Gateway Latin America in Panama City. Gillespie, P., Flanders, S., "Panama President Aims to Restart China Trade Talks Immediately", *New Economy, Bloomberg*, May 19, 2022.

States over ambitions seen as endangering the neutrality of the Canal; and goods transiting the Canal have intrinsically tied free and fair Canal access to US national security and economic interests in the country. Indeed, the expansion of Chinese influence on the two ports on either end of the Canal increases Chinese control over transshipment cargo operations bound for the US and other countries, and has become a point of contention; this expanded reach has slowed recently, mostly due to US pushback and the pandemic. But Panama's experience is representative of other countries' where leadership changes have resulted in increased scrutiny on BRI-related investments, and reevaluated the financial terms of BRI projects, cost overruns, and project reliance on Chinese labor despite promises to create local jobs. The additional challenge faced by these governments is to screen out projects that might seriously compromise their countries' national security or economic well-being.[9]

Still, despite some resistance from economic actors, the Panama Maritime Authority (AMP) authorized mid-June 2021 the automatic renewal of a quarter-century concession to the Panama Ports Company (PPC), a subsidiary of Hutchison Ports Holdings (Hong Kong based), to administer the ports of Balboa and Cristobal until 2047, with little information and guarantee on dividends to be paid to the Panamanian administration…[10]

China has won influence not by wielding sticks but by deftly distributing advantages. These entanglements are typically tightest with nations with goods to sell.[11] Such as Brazil, with which bilateral trade rose from

---

[9]   Cairns, C., "What can other potential recipients of Chinese investment learn from recent ups and downs in Panama and beyond?", *The Diplomat*, February 26, 2022.

[10] The Panama Canal as gateway between the Atlantic and Pacific Oceans and a provider of lower shipping costs for global trade, remains a central piece of the US-Panama bilateral relationship; however, with the expansion of Chinese influence in the waterway, the Canal will likely continue to be a point of tension in US-China relations. As a matter of fact, of those goods transiting the Canal, 60 percent originate in or end up in US markets, intrinsically tying free and fair Canal access to US national security and economic interests in the country. See Runde, D. F., "Key Decision Point Coming for the Panama Canal", *Critical Questions*, Center for Strategic and International Studies, May 21, 2021.

[11] See Ellis, R. E., *China Engages Latin America: Distorting Development and Democracy?* Palgrave-Macmillan, 2022, 411 p. This work analyzes China's principally economic engagement with the region, and its pursuit of secure access to Latin American commodities, foodstuffs, and strategic markets, as well as its desire to capture for its own companies as much of the value added associated with those supply chains as possible. It also explores the relationship with populist governments in the region and

US$ 2 billion in 2000 to US$ 100 billion in 2020, including 80 per cent of its soybean crop and 60 per cent of its iron ore; and Argentina whose top world importer of soybean and beef is China, and which has been granted over US$ 17 billion in financing. China is also now a preferred lender across the region. Its two international development banks (the Beijing-led Asian infrastructure Development Bank -AIIB- and the New Development Bank -NDB- in Shanghai) are both expanding their remit there, and shrinking the distance between Asia and Latin America.

That said, with regard to environmental concerns, several Chinese-backed infrastructure projects have left host countries with regrets/mixed feelings. In Costa Rica, a US$ 1.5 billion project to modernize and expand an oil refinery was canceled in 2016 after local officials highlighted that environmental impact and feasibility studies had been performed by a subsidiary of the Chinese partner, a clear conflict of interest that led to several arrests. In Ecuador, a hydroelectric dam built by China's Sinohydro Corporation, with help from a US$ 1.7 billion loan from China's Export-Import Bank, turned into an environmental disaster after it opened in 2016, as upstream erosion from the dam's basin contributed to oil spills from shifting pipelines. Most of the Ecuadoran officials involved in the project have been convicted of bribery, including a former Vice-President, a former Electricity Minister, and even a former anticorruption official.

However, China's clout in renewable energy has mostly won it advantages. « No country has put itself in a better position to become the world's renewable energy superpower than China » says a recent report by the Global Commission on the Geopolitics of Energy Transformation (an independent body which analyzes the geopolitical implications of the accelerating global shift to renewables), chaired by former Iceland President Olafur Crimson. In Brazil, China's State Grid Corporation is the largest power-generation and -distribution company, while China Three Gorges (CTG, the world's largest hydropower provider) controls 17 out of a total of 48 hydro plants as well as 11 wind farms. In reality,

---

highlights how the PRC in pursuing its objectives, undermines democracy and institutions in the region, to its own strategic benefit. And it looks at the PRC-Taiwan struggle for diplomatic recognition in the region and its strategic implications. It uniquely examines China's current efforts as primarily seeking to dominate global value chains, with supporting political, technological, and military components; it goes beyond dependency theory in examining China's economically focused strategy.

although Brazil is a country with 200 million people, energy consumption per person is still very small; hence a huge potential in terms of demand.

The United States is not taking this lying down. In late 2019, it launched its expanded version of the *América Crece* initiative (Growth in the Americas)[12] as a direct competitor to the Belt and Road, and has succeeded in getting 14 countries across the region to sign up for it, compared to the BRI's 19. With no additional funding, but governmental capacity-enhancing support (the newly-created Development Finance Corporation DFC, part of the US Agency for International Development, has boosted limits for overseas investment of US$ 60 billion), it helps countries attract and catalyze private investment for energy, road, port, and airport projects by establishing transparent rules according to international best practices, as in Guatemala and Paraguay. *I.e.,* the program does offer to help countries "improve their regulatory frameworks and procurement structures" as a more sustainable option, a pledge that can be seen to address criticism from some US scholars and Latin American NGOs that the award of energy and mining projects to Chinese companies in Ecuador, Venezuela, and Argentina has been opaque.

While the BRI promises (on paper at least) to promote "green development",[13] references to sustainability in *América Crece* policy documents rather mention transparent processes and competitive financing, although some experts say investments should naturally adhere to higher social and environmental standards. As a matter of fact so far, as with the BRI, major loans from *América Crece* have largely supported fossil

---

12 "Growth in the Americas", US Department of State, December 17, 2019. The United States Chamber of Commerce and the Trump Administration announced the creation of the initiative, which is designed to incentivize investment in infrastructure projects across the hemisphere. It was initially launched without fanfare in Chile, Argentina, Peru, Panama, and Jamaica in 2018. Increasing Chinese investment across the region meant Washington's initiative as an umbrella concept was expanded to the rest of the hemisphere, with only Venezuela, Cuba, and Nicaragua left out. *América Crece* came after the US Congress and Senate passed the bipartisan "Better Utilization of Investment Leading to Development Act", commonly known as the "Build Act" in October 2018, beginning with energy production and leading to over 102 infrastructure projects in Latin America (some possibly leading to the degradation of the environment as in Honduras and El Salvador).

13 Pike, L., "Green Belt and Road in the spotlight. How will the second Belt and Road Forum address infrastructure initiatives' environmental impact?", online, *China Dialogue*, April 24, 2019.

fuels (*e.g.,* Liquid Natural Gas and shale gas projects in El Salvador and Argentina).

To be sure, the US also has over a century of trade, aid, and investment to fall back on. Latin America has historically been the part of the world with the highest approval rating for the US, rooted in foreign assistance, law-enforcement cooperation, education, and cultural ties. In 2019, China's trade with the Western hemisphere stood at US$ 330 billion, with FDI stock at US$ 180 billion. The US trade was US$ 1.9 trillion and US$ 250 billion, respectively. Still, perception is reality, and plenty were skeptical of the previous White House's outreach in the last two years of Trump's term; its deleterious side effects pushed regional players into a corner. What would China and Latin America make of it, to influence international change and leadership?

Beyond imprecise pledges to assist in the development of much-needed infrastructure, implicit in *América Crece* is the familiar practice of forcing Latin American countries to shun US adversaries and force a choice of development partner (more than to improve good governance). And in Panama at least, it appears to be working. On this proxy stage for US-China geostrategic tension by virtue of its interoceanic canal, the US diplomatic push against rapidly rising Chinese investment has been particularly pronounced. Before the pandemic, China found its trade talks frozen and its companies disqualified from tenders. In the past when US delegations brought aid delegations to Panama, they often wanted changes to Panama's internal politics. It seems what is discussed now has to do with external politics, with Panama's relationship with China and Cuba. Still, Argentina, Bolivia, Brazil, Ecuador, Chile, Guyana, Jamaica, Suriname, Uruguay, and the Northern Triangle countries (Guatemala, El Salvador, and Honduras) have signed onto the *América Crece* program. Many have also endorsed the BRI, including Argentina (February 2022), and a closer PRC-Brazil relationship is expected from Lula by Beijing.

A new definition of global mobilization of interest groups, and of diplomatic leadership in relation to global commons

If we move to the Indo-Pacific, and take the example of China's growing influence in Pacific Island Countries, which has long been a "French reality", and where France has based its development policy on partnership with two development agencies and multilateral UN programs aiming at raising consciousness and ambitions towards cooperation and development, environmental stakes have risen very high too, in relation to climate change (declining biodiversity, rising natural hazards, and the impact of global warming). France's Exclusive Economic Zone is a major playing field, as it is second in the world just behind the US and Australia. There is indeed competition there for supporting ongoing regional transitions in the governance of regional and global common goods. Papua New Guinea, Fiji, Vanuatu have been major targets for China to change the paradigms of longtime American containment.

We also get further evidence in this other region of the world that the BRI is constantly changing and expanding, and brings up alternative norm-elaborating processes and institution-building activities, potentially in all the sectors of human activity, *via* institutional innovations, a policy of counter-containment and economic interdependency, and a global change endeavor. It is a channel to internationalize China's national priorities and promote the various objectives planned by the government, which make it more like a long-term systemic project than a mere initiative, including a definite non-material dimension of norm, standard, and digital, financial, and cultural project elaboration, parallel to but exceeding new infrastructures, in order to better manage the diversity of international flows. This plan for world governance change includes the environmental dimension, for which there is no undisputed global diplomatic leadership at this stage.

China has advocated a new "ecological civilization", but environment issues have been dealt with by numerous administrative agencies; hence the early 2018 parliamentary decision to reorganize ministries in charge of environment-related decision-making processes, and reallocate to two large ministries the former prerogatives of around fifteen different ministerial agencies. This has applied in particular to the former nine agencies in charge of managing Chinese water resources; in the new organization, the Ministry of Ecological Environment deals with environmental protection and anti-pollution struggle, while the Ministry of Natural Resources allocates resources as the "owner" and "space planner" of woods, wet areas, or farming zones. Which means that reorganization is not complete, as it does not merge yet the functions of resource management and pollution control, as had been recommended by the Academy of Sciences. It will imply steady efforts of collaboration among administrations, for instance on polluting emission regulation. Implementing

environmental policies remains an area of friction and competition between ministries and local authorities.

The emergence of Chinese-led economic projects around the world
with specific environmental features exemplifies a new type of transnational state-sponsored actor, with Chinese businesses and programs
spreading to other continents. Most studies that aim to explain global
mobilization patterns of interest groups emphasize the strategic benefits
interest groups and state-supported industries reap from mobilizing at
multi-level political and economic venues, as a way of pressuring domestic and international policymaking. These models offer powerful
explanations of the emergence and success of individual transnational
advocacy networks, but they have difficulties in explaining the stability or
changes in the composition of global lobbying communities on bilateral
and multilateral levels.

A more comprehensive explanation for the development of global
interest communities, as we may tentatively call China's developmental
projects abroad, will argue that in addition to strategic factors related
to global institutional opportunities, structural underpinnings and the
domestic source dependencies of organized interests including quasi-
governmental ones, are crucial for explaining global lobbying and economic presence. The above findings back hypotheses developed on
the interest groups that attended the Ministerial Conferences of the
WTO : *i.e.*, the domestic economic and institutional context, the avail-
ability of resources at the domestic level, and in some areas the nature of
domestic policies are indeed powerful predictors for transnational mobilization by organized interests, state-sponsored in this case.[14]

Besides, there is substantial variation between sectors, both economic
and social, when it comes to which factors are most important for domestic interest groups to mobilize globally; hence the relevance of both
institutional and issue specific factors to fully understand why organized
interests mobilize globally. A normatively oriented account in this regard
will posit that civil society involvement and organized interest activity at
the supra- and international level may remedy apparent democratic defi-
cits or enhance a developmental state's reach, and contribute to politically

---

[14] Hanegraff, M., Braun, C., De Bievre, D., and Beyers, J., « The domestic and global
origins of transnational interest communities. Explaining lobby patterns during
WTO Ministerial Conferences, 1995-2011", *Comparative Political Studies*, 2012,
online.

legitimate decision-making by bringing in relevant policy information, while pressuring domestic and international policymaking, in response to a domestic agenda and more structural features at the domestic level.

The demand for leadership is ubiquitous in international and domestic politics. In the case of climate change, the demand for leadership has concentrated on developed states and major emitters, and above all on China and the United States, which account for around 40 percent of aggregate CO_2 emissions. They are both widely recognized as playing a "leading role" in shaping the 2015 Paris Agreement, and their joint attempt on climate change announced in November 2014 is commonly singled out as a game changer that enabled the historic agreement.

Yet, the crucial question remains: what exactly is leadership, and what form does it take in multilateral negotiations? Great power status, biggest greenhouse gas emission profile, and cooperation are not enough to qualify as leaders, substantively, *i.e.,* to act on behalf of a larger group and seek to promote collective goals (rather than the ability to provide resources and inducements to address a problem, as structural leadership, or rather than coercion). In a reconceptualized account of leadership, while the possession of superior capabilities of the state that is represented by the political executive shapes social expectations of leadership, to qualify as a leader the political executive must demonstrate a commitment to the common purpose, and build followership for its proposals in ways that are consistent with the recognized practices and procedures of multilateralism, in a context of asymmetric influence, with evidence of consent.

The analytical distinction of the artful practice of leadership is therefore clear from domination, success in bargaining, norm entrepreneurship, pioneership, and setting a national example. By this account of leadership, while China's national climate performance was stronger than the United States, the United States nonetheless performed a much more sustained international leadership role over the period 2013-15 in shaping the Nationally Determined Contributions in a largely transactional role of the Obama Administration, while China acted largely as a defensive co-operator until the last year of the negotiations, as a member of the diverse coalition of 18 Like-Minded Developing Countries created in 2012 after the 2011 UN Climate Change Conference in Durban (incl. India, Saudi Arabia, Indonesia, Malaysia, Iraq, and Venezuela). With significant moments of shared leadership towards the endgame, though China then unlike the US did not see its role as leading the world...

While the EU had to give up on its push for legally binding international commitments and a more rigorous process of *ex ante* review. For indeed, "leadership, no matter how committed, artful, and well-resourced and well-timed, will always entail painful compromises in large and diverse communities made of contending leadership coalitions and deep disagreement. It is less challenging in smaller, like-minded groups or communities that share social bonds and/or a common purpose."[15]

The basic trend is unmistakable. Although the PRC was ostracized by the international community in its early years, it has assumed an increasingly active, full-fledged, and constructive role in international organizations over time, and joined various multilateral agreements or arrangements it had denounced earlier; in contrast, the Trump Administration became sharply critical of them and turned against multilateralism. Dysfunction at home and a weaker US international presence will make it difficult for the US to lead by example in various issues like climate change, tech regulation, and environment protection. This evidence questions the assignment of *status quo* in contrast to revisionist orientations to the US and China, respectively. Clearly, a greater stake and more extensive engagement with the international community has inclined Beijing to become a responsible stakeholder; which does not imply that it is committed to a fixed prevailing international order.[16]

China seems to have all the assets at hand to assume such leadership : no political or voting deadline to curb concrete actions, a growing presence on the world stage and a strong domestic impact of pollution provide it with legitimacy. Nevertheless, China remains the foremost greenhouse effect gas emitter, due do its high carbon development mode. Which partly explains that its only environmental commitment so far has been to reach its emission peak in 2030. For the dilemma has been to maintain development without endangering national well-being and security; and to promote international commitments without curbing the development margin.

The EU may look like a reference, as it fosters an indirect leadership style based on exemplarity in the course of climate negotiations;

---

[15] Eckersley, R., « Rethinking leadership: understanding the roles of the US and China in the negotiation of the Paris Agreement », *European Journal of International Relations*, 2020, 26-4, 1178-1202.

[16] Chan, S., Hu, W., He, K., « Discerning states' revisionist and *status quo* orientations: comparing China and the US », *EJIR*, 2019, 25-2, 613-640.

yet, eleborating joint decisions and statements and leading member states towards ecological transition remains a great challenge, and has been instrumentalized politically rather than led to strong actions. And it remains to be seen whether after 35 rounds of negotiation over 7 years, the Comprehensive Agreement on Investment between China and the EU publicly announced on December 30, 2020, will eventually be ratified. It embeds sustainable development in the EU-China relationship by binding the parties into a value-based investment relationship grounded on sustainable development principles, tailors a specific implementation mechanism to address differences with a high degree of transparency and participation of civil society, includes the removal of joint venture requirements in environmental services,[17] and commits China beyond easier market access, to a higher level trade setting, a stronger institutional framework, and better prospects for cooperation.[18] It also commits the PRC, in the areas of labor and environment, not to lower the standards of protection in order to attract investment, not to use labor and environment standards for protectionist purposes, as well as to respect its international obligations in the relevant treaties, including to effectively implement the Paris Agreement on climate. All of which subject to mutually agreed upon enforcement and monitoring mechanisms (*i.e.,* state-to-state dispute settlement and a pre-litigation phase established at the political level, including *via* an urgency procedure).

Actually, on May 20, 2021, the European Parliament passed a resolution to freeze ratification of the EU-China CAI in response to Chinese sanctions on European human rights advocates. The vote passed with 599 votes in favor, 30 against, and 58 abstentions.[19] Nevertheless, while the CAI has been suspended, it may still be ratified if geopolitical tensions get resolved. The ratification vote was originally scheduled for the fall of 2021; even without the agreement, China surpassed the US to become

---

[17] *E.g.,* sewage, noise abatement, solid waste disposal, cleaning of exhaust gases, nature and landscape protection, sanitations. Cf. *Key elements of the EU-China Comprehensive Agreement,* European Commission, December 30, 2020. In addition, as regards investment, the CAI is the first agreement to include rules against the forced transfer of technologies, to deliver on obligations for the behavior of state-owned enterprises and on comprehensive transparency rules for subsidies and commitments related to sustainable development. It takes in the elimination of quantitative restrictions, and equity caps that severely hamper the activities of European companies in China.

[18] See *La Chine au présent,* February 2021, issue on the China-EU investment agreement.

[19] "MEPs refuse any agreement with China whilst sanctions are in place", News European Parliament, *Press Release,* May 5, 2021.

the EU's largest trade partner in 2020; in other words, while the CAI may boost trade and investment, it is not a precondition to do so. . .[20]

The best bet for international cooperation towards protection of the planet may rest with Ms. Inger La Cour Andersen, Danish Executive Director of the UN Environment Program since February 2019: hopefully, her successful assignment with the World Bank and with the International Union for the Conservation of Nature on water diplomacy, should facilitate her new mission to reach an agreement on the Global Pact for the Environment, presented at the UN by President Macron in 2017, inspired by an international network of 100 experts in environmental law, and supported since May 2018 by a resolution of the UN General Assembly.

In a nutshell, China's environmental diplomacy has over the past ten years grown from passive participation to open and constructive engagement, for several reasons: a changing international and domestic context, new governmental perceptions and analyses of economic development and environmental vulnerability as of 2015, and the need to construct an embellished, attractive international image.

---

[20] Chipman Koty, A., « European Parliament votes to freeze the EU-China Comprehensive Agreement on Investment", *China Briefing*, May 27, 2021, online.

II- DES CONCURRENCES INTERRÉGIONALES CRÉATRICES (INNOVATIONS INSTITUTIONNELLES INTERNATIONALES)

European faith-based development NGOs *vis-à-vis* the EU-India FTA: an example of transnational advocacy networking[1]

BRIGITTE VASSORT-ROUSSET
Professeur émérite en Science politique,
CERDAP²-Sciences Po Grenoble-UGA

Introduction

The findings that world trade liberalization does not automatically contribute to economic growth, and economic growth does not necessarily result in the eradication of poverty, have served as a warning that regimes facilitating globalization need scrutiny before being accepted, as illustrated by many negotiation rounds towards an EU-India free trade agreement.[2]

On June 17, 2022, the European Commission Directorate-General for Trade announced that the European Commission Executive Vice-President V. Dombrovskis and Indian Commerce Minister P. Goyal formally relaunched EU-India negotiations on a balanced, ambitious, comprehensive, and mutually beneficial free trade agreement. They also started EU-India negotiations on an investment protection agreement and on an agreement on geographical indications, to increase the level of

---

[1] This paper was initially prepared for the International Conference on the "Free Trade Agreement with the European Union: Implications on Indian Polity, Society, and Economy", Centre for European Studies, University of Social Sciences, Pondicherry, India, March 3-5, 2014, in connection with such themes as "Challenges and opportunities in FTA negotiations", and "Concerns of civil society on the proposed FTA".

[2] Baccini, L., "Cheap talk: transaction costs, quality of institutions, and trade agreements", *European Journal of International Relations*, 20-1, 2014, p. 80-117.

confidence in foreign direct investment in both directions, and to support rural communities and help preserve the heritage and quality products of both sides.[3]

A first round of negotiations covering the three areas of work were hosted by India in New Delhi from June 27 to July 1, 2022; the two sides agreed to fast-track the talks with the aim of concluding them by the end of 2023. This was a strong signal on the mutual ambition, based on shared values, to deepen one of their most important partnerships to tap a large potential for the upcoming decade.[4] *I.e.,* in areas going beyond trade in goods, notably services and digital trade, intellectual property, and public procurement, and in enforceable provisions on trade and sustainable development in order to help reach climate goals under the European Green Deal, and promote high environmental and labor standards in the EU and India. In parallel, the EU and India are also working to address respective market access issues, and to cooperate in multilateral matters, building on the successful WTO 12th Ministerial Conference recently concluded.[5] The second round of negotiations was scheduled to take place in September 2022 in Brussels.

The EU and India had actually first launched negotiations for a free trade agreement in 2007, before the talks were suspended in 2013 due to a gap in ambition. As a matter of fact, nearly one year before the general elections in India in April-May 2014, negotiators on the European Union-India Free Trade Agreement were led for the first time since the beginning in 2007, to move from cautious optimism (during PM Manmohan Singh's visit to Berlin on April 10-2, 2013 and the meeting

---

[3]   European Commission, DG Trade, *EU-India trade agreement, EU and India kick-start ambitious trade agenda*, News article, June 17, 2022.

[4]   With an annual trade of €120 billion, already, the EU being India's 3rd largest trade partner, accounting for almost 11 per cent of Indian trade in 2021, and India the EU's 10th most important trading partner, accounting for just over 2 per cent of EU trade in 2021, well behind China (16.2 per cent), the United States (14.7 per cent), or the United Kingdom (10 per cent).

[5]   In parallel, President of the European Commission Ursula von der Leyen and Prime Minister Narendra Modi, agreed to launch the EU-India Trade and Technology Council (TTC) in New Delhi on May 25, 2022.

between Indian Trade Minister Anand Sharma and Commissioner Karel de Gucht in Brussels on April 15), to admit their temporary failure (with cancellation of the ministerial meeting in June 2013 after the visit by European negotiators to Delhi on May 13-7 yielded no move forward), and to *de facto* "freeze" the negotiating process until the outcome of the ballot. This stalemate stemmed from a situation in which for either party, benefits expected from the agreement did not match the drawbacks from requested renouncements, perceived as too heavy. Beyond sometimes contradictory signals by Narendra Modi's new government, the identification by India of larger benefits from an FTA appeared more than ever as a pre-requisite for launching again the EU-India FTA negotiations.

During the first stage of negotiations, multilevel programs of interaction and numerous actors concerned with the political relevance of South Asia to Europe, with social and economic vulnerability, and with the consequences thereof, sought to monitor and influence development policies of the EU *vis-à-vis* India, within the liaison and dialogue framework between national and regional agencies, foreign partners, and NGO networks, those faith-based in particular. Their main goal was to increase international exchange of information on political developments concerning aid arrangements, and to establish a common posture of NGOs with regard to the future of FTAs, and trade and development in general.

This chapter will investigate how such historical NGO involvement, and the European faith-based NGOs' establishment of working relations with the European Commission and their counterparts in developing countries in 2007-13, aimed at maintaining these NGOs as a new bargaining power in such bilateral/multilateral fora, and resulted in their ongoing active role as participants in the political dialogue inherent to FTA negotiations.

Six major items of interest will be elaborated subsequently: first of all, an historical perspective on the involvement of European institutions in development cooperation; then, the specificities of the European Union's participatory approach to development after the Lisbon Treaty; third, an overview of diplomatic relations and economic negotiations between India and the EU, including a summary of economic flows and of EU principles in negotiations; fourth, the duality of India's foreign policy; fifth, NGO involvement in EU-India cooperation, and faith-based groups like CONCORD;[6] and sixth, conceptualization of multiscalar negotiations through IR theories.

Historical background on the involvement of EU institutions

After the European Santer Commission resigned in March 1999, high priority was given to reform of the European Commission's external relations, and to development cooperation as one significant element in its foreign policy along with trade and political dialogue. Article 3-2 of the European Union Treaty had requested foreign policy coherence; in addition, Article 178 of the European Community Treaty had established that the Community should refer to its co-operation objectives whenever implementation of its other policies might affect developing countries. And Article 130u stressed that Community policy in the sphere of development cooperation shall "seek the sustained economic and social development of the developing countries and more particularly the most disadvantaged of them, and the smooth and gradual integration of the developing countries into the world economy", "contribute to the general objectives of developing and consolidating democracy", and "comply with the commitments and take account of the objectives they have approved in the context of the United Nations and other competent organizations".

In fact, the May 1997 Resolution from the Development Council had suggested that the Commission make proposals towards improving coherence, including by means of procedures and regular reports. In the case of development and trade negotiations, this has referred to coherence between trade liberalization, financial aid and cooperation, and legalization linked to sustainable development. In this respect, the European Commission has proved determined to promote strategic and operational coordination and complementarity among member-states

---

[6]   CONCORD is the European confederation of NGOs working on sustainable development, relief, and international cooperation : 28 national associations, 23 international networks, and 4 associate members representing more than 2,600 NGOs, supported by millions of citizens across Europe. It is the main interlocutor with the EU institutions on development policy. See its critical Feedback (reference F13930, August 17, 2018, https://ec.europa.eu) on the core of the EU proposal of combining 12 previous external instruments into one through the Neighborhood, Development, International Cooperation Instrument (NDCI).

in international fora, and to amend its administrative procedures. So that the European Community's global approach (*i.e.,* institution- and capacity-building, accountability and rule of law, good governance, participation by civil society, balanced economic partnerships, integrated social, economic, and environmental objectives, poverty alleviation) might better embody collective experience in regional integration and shared social values, and decisively contribute to improved coherence in international economic governance as well as to gradual and successful inclusion of developing countries. Furthermore, through its administrative reform at the turn of the century, the European Community has aimed at devising and promoting new integrated forms of European public management, and at displaying specificities and unrivalled capacities *vis-à-vis* member states and multilateral financial institutions.

The European Commission's current participatory approach to development (not a specific instrument or funding line) based on a multi-actor logic

The European Commission channels public funding which may support decentralized actors such as NGOs, development associations, or representative local authorities committed to initiating, launching, and managing local or sector programs of development, while this used to be a domain of co-operation and governance once managed solely by governments.

Partnership between the EU and development NGOs has expanded over the last three decades from policy dialogue and policy delivery to project and program management, both within the EU and in its partner countries. And the European Commission's acquisition of additional responsibilities in new policy areas has been matched by a correspondingly higher number of NGOs operating within and outside Europe, and a wider scope of their work. Actually, although over €1,000 million a year was allocated in 2000 to several hundred projects in Europe and worldwide directly by the Commission, mainly in the field of external relations for development cooperation, human rights, democracy programs, and humanitarian aid (thus highlighting the continued importance of high levels of public support to the role of NGOs), the structures and procedures involved were not keeping up with this evolution. Which gave an impetus to a process of internal and external appraisal of the way the

Commission worked with NGOs, and yielded an initial statement of the Commission's long-term principles and commitments towards the NGO sector, as a coherent part of the consequent process of overall administrative reform.

Formerly, the Directorate General for External Relations had contributed to the formulation by the Commissioner for External Relations together with colleagues, of an effective and coherent external relations policy for the European Union, so as to enable the EU to assert its identity on the international scene. To this end, the DG Relex (DG E VIII, External Relations) worked closely with other Directorates-General, notably DG Development, DG Enlargement, DG Trade, EuropeAid Co-Operation Office and the European Commission's Humanitarian Office (ECHO). The DG Relex operated 120 Delegations and Offices around the world.

Then, under the Lisbon Treaty (2009), two important institutional innovations were created, with an impact on EU external action. First of all, the President of the European Council (on a renewable two and a half years' term), Herman Van Rompuy from Belgium, was elected in September 2009 and reelected in June 2012, with a mandate through November 2014. (He was succeeded by Polish Prime Minister Donald Tusk on December 1, 2014, and Charles Michel as of December 2019). Secondly, the High Representative of the Union for Foreign Affairs and Security Policy, Baronness Catherine Ashton, was appointed on a five-years' term by the European Council in November 2009, and was succeeded on November 1, 2014 by Italian Foreign Minister Federica Mogherini, and in 2019 by former Spanish Foreign Minister Josep Borrell. In her capacity, Catherine Ashton chaired the Foreign Affairs Council, was also a Vice-President of the European Commission, and ensured consistency and coordination of EU external action. She was assisted by the European External Action Service (EEAS), the staff of which come from the European Commission, the General Secretariat of the Council, and the Diplomatic Services of EU member states. Hence, after the 12th EU-India Annual summit in New Delhi in February 2012, the Republic of India was represented by its Prime Minister, its Foreign Minister, its Trade Minister, and the National Security Adviser, while the EU was represented by European Council President Van Rompuy and by European Commission President José Manel Barroso, with attendance by the EU Trade Commissioner Karel De Gucht. The 13th EU-India Ministerial meeting took place in Brussels on January 30th, 2013.

The European External Action Service (EEAS) took over RELEX's functions on December 1, 2010; as seen above, the EEAS was first headed by the High Representative of the Union for Foreign Affairs and Security Policy Catherine Ashton. The Commission attempted to retain control of certain policy areas in the face of EEAS' consolidation; those areas of RELEX that the Commission retains but needs close cooperation on with the EEAS have been established in a new DG, the Foreign Policy Instruments Service.

It is thus the European Commission that negotiates trade agreements with countries outside the EU on behalf of the EU and all its member states. However, EU governments, the European Parliament, stakeholders, interest groups, and civil society as well are very much involved in the process at all stages of negotiations, to ensure that agreements reflect views of the European society. At the preparation stage, the European Commission asks for information through public consultations, civil society dialogue in regular meetings in Brussels paid for by the Commission, sustainability impact assessments based on independent studies commissioned by the Commission,[7] and dialogue with the Council and European Parliament on the objectives and scope of the negotiations, and their starting point. During negotiations, the Commission updates civil society in regular meetings on how they are progressing. Before approval of the deal by the Council of Ministers and the European Parliament, information is in the public domain, provided to the press, to civil society in meetings, through information factsheets on the website of the Commission's DG Trade, brochures, and specific meetings with interested parties.[8]

An overview of the mechanisms and principles of EU-India negotiations

EU-India relations date back to the early 1960s, when diplomatic relations were established; the 1994 Cooperation Agreement (long the legal framework for cooperation) opened the door to political dialogue,

---

[7] E.g., *Prior information notice-Trade Sustainability Impact Assessment (SIA) in Support of Negotiations with India-TRADE/2022/OP/0008-PIN*, July 14, 2022, and *Call for Tender-Trade Sustainability Impact Assessment (SIA) in Support of Negotiations with India, General Publications*, August 23, 2022.

[8] European Commission, Factsheet, *Transparency in EU trade negotiations.*

which has evolved through annual summits since 2000, and regular ministerial and expert-level meetings. In recognition of both sides' political and economic importance, the EU-India strategic partnership was created in 2004 to better address complex international issues in the context of globalization; from 2005 to 2008, the EU-India Joint Action Plan defined common objectives and a wide range of supportive activities, and has since 2008 focused on promoting four priorities, *i.e.*, peace and comprehensive security, sustainable development, research and technology, and people-to-people and cultural exchanges. Besides ministerial and expert level meetings, the EU and the Republic of India hold regular annual meetings; in addition, trade subjects are regularly discussed in fora such as the senior-official level Joint Commission, the sub-Commission on trade, and a series of working groups dealing with such issues as barriers to trade, and agricultural or industrial policy.

In summary, India is one of the growing economies that will reshape the global economy in the 21st century; in 2021, Europe was India's second largest trading partner, accounting for €116.36 billion worth of trade in goods (with an impressive annual growth of 43.5 per cent), and 10.8 per cent of total Indian trade, after the USA (11.6 per cent) and China (11.4 per cent). The EU is the second-largest destination for Indian exports (14.9 per cent of the total) after the USA (18.1 per cent), while China ranks fourth (5.8 per cent).

India remains the EU's tenth largest trading partner. Trade in goods between the EU and India reached €30.4 billion in 2020. The EU is a leading foreign investor in India (€87.3 billion investment stock in 2020, up from €63.7 billion in 2017); yet it is below EU foreign investment stocks in China (€201.2 billion) or Brazil (€263.4 billion). Some 6,000 European companies are present in India, providing 1.7 million jobs directly and 5 million jobs indirectly in a broad range of sectors.[9]

Both are involved in key negotiations to boost trade and investment at the WTO and bilaterally through an ambitious FTA: two-way trade in goods and services totaled €86 billion in 2010, and continued to expand in 2011 when the two-way trade in goods alone reached €80 billion in 2011 and €90 billion in 2013-14.[10] Bilateral trade has more than

---

[9]   European Commission, DG Trade, *India. EU trade relations with India. Facts, figures, and latest developments.* June 17, 2022. Delegation of the European Union to India and Bhutan, *EU-India Connectivity Partnership*, April 2022.

[10]   *The Economic Times of India*, April 14, 2015.

doubled in the last decade. Furthermore, as well as being the main destination for Indian outward Foreign Direct Investment (FDI), the EU is also India's most important source of inward FDI -after Mauritius-, providing a quarter of all inward flows since 2000.

Thus, Europe is attractive as the world's largest trading bloc, and India is rapidly integrating with the global economy; the overall cooperation framework between the EU and India has been institutionalized, and new fora are cascading down from the annual EU-India Summit held at the Heads of state and government level, to a senior-official level Joint Committee, to the Sub-Commission on Trade, and to working groups on technical issues such as technical barriers to trade (TBT), sanitary and phytosanitary measures (SPS), agricultural policy or industrial policy, where day-to-day issues such as EU market access problems are discussed.

With its combination of rapid growth and relatively high market protection, India was an obvious partner for one of the new generations of EU FTAs launched as part of the Global Europe strategy in 2006. With its 500 million affluent consumers market, the largest in the world and the first outlet for India's goods and services, the EU was a very attractive potential FTA partner for India. The report by the EU-India High Level Trade Group set out the parameters for an ambitious and comprehensive FTA, including goods, services, investments, and other key aspects in October 2006, and assessed the viability of an EU-India FTA. Negotiations were launched in June 2007. As part of the renewed market access strategy launched in 2007, in addition to multilateral and bilateral negotiations with India, the European Commission has worked daily to remove barriers and obstacles encountered by exporters, to open up new opportunities for European investment, and to reduce counterfeiting and piracy of European goods.

In this context, completion of the FTA negotiations became a strategic objective for the EU and India, aiming to boost trade in goods and services.

Two principles are meant to guide the interaction between the European activities on trade and development, namely policy coherence for development, and the consistency principle. Concerning "policy coherence for development", the EC Treaty (Article 178) states that the Community policy in the sphere of development co-operation shall be complementary to the policies pursued by the member states, and shall foster the sustainable and economic development of developing countries particularly the most disadvantaged, smooth and gradual integration of developing countries into the world economy, and poverty eradication in developing countries. With regard to the "consistency principle", the Treaty of Amsterdam (1997) states that the EU's development policy should not be subordinated to other external policies, including trade: "although these principles could be much improved, the two together make a strong case that the EU commercial interests should not guide negotiating positions as far as trade policy and negotiations involving developing countries" (EU FTA Manual, Briefing 2, *Inside European Union Trade Policy*, edited by Action Aid, Christian Aid, and Oxfam International). As a matter of fact, these principles have been in the EU's officials' rhetoric in trade talks. But when combined with Sustainability Impact Assessments (DSIAs, such as "The Trade Sustainability Impact Assessment for the FTA between the EU and the Republic of India", *Trade07/C1/ C01-Lot 1 Final Report*) carried out by the EU, they may be a good basis for Development NGOs to argue in favor of development interests.

Duality of India's foreign policy

On the other hand, the relationship between the European Union and India has changed substantially in recent years, from that of aid donor and recipient, to one of partnership with opportunities for mutual benefit. As India's current economic growth continues, the demand for development assistance keeps decreasing. It remains true that India has a population of 1.4 billion, and is home to a third of the world's poor; unemployment is high, there are huge disparities in standards of living, and minorities continue to suffer from a disproportionate lack of basic services.

Hence, the *EU-India Strategy Paper 2007-13*, which responded to two major challenges relating to the Millenium Development Goals, *i.e.*, health and education (European Commission, Development and Cooperation-Europeaid-India). India's two main challenges remain making its development more inclusive, towards increased social cohesion and substantial reduction of poverty (in line with the Millenium Development Goals); secondly, deepening and widening structural reforms, including better governance and infrastructure, in order to improve the investment climate, boost productivity, and accelerate growth.

The 2007-13 EU Country Strategy Paper on India itself focused on two priorities, namely assistance for the social sectors (health and education), and support to the economic, academic, civil society and cultural activities foreseen in the 2005 Action Plan.

Actually, in the tense pre-electoral context from summer 2013 to spring 2014, the Indian government had to face more numerous and increasing political constraints (strong resistance by the BJP, comparison with the allegedly negative impact of the India-ASEAN FTA), and was unable to lead the reform process which would have been a preliminary to any successful further negotiation, *e.g.,* on the ratio of direct foreign investment in insurance firms. Hence the tough Indian posture pointing to the European counterparts' responsibility for failure, as the latter had rejected the "data secure status" for India.

Indeed, India's foreign policy has been dual, occupying two worlds simultaneously, given that pathways to power vary across institutions: *e.g.,* India's emergence as a major player in the WTO is reflected in its participation in the negotiation processes of the organization, as evidenced by its use of the Dispute Settlement Mechanism, and above all its proven ability to block the negotiations. Theories of domestic interest groups alone (such as the Indian Automobile Manufacturers' lobby, very much in favor of *status quo*) and ideational change do not explain India's rise in the WTO. Economic size provides a necessary and minimal condition for acquiring veto-player status, not a sufficient one.

In reality, India's effective use of the negotiation process, learnt after decades of participation within the GATT and the WTO, provides the central explanation for India's influence in this multilateral forum.

The "negotiating process" at the WTO for example was operationalized using three variables, namely: resistance through strong bargaining coalitions, crucial in establishing the credibility of the leadership of a country; effective leadership requiring a willingness to make at least some compromise after having proven one's powerful force, so as to facilitate outcomes that go in one's favor or in favor of the informal constituency of several developing countries; and strategic framing driven by ethical concerns, above all the use of fairness to legitimize the trade discourse, of the importance of equity rather than legitimacy, and of outcomes rather than process in order to stress the third-worldist tenor of the call for special and differential treatment for developing countries, that would exempt them from the rules of trade liberalization.

The striking paradox lies in India's willingness to adhere to a discourse of fairness, and even bear costs for its weaker allies, in an interesting contrast against the country's willingness to engage with the United States at the cost of other Third World allies on nuclear matters.

From the European and French points of view, large benefits could be gained from an FTA, especially in services and in the field of wines and spirits; hence, as is the case for automobiles, the EU has demanded significant duty cuts.

Nevertheless, the EU continues providing trade-related technical assistance to India, with the aim of supporting it in better integrating into the international trade system, and further enhancing bilateral trade and investment ties with the EU.

First of all, the Capacity Building Initiative for Trade Development (CITD) program was launched in 2013, with an EU financial contribution of €9 million, and twofold objectives. Above all, to enhance the capacity of India's trade-related regulatory institutions and enforcement systems in order to meet international standards, requirements, and business needs; and also to support India's trade-related training institutions in enhancing their capacities. The expected results include improved food safety through the food supply chain, strengthened capacities and transparency in the areas of industrial standards and requirements in chemicals, improved administration and enforcement of India's property rights system in line with the best international standards, exchange of best practice to set up and implement a post-clearance audit function in Indian customs, and improved capacity and awareness for government institutions and the private sector on fair competition, procurement, and transparency.

Secondly, in the EU-India Civil Aviation program, the EU contributed €6.5 million in 2010-4 to strengthen the institutional capacity of the Civil Aviation regulator in India and help improve a safe and secure aviation environment, harmonized with EU best practices. Thirdly, the European Business and Technology Centre (EBTC) was constituted in 2008[11] as a project advisory and facilitation organization co-funded by the European Union and implemented by the Association of European Chambers of Commerce and Industry, whereby the EU contributed

---

[11]   Ninth European Union-India Summit, *EU-India Joint Press Communiqué*, Marseille, September 29, 2008, https://eeas.europa.eu

€16 million to activities focusing on business and research cooperation in key clean-tech sectors (energy, environment, biotechnology and transport). A key role was played by 16 European partners combining business organizations, academic and research institutes from all over the EU, all of them with a successful track record in their respective field. The European system is complemented by a network of European Chambers established in India. Its activities started in 2010, and transitioned to an independent organization in March 2016 when the EC grant expired, continuing the EU mandate to facilitate Europe-India cross-border collaboration. EBTC as an organization is coordinated by Eurochambres, the Association of European Chambers of Commerce and Industry. It is headquartered in New Delhi.

India wants liberalized visa norms for its professionals, and market access in services and the pharmaceuticals sector. It is also asking the EU to grant it "data secure nation" status, which is crucial for Indian IT companies; otherwise, they will have to follow stringent contractual obligations, which increases costs and affects competitiveness.

NGO involvement in EU-India cooperation

Civil society is an integral part of EU-India cooperation, including NGOs and social partners both in the EU and in India, and has offered added value in achieving the Millenium Development Goals, promoting sustainable development, and managing globalization. India has a dynamic civil society and NGO community with close links to partner civil society organizations in Europe, which also assist in capacity-building. The EU on its part seeks to strengthen civil society by facilitating stakeholders' participation, strengthening capacity development processes, promoting social dialogue, and facilitating citizens' active engagement and networking with best practices. Its activities are substantial: more than 80 projects involving NGOs and civil society actors are ongoing for a combined amount of over €150 million in EU funding. Most if not all projects are operated in partnership with various government programs, schemes and institutions at various levels, from center to state, district, block, *taluk*, and village levels. They actively engage with public schemes at lower administrative levels, in support of decentralized government entities. Here are their priorities: education and vocational skills training (€8.2 million), health (fight against HIV/AIDS, half a billion €), human rights (child rights and rights of the indigenous people, €5 billion), livelihood (especially rural development, €25.5 million), environment, local authorities, and sustainable production and consumption (6 ongoing SWITCH projects in India).[12]

The core religious membership of these transnational networks of activists, and of their involvement during the negotiating process elicits reflection: while Western Europe is going through a process of privatization of religion and secularization, continents like Asia and Africa or Latin America and Oceania, hold the role of religion in the public sphere as prominent, with profound implications for development cooperation and effectiveness. In Europe too, so-called faith-based organizations such as the Protestant components of APRODEV, tackle issues related to religion and development in their daily work. Their identity is at stake: what does it mean to act as a Protestant, Anglican, Orthodox, or Roman Catholic development and humanitarian aid organization? How can identity translate into policies? What does it imply for the make-up of the staff? Should this identity be nurtured, and if so, how? This identity is also important in determining the criteria used to select partner organizations.

APRODEV is the association of 16 major Protestant development and humanitarian aid organizations in Europe, cooperating closely with the World Council of Churches and ACT (an alliance of more than 130 non-governmental organizations working together in humanitarian assistance, advocacy, and development in 140 countries). APRODEV advocacy covers EU policies re. development, climate change, trade and investments, agriculture and food security, as well as EU relationships with Asia, Africa, the Middle East, Central America, Eastern Europe, the Caucasus, and Central Asia. One document provides some biblical and theological thoughts on human rights, gender equality and equity, explores views on development, elaborates specific features of APRODEV, and reflects on what this implies for membership in APRODEV. Finally, ten principles have been identified, to be shared by all the members, so as to transform ethical discourse into practice.

---

[12]   See a variety of DG Trade papers and reports on Civil Society Dialogue, and articles in *EU News*, a joint publication by faith-based NGOs, *i.e.,* APRODEV, CIDSE, and CARITAS EUROPA, which comes out every six weeks with the dual objectives of presenting the latest developments at the EU level on EU external relations and development cooperation, *e.g.,* on consultations with civil society, and of enhancing the role of civil society as a key element of democratic governance and accountability. SWITCH is the acronym for Smart Ways for in-Situ Totally Integrated and Continuous Multisource Generation of Hydrogen.

CIDSE is an international alliance of Catholic development agencies in Europe and North America. Its members share a common strategy in their efforts to eradicate poverty and establish global justice. CIDSE's advocacy work covers global governance, resources for development, climate change, trade and food security, EU development policy, and business and human rights.

Caritas Europa, one of the 7 regions of Catholic Caritas Internationalis, is a European network of 49 Caritas member organizations, working in 46 European countries. Caritas Europa focuses its activities on policy issues related to poverty and social inequality, migration and asylum within all the countries of Europe, and issues of emergency humanitarian assistance and international development throughout the world. With regard to all these issues, the organization develops policies for political advocacy and lobbying at the European and national levels.

These three faith-based development NGOs, together with numerous others like World Vision or Oxfam International, are members of CONCORD, the European Confederation of Relief and Development NGOs. CONCORD monitors the coherence of EU policies related to development objectives, and was founded in 2003 to act as the main correspondent on development policies with EU institutions; it is a nonprofit organization registered under Belgian law and listed on the EU Transparency Register. It has a vision of a world in which poverty and inequality have been ended, in which decisions are based on social justice, gender equality, and accountability towards future generations. Because government policies are not all about aid, it is often a case of giving with one hand and taking with the other. In line with the legal obligation from the Lisbon Treaty, CONCORD works to show the inconsistencies in many EU policies, to create an international framework for development efficiency, to alleviate procedures for NGO creation and funding, to actively build coalitions of civil society organizations, to engage citizens at all levels of governance, to protect rights in order to shape development policy, to check whether Europe is keeping its aid promises, to build a healthy civil society through inclusivity and transparency, and to promote good governance.

In February 2012, a delegation from CONCORD met with the EU's most senior diplomat, just before Catherine Ashton's hearings at the European Parliament's Development Committee and at the Foreign Affairs Committee. The delegation presented her (and circulated) with a report which was an assessment of the External Action Service's first year in existence, and which made five recommendations: make policy coherence a clear priority for the service, clarify roles on programming, develop a clear narrative linking development cooperation with security and human rights policies over the long term, sharpen the development expertise of all the new EEAS staff, and work with civil society in the country, *i.e.,* both CSOs (civil society organizations) and NGOs, which can help shape strategies to strengthen the impact of European development NGOs *vis-à-vis* European institutions. At CONCORD, members work as a member-led confederation; its aims are achieved through its members, which is facilitated by a Secretariat based in Brussels; they are led by a Board and a Director, and divided into specific working groups.

On behalf of CONCORD in spring 2013, *EU News* did an analysis of the Council Conclusions on the Post-2005 Development Framework which outlined a common EU approach to the new global development framework. It was noted that progress had been made (*i.e.,* one single overarching framework, one framework applying to all countries, indicators of progress beyond GDP, need for enhanced policy coherence, and support for a rights-based approach). And yet, the lack of substantial reference to accountability was noted, as well as of concrete indications of change the EU is ready to embrace, a missing Corporate Social Accountability approach, and a problem of integration and coherence between the pillars of sustainable development. It was stressed that drivers to transform the economy need to be explicitly integrated at the goal and target level, that the question of responsibilities included financing and the necessity to explore such new tools as fiscal reform, and that the EU needs to speak with one voice (*EU News*, n° 2, July 2013).

Conceptualization in International Relations

With reference to I.R. theories, this chapter has sought to probe the relation between the political strategy of European Christian development NGOs, and policy results and practice in the EU Commission's relevant component, as exemplified at the advocacy stage by influence and accountability.[13] Have these NGOs expanded the range and depth of the European institutions' international influence, as was the case with Pacific NGO advocacy on Decentralized Cooperation and around the

---

[13] Risse, T., Sikkink, K., eds., *The power of human rights. International norms and domestic change*, Cambridge University Press, 2002.

EU/ACP Cotonou Agreement negotiations? Conversely, NGO strategy is aiming for a "boomerang effect"[14] on national governments in the EU and India to compensate for weak political influence in the national arena, by taking advantage of international procedures/future norms to appeal to an international organization to bring pressure to bear on their own government, and thus gain accrued local and regional audience.

Besides, in the tension between gaining influence through international leverage and surrendering national prerogatives in major policy arenas, the relationship between development NGOs and the European Commission suggests that beyond the statist conception of regimes, NGOs act as civil society networks raising consciousness, mobilizing social forces, monitoring behavior and exposing transgressions, in an effort to challenge the assumptions and practices of the contemporary state-system.

Nevertheless, only a coupling of such networks to specific institutional forms can ensure the visibility of principles of this community-signifying regime, through an acknowledgement of its intersubjective quality (resulting from the interactions of multiple actors, and whose spatial boundaries are different from those of the state). Such a political community has acquired an autonomous capacity for shaping areas of international life as "entanglements within which states operate", cohered by ethical principles and networks of action. "Web of meaning", "epistemic communities", and "transnational issue networks" (*i.e.*, constructivism and transnationalism) explain preference and interest formation, rather than a fundamental attack on realism.

Non-state actors have played a role in interpreting the struggles on economic and social stakes, and on the moral character of norms and principles. As aspirations belonging to decentered local actors represented by civil society networks and the goals of an international organization intermingle, segments of world politics are being reconstructed, creating a sense of "common destiny" (Andrew Linklater).[15]

In the EU-India FTA case, there still remains a legitimacy gap, since Indian leaders and most development NGOs are unlikely to subscribe to

---

[14] Keck, M.E., Sikkink, K., *Activists beyond borders: advocacy networks in international politics*, Cornell University Press, 1998; Idem, *Transnational advocacy networks in international and regional politics*, Oxford, UNESCO-Blackwell, 1999, 13 p.

[15] Linklater, A., *Critical theory and world politics: citizenship, sovereignty, and humanity*, Routledge, Critical studies in IR, 2007.

the standard norms and principles of the international regime (this is a case of intersubjective understanding *vs.* transnational social or economic practice and specific economic interests). Some may accept "global civilization" beyond sovereignty, yet only with a partial sense of shared meaning : their self-identification and loyalties are directed not only to a "South-Asian" space, but to a transnational, non-territorial region constituted by peoples' shared values, norms and practices, *i.e.,* intersubjective knowledge and shared identity among individuals or groupings which build a cognitive space distinct from that of the European Union. Indeed, such regional systems of meanings and imagined human communities "suggest an evolution towards socially constructed and spatially differentiated transnational community-regions", which are dependent on communication, discourse, interpretation, as well as material environments.

Transnational NGOs with a strong Western component have sought to influence the European Commission, which in turn has attempted to socialize them into adopting and institutionalizing selected economic practices in a context of increasing interdependence.[16] The process includes exchanges about mutual understandings and interests, and implicitly about the scope of community. It verifies Deutsch's assessment that "larger, stronger, more politically, administratively, economically, and educationally advanced political units (are) the 'cores of strength' around which in most cases the integrative process developed". Borrowing from Ferdinand Tönnies, it underscores the difficulty to discuss the establishment of common norms and rules, and to generate a common identity between actors with two opposite concepts of community: the *Gemeinschaft* process for the development of international societies from a common set of meanings and grassroots cultural movements *vs.* the *Gesellschaft* creation based on a contractual act of volition, around economic globalization.[17]

Whatever the shortcomings, the potential intersubjective quality of international institutional arenas where global themes may be articulated, defended, and implemented, must be acknowledged.[18]

---

[16] Duriez, B., Mabille, F., Rousselet, K., *Les ONG confessionnelles. Religions et action internationale,* L'Harmattan, « Religions en questions », 2007.

[17] Harris, J., ed., *Ferdinand Tönnies. Community and Society.* Cambridge texts in the history of political thought, 2001.

[18] Shaw, T., *Theory Talk #10* (On the importance of BRICs and understanding the Global South).

This case study yielded several other findings, anticipated by Reinalda and Verbeek :[19] first of all, the growth of NGO involvement in policy areas previously dominated by national states, suggests that "NGOs, possibly in combination with international organizations, constitute an embryonic international civil society"; secondly, "when national governments try to curb the influence of NGOs domestically, NGOs may opt for coalitions with international organizations in order to put pressure on national governments"; and thirdly, the sources of NGO influence on states and inter-governmental organizations are varied, in transnational relations where NGOs increasingly perform public functions such as interest articulation, interest aggregation, and involvement in policy implementation ("above all expertise, closeness to target groups, domestic political constituencies, access to the media, resources attracted regularly and professionally, and alliance building"). Finally, sources of influence are also true power capabilities that do make NGOs interesting partners for national governments or international organizations.

Sydney Tarrow's insights may be applied to transnational protest and international institutions, through an analysis of the mechanisms that allow activists to meet, gain legitimacy, build collective identities, and go home strengthened by new alliances, joint programs, and brand new means for collective action.[20] How can an international institution like the European Commission, created by states to serve common interests, actually both anchor and allow for the growth of non-state actors, and provide them with resources, opportunities, and motivation which help them organize and mobilize at the transnational level, and for which mutual benefits? The largest faith-based NGOs are powerful actors near European institutions; they collect information on EC projects, synthesize, and disseminate grassroots information; they coordinate and mobilize, and watch for developments, in a transnational logic which legitimizes them near the EU.

In the end, faith-based NGOs in Europe are groups of promotion rather than lobbies, and constitute elements of an emerging civil society through networking; their repertoire of activities is limited and the logics of interest aggregation entails their secularization. Still, their specificity

---

[19] Reinalda, B., Verbeek, B., *Non-State actors in IR*, Ashgate, 2001.

[20] Tarrow, S., "La contestation transnationale", *Cultures & Conflits*, 38-9, Summer-Fall 2000, p. 187-223 ; Idem, "Charles Tilly and the practice of contentious politics", *Social movement studies*, vol. 7-3, December 2008, p. 225-246.

derives from their cross-disciplinary ability to articulate the local and global dimensions, to combine expertise and protest, and introduce ethical stakes into economic and technical issues.

The pragmatic case of the impact of faith-based advocacy near European agencies (*i.e.*, from a transnational actor to an intergovernmental actor) on EU-India FTA negotiations supports the view that first, new international governance agencies have become more powerful; second, national social movements reach beyond borders to create a type of world civil society; third, international networks of activists are linking new forms of governance to the old ones and represent the interests of resource-poor actors in some countries like India; fourth, this illustrates multi-track diplomacy, and a mix of governmental and non-governmental, national and international, private and public actors (Reinalda and Verbeek); and fifth, there exists "a normative pull of prevailing moral notions and reputation informing political choices", and "some scope for agency by both gatekeepers and advocates".[21]

It may be added that these findings support the concept of "subaltern universalism" created by Amitav Acharya,[22] which speaks to the possibility that the weak have agency as well, that they can construct regional and global order,[23] and that they can contribute to enhancing human security.

It remains true that several years had a sobering effect on the (international) impact of non-state actors on the EU-India FTA negotiations, until early 2015: the new governmental majority in India since May 2014 sent conflicting messages on priorities during its first months in office (such as protection of domestic retail trade against spreading international brands, of insurance companies, or of automobile and dairy industries), thus reflecting the domestic political dilemmas it faces, more than a will to take up challenging talks with the EU.

The latter in fact sounded like a remote prospect until 2015, as India had been committed to another broadly encompassing process, the Regional Comprehensive Economic Partnership (RCEP) with partners

---

[21]   Busby, J. W., *Moral movements and foreign policy*, Cambridge Studies in IR, 2010.

[22]   Acharya, A.,"Global International Relations (IR) and Regional Worlds", *International Studies Quarterly*, 58-4, December 2014, p. 647-659.

[23]   Merritt, R. L., Russett, B. M., eds., *From national development to global community: essays in honor of Karl Deutsch*, Allen and Unwin, 1981.

from ASEAN+6. *I.e.,* an ambitious and uncertain endeavor, given the competitiveness gap between India and some of those countries (Japan, South Korea, ASEAN, Malaysia, Singapore). Mid-April 2015 actually, after a stalemate of nearly two years, Prime Minister Modi asked Angela Merkel to restart negotiations. The EU too showed an inclination to resume talks, but the two sides had yet to iron out issues related to tariffs and movements of professionals.[24]

In order to open up India, the Modi government could choose to move closer to its immediate neighbors rather than to the EU, which enhanced its vantage point and offered leverage in talks with the EU.[25] India has sought to increase its influence and balance the prominence of other powers in Asia, and attempted to develop codified, formal bilateral partnerships and trilateral ties that should neither antagonize nor fully embrace each other, as both a challenge to peace and security and an opportunity for cooperation.

References:

Action Aid, Christian Aid, and Oxfam International, eds., *EU FTA Manual, Briefing 2, Inside EU Trade Policy.*

APRODEV, CIDSE, CARITAS Europa, eds., *EU News.*

European Commission Factsheet, "Transparency in EU Trade Negotiations".

EU Report on Trade Sustainability Impact Assessments for the EU-India Free Trade Agreement.

French Embassy in India, Regional Economic Service, India and South Asia, July 2014, *Report on Prospects for the EU-India FTA.*

---

[24] *The Economic Times of India,* April 14, 2015. The RCEP came into effect on January 1, 2022; the Modi government had walked out in November 2019.

[25] Del Felice, C., "Power in discursive practices: the cases of the STOP EPAs campaign", *European Journal of International Relations,* 20-1, 2014, p. 145-167.

L'Organisation de coopération de Shanghai (OCS) dans la Nouvelle Asie : une généralisation d'après-guerre?

PIERRE CHABAL
Maître de conférence HDR en Science politique,
Université du Havre

« *Entre deux phénomènes, la concomitance peut être due non à ce qu'un des phénomènes est la cause de l'autre, mais à ce qu'ils sont, tous deux, des effets d'une même cause, ou bien encore à ce qu'il existe entre eux un troisième phénomène, intercalé mais inaperçu, qui est l'effet du premier et la cause du second* ».
E. Durkheim, *Les Règles de la Méthode Sociologique*, PUF, 1973, p. 130

Dans une réflexion consacrée aux « reconfigurations régionales » et aux « hiérarchies » qu'elles entretiennent – hiérarchies de « sens » imbriquées en ambiguïtés de puissance –, en quoi les organisations régionales comme cas particulier d'organismes internationaux servent-elles les hiérarchies politiques ? La question sera traitée « depuis » la Nouvelle Asie.

Entre dynamique d'une Nouvelle Asie comme cadre général, et signification de l'Organisation de coopération de Shanghai comme cas particulier, l'apaisement aux frontières puis les négociations de frontières, leur démilitarisation, leur franchissement (libres-circulations) sont les points de départ (1996-2001) puis l'essence (depuis 2001) de la construction de « l'Asie de l'OCS », qui conceptualise l'impact de la coopération régionale (et de la concurrence interrégionale) sur la construction d'une région dans l'après-guerre (froide). La concomitance entre un contexte d'après-guerre et une initiative constructive entre néo-souverains éclaire les dynamiques régionales à l'œuvre dans le cadre international après 1991.

La Nouvelle Asie sino-post-soviétique de l'après-guerre froide est un cadre général, historique et *politique* d'invention d'une région, et aussi une illustration *institutionnelle* particulière de cette invention à travers l'impact de l'OCS. Ce chapitre situe l'émergence de la Nouvelle Asie dans les cadres conceptuels et contextuels existants (I), et propose d'autres hypothèses pour caractériser une région moderne au-delà de la seule Asie (II).

I. Analyser régionalement « la Nouvelle Asie »

Situer la Nouvelle Asie dans les cadres conceptuels et contextuels existants permet d'analyser l'Asie, mais surtout de réfléchir à l'après-Guerre froide et aux formes de la concurrence interrégionale. Les reconfigurations abordées évoquent les rééquilibrages qui les constituent (A), et les élargissements sécuritaires qui les étayent (B).

A) Rééquilibrages stratégiques d'après-guerre

La construction contextuelle d'une Nouvelle Asie par l'impact de l'OCS sur un sino-post-soviétisme appliqué, c'est d'une part la contribution d'une organisation nouvelle à la construction régionale, et d'autre part des concepts faisant sens de la « nouveauté ». La participation de l'OCS à la construction d'une nouvelle Asie s'opère à travers les concepts de « contribution », « impact », « construction », « concurrence » .

L'impact d'une organisation sur une région suggère une concurrence entre organismes régionaux et entre régions. Dans le nouvel après-guerre de 1991, la nature de la « dynamique de Shanghai » tend à demeurer inaperçue en raison d'un occidentalo-centrisme qui conduit à se méfier d'un organisme concurrent. Le voile épistémologique gêne pour considérer les faits régionaux comme des « choses ».

Considérer les « faits » régionaux comme des données permet d'élargir l'analyse à d'autres aires géographiques (Europe, Afrique, Amérique), et de mieux « apercevoir » l'ASEAN, l'ASEM, la CICA, par exemple. L'OCS s'intercale doublement entre l'ASEAN et l'Europe : au sens cartographique et en inventant un sino-post-soviétisme appliqué. A partir de 1996, le sens de l'ASEM est moins de cartographier que de mettre en rapport l'Europe et l'Asie du Sud-Est : amener celle-ci à un pied d'égalité avec celle-là, et concrétiser la politique extérieure de l'Europe de Maastricht, relancée *au moment* où finit l'URSS, où commence l'ALENA, où s'affirme l'APEC, et où sont réactivées la SAARC, la SADC, etc. Réelle concomitance des faits régionaux !

Chercher dans la « nouvelle Asie » des éléments « dépendants » permet premièrement d'établir un lien entre région en construction et contexte de construction ; et deuxièmement de dépasser la « dépendance » unique envers le contexte d'après-Guerre *froide*. Analyser le contenu et l'impact de « l'esprit de Shanghai » constitue le cadre général de la nouvelle Asie sino-postsoviétique dans « un » après-guerre.

Construire une région entre voisins après la guerre, c'est intégrer les rivalités, non gommer les concurrences, ni ces rivalités. C'est les insérer dans une coopération, dans un projet régional assumé, cohérent, ouvert dans le temps et prêt à s'élargir. La spécificité « asiatique » est que l'Asie centrale élargie par la « coopération de Shanghai » complète la chaîne des dynamiques régionales dans le monde depuis l'entre-deux-guerres mondiales.

La mondialisation du vingtième siècle a évolué en pluri-régionalisation. Celle des seizième et dix-septième siècles avait surgi des grandes circumnavigations du globe.[1] « L'achèvement » pluri-régional du monde avec l'émergence du «coopérationnisme » dans la nouvelle Asie offre des difficultés épistémologiques et ontologiques, imposant de puiser dans l'histoire, la sociologie, et le repérage des spécificités régionales de la nouvelle Asie, comme régionalisation déterminée en dernière instance.

B) *Glissement régional et construction politique : l'élargissement sécuritaire*

Le « politique » correspond à la régulation de situations conflictuelles. Après 1991, les conflits frontaliers ont été évités. Cette capacité régulatrice en néo-Asie nourrit une paix créant une « compétitivité » politique face à l'Europe et au monde. L'émergence d'un esprit transfrontalier même avant 1991 (a), la création de l'OCS en 2001 et son potentiel ouvert dès 2004 (b) précèdent une capacité en 2012 à surprendre par l'anticipation (c), et même à accélérer le cours de l'histoire en 2015 (d).

---

[1] Les définitions de la mondialisation sont nombreuses. Le propos n'est pas ici d'ouvrir un débat avec les historiens et les économistes ou les sociologues sur la première, la deuxième, voire la troisième mondialisation, de l'intensification des échanges et de l'expansion du commerce à l'internationalisation de la production, de la consommation et de l'épargne jusqu'à la globalisation financière. Mais de suggérer que selon nous, d'une part la mondialisation d'après-Guerre froide n'est pas la seule ni la plus remarquable, et d'autre part elle est surtout une multi-polarisation régionale, et non une indifférenciation globalisée.

a) L'émergence dès 1996 d'un esprit transfrontalier

La Nouvelle Asie est un dépassement de tensions liées à « l'invention des frontières ». Dès les années 1970 et 1980, des discussions ont lieu entre RPC et URSS. En Chine, l'ouverture de 1978 exige « la paix aux frontières pour 50 ans ». A Moscou, les réformes d'après 1985 permettent d'ouvrir les archives et de négocier avec la Chine devenue puissance économique. A la suite de 1991, les négociations sont un succès à « 1+1 » (Chine et Russie-Kazakhstan-Kirghizstan-Tadjikistan).

Les accords bilatéraux entre la Chine et les autres pays permettent un glissement vers un format multilatéral « à 5 ». En 1996, le groupe des « Cinq de Shanghai » dépasse l'objet frontalier pour concevoir son rôle futur. Le premier sommet (Beijing) ajoute à la « paix aux frontières » le concept de « mesures de confiance ». Celui de 1997 (Moscou) suggère la démilitarisation des zones frontalières. Celui de 1998 (Almaty) lance une coopération *économique* entre membres et leur lutte *commune* contre l'instabilité. Celui de 1999 (Bichkek) définit des formes et des niveaux de coopération. Celui de 2000 (Douchanbé) formule l'innovation-clef : une coopération appelée à être multilatérale.

De très longues frontières ont été stabilisées en quelques années. La nouvelle Asie naît autour de concepts tels que « confiance », « esprit de Shanghai », « bon voisinage », « consensus »... La transformation des « Cinq » en « Six de l'OCS » prolonge ce succès tout en *desserrant* l'exigence de *contiguïté à la Chine*.

b) La création en 2001 de l'OCS et son potentiel ouvert

Avec l'Ouzbékistan, la néo-Asie ouvre la dynamique au-delà de frontières stabilisées. Sans frontière avec la Chine, Tachkent est un régime enclin à l'Ouest. Or la Charte de l'OCS (2002), qui stigmatise trois fléaux (terrorisme international, séparatisme territorial, extrémisme politique), enjoint à ses membres de *privilégier* la coopération avec les *autres* États-membres.

Ce *principe* de « proximisation », au-delà du *fait* de bon voisinage, infléchit le pays vers l'Asie après les sanctions de l'Ouest (crise d'Andijan 2005). Il nourrit une logique d'élargissement contigu : des « affiliés » (membres, observateurs, partenaires, invités) rejoignent rapidement la coopération de Shanghai. Deux ans après sa Charte, l'OCS affilie des « observateurs » : en 2004, la Mongolie ; en 2005, l'Inde et le Pakistan ensemble, et l'Iran jusque-là isolé. L'élargissement est en marche : Iran et Pakistan souhaitent dès 2006 devenir membres, comme la Biélorussie et le Népal. En 2008, l'OCS crée des « partenaires de dialogue », avec la Biélorussie et le Sri Lanka (île contiguë de l'Inde). Le moratoire de 2008 (Douchanbé) bloque l'admission de membres, mais fixe dès 2010 (Tachkent) des critères d'éligibilité de futurs membres, critères affinés en 2014 (Douchanbé) et « prêts » pour les candidatures (2015) de l'Inde et du Pakistan. En huit ans, la « dynamique OCS » passe de six à douze « affiliés », et deux invités institutionnels (CEI et ASEAN).

c) Les surprises de 2012 par anticipation turque et afghane

L'OCS évolue vite en 2012, par la volonté d'affirmation de la Nouvelle Asie, et la demande du retrait occidental d'Afghanistan (elle le suggère dès 2005, les pays occidentaux l'annoncent pour 2014, et la France l'effectue dès 2011). Elle évolue aussi par l'inflexion de la position de l'Inde, qui accepterait d'importer l'énergie par voie terrestre *via* le Pakistan. Ce dernier, non contournable logistiquement sauf précisément par voie maritime, devient ainsi plus fréquentable selon les perceptions indiennes. Le sommet de 2012 (Beijing) permet donc des avancées notables.

La Turquie devient *partenaire* de dialogue, une surprise dans cet espace ; elle s'ouvre vers l'Asie de l'OCS. Après s'être tournée vers l'Europe (à partir de 1963), vers le monde arabe (années 1970 et 1980) et Israël (1996-2012), et au début des années 1990 vers un Grand marché de la mer Noire et de l'Asie centrale, Ankara s'engage à l'Est, « passe » du Moyen Orient à « l'Asie de l'Ouest » *par le truchement de l'esprit de Shanghai*.

L'Afghanistan devient observateur, une surprise dans le temps, moins par un rattachement à la Nouvelle Asie « s'institutionnalisant » après 2005 (Groupe de contact OCS-Afghanistan) qu'en raison de son instabilité, malgré les forces étrangères de stabilisation : leur départ est dû à cette instabilité qui obère les chances de Kaboul de devenir membre.

Le Turkménistan est *invité*, après son isolationnisme depuis 1991 à peine nuancé fin 2006 ; il est donc à peine affilié, dans une catégorie créée pour des organisations (CEI, ASEAN). Cette position (d'attente?) étend la contiguïté *tout autour de la Caspienne* (Iran, observateur dès 2005 ; Turkménistan, invité en 2012 ; et Azerbaïdjan, partenaire en 2015).

Passant en trois ans de 12 à 15 affiliés, l'OCS confirme sa vitalité. Les critères d'adhésion de nouveaux membres sont parachevés en 2014 (Douchanbé), et deux pays admis en 2015 (Inde et Pakistan). (C'est à cette date géopolitiquement importante que sont acceptées les candidatures de ces deux pays ; en 2017, date la plus pertinente juridiquement, s'est ensuite achevée la phase d'élévation de ces deux pays au statut de membre de plein exercice).

d) L'accélération de 2015 vers le Caucase, l'Himalaya, et l'Asie du Sud-Est

Lors du sommet d'Oufa (Russie), les affiliés passent de 15 à 19, amplifiant la progression de l'OCS. Inde et Pakistan deviennent en même temps membres en 2017, après les premiers ajustements des règlements intérieurs depuis 2001. L'accélération *dans le temps et dans l'espace* suit l'évolution en Afghanistan, désormais totalement « contenu » par des membres (Chine, Ouzbékistan, Tadjikistan, Pakistan), un observateur (Iran), et un invité (Turkménistan). Ce qui rejoint les vœux de l'Inde d'être reliée par voie terrestre à l'énergie du Turkménistan et de l'Azerbaïdjan ; ceux du Pakistan de jouer un rôle dans cet espace-centre et de s'articuler sur le groupe régional le plus approprié ; celui de la Chine d'insérer l'allié pakistanais « contre » la Russie ; et celui de la Russie de hisser l'Inde-continent maritime au rang de membre. Ces desseins sont cohérents.

La Biélorussie, *partenaire*, est promue *observateur*. Désirant devenir membre, soutenu par la Russie, ce territoire-clé après le revirement ukrainien est depuis 1991 un allié proche de Moscou, et était dès l'origine en 2000 (avec le Kazakhstan) membre de la Communauté économique eurasiatique, de l'Union douanière eurasiatique (2010), puis de l'Union économique eurasiatique (2015) ; il est sans doute appelé avec d'autres à devenir membre de l'OCS (Iran en 2021).

Quant aux *partenaires*, le Caucase s'affilie à l'OCS, l'Azerbaïdjan et l'Arménie confirmant leur inclination à l'Est trois ans à peine après la Turquie, et la capacité de l'OCS (comprenant la Chine) à attirer les anciennes composantes du bloc soviétique. Puis le Népal enclavé, depuis longtemps candidat à ce statut, sort de l'isolement des États himalayens (avec le Bhoutan), pour être partenaire de la Chine *et* de l'Inde. Le Cambodge, excentré et non-contigu, relève de deux symboles : il est à la fois membre le plus récent de l'ASEAN (1999) dans une rivalité OCS-ASEAN, et territoire non-contigu de l'espace OCS, sauf si le Vietnam se rapprochait de la Chine, ou le Laos (seul pays enclavé de l'ASEAN).

Désormais à 19 membres « affiliés », l'OCS a démontré son potentiel politique d'innovation par rapport aux paradigmes occidentaux hégémoniques.

II. Caractériser conceptuellement « la Nouvelle Asie »

D'autres hypothèses caractérisent une région moderne au-delà de la seule Asie. La reconfiguration de l'Asie résulte de la capacité de nouveaux voisins après 1991 à transmuer leurs tensions possibles en rivalités constructives. Les reconfigurations évoquées plus haut (I) sont vues (II) comme puisant à la durabilité qui les confirmerait par la *juxta-souverainisation* (A), et aux approfondissements d'interdépendance qui les démultiplieraient en sous-systèmes (B).

A) *Des rééquilibrages durables et ouverts, quand ils sont conceptualisables et institutionnalisés*

Interpréter les « faits » régionaux d'Asie continentale depuis un quart de siècle permet de reconnaître le sens de la Nouvelle Asie, qui n'est ni réellement une néo-verticalité chinoise, ni seulement une nostalgie russe à la recherche d'un empire « perdu ».

L'Asie de l'OCS est un système sous-régional qui remplit huit fonctions : elle comble le vide laissé par l'effondrement de l'URSS ; elle satisfait le besoin de la Chine de dépasser dès les années 1990 son succès économique depuis les années 1980 ; elle saisit l'obligation pour l'Iran, voire le Turkménistan, de sortir de l'isolement ; elle répond à la nécessité de construire la stabilité en Afghanistan ; elle offre une porte de sortie extra-européenne à la Turquie ; elle constitue la possibilité d'une part d'enclencher une insertion pour le Caucase (à travers l'Iran) ; et d'autre part de se rapprocher de l'Himalaya (Népal ; Bhoutan ?), l'Asie du Sud (Inde, Pakistan, Sri Lanka), et l'Asie du Sud-Est (Cambodge) ; après avoir entraîné une partie de « l'entre-deux » (Biélorussie...). Clairement, le rapprochement de l'Ukraine n'est pas d'actualité depuis 1991.

Le « règlement » nucléaire iranien (2014) revêt une signification néo-asiatique : sortir le pays des sanctions occidentales et le rendre éligible à l'OCS (critères de 2010).

Par sa concrétisation, la Nouvelle Asie est un multiplicateur de puissance, à travers le « multi-logue » que l'OCS rend possible. Ses déclarations annuelles entraînent la roue régionale : stabilisation des frontières, exercices militaires, priorités d'action, perspectives économiques.

La Nouvelle Asie subsume les États selon le double trait de l'après-Guerre, c'est-à-dire le maintien des États avec leurs rivalités, mais en parallèle l'insertion de ces rivalités dans un cadre inter-régional, et non plus vaguement international, ni étroitement souverainiste. Région assumée, elle offre un nouveau paradigme : la juxta-souverainisation concentrique et concurrente d'une région face aux autres.

Au-delà des faits, une région moderne peut donc être caractérisée comme phénomène *contextuel, coopératif, multi-centré, dé-nivelé, et juxtaposé* :

- dans un *contexte* pluri-régional de recherche de sécurité élargie après la guerre, la prééminence du facteur militaire recule au profit de la dynamique de constructions régionales. Selon cette « para-militarisation », la dimension militaire, défensive, est peu régionale (les alliances militaires débordent l'espace des régions) ; la dimension régionale, constructive, est peu militaire (les constructions régionales ont un objet plus vaste) ;

- ce phénomène *coopératif* multi-centré d'après-guerre procède par rupture intégrative de l'histoire : la paix comme nouveau mode d'interaction entre voisins, mise en commun des intérêts, ouverte dans les secteurs et dans le temps. Un axe intégrateur entre au moins deux voisins dépassant leur antagonisme passé, outil de l'ensemble régional. La cohérence renforce la région dans la concurrence entre régions. Les rivalités des nations deviennent celles de régions, mais au plan global (mondial). Par cet élargissement du changement, le pluri-régionalisme structure le jeu international ;

- la *multiplication de centres* régionaux remplace les polarités du passé. Une région ne peut dominer les autres. Toutes restructurent ensemble le jeu mondial dans un multilatéralisme interrégional. Les voisins ne se contentent plus d'alliances, qui échouèrent dans l'histoire. Ils créent des partenariats (association, communauté, marché, union ...) pour en être des membres ouverts dans le temps (approfondissement) et l'espace (élargissement). Dans cette concurrence multi-centrée entre régions, certains acteurs visent un rôle dominant *par-dessus* cette nouvelle structuration. Ces « super-régionaliseurs» veulent convaincre d'autres acteurs de l'intérêt d'une régionalisation commune. Une multiplication pan-région-centrique remplace les polarités du passé ;

- à l'élargissement d'*échelle* dans le temps répond un abaissement d'échelle dans l'espace. Le constat phénoménologique (pluri-régionalisation) est simple : les après-guerres sont un « moment super-structurel » de dé-globalisation des dynamiques mondiales. Après les indépendances (post-coloniales, post-soviétiques), les mondialisations belligérantes ou la forme idéologique de la bipola-rité, dans tous les cas les relations internationales se régionalisent. Après la phase nationale, une rupture dans les inconciliabilités sou-verainistes permet la fonctionnalisation des voisinages. Les voisins ne se contentent plus d'alliances, ils créent des partenariats ;

- émerge une *juxta-souverainisation*. La multi-régionalisation d'après-guerre ajoute aux paradoxes de la puissance des « ambiguï-tés de souveraineté ». Tout après-guerre (d'indépendance, mon-diale, froide) engendre une re-souverainisation (recouvrement de souveraineté), qui même reconquise par plusieurs voisins, ne suffit pas dans la concurrence globale (interrégionale). La *juxta-souverainisation* se définit au-delà de la co-souveraineté de voisins, mais en deçà de la supra-souveraineté de « nouvelles régions » (pleine intégration ou fédéralisation), comme la mise en commun une fois la confiance rétablie par la paix, de dialogues appliqués en actions communes, à l'intérieur de limites mutuellement définies et respectées, par exemple la non-intervention comme principe (entre Membres d'une même région néo-organisée).

Cette *juxta-souverainisation* peut mener à harmoniser des législations nationales, voire des principes de politique extérieure, mais s'arrête en deçà de compétences communes.

Une telle souveraineté ouverte et innovante permet à des acteurs dif-férents de donner une cohérence à un espace commun sans liens orga-niques stricts (communautaires, fédéraux ou confédéraux). Elle offre la discipline nécessaire à la cohésion dans l'affirmation concurrente face aux autres régions, elles aussi *juxta-souverainisées*.

B) Construction de l'interdépendance juxta-souveraine : l'approfondissement

La région comme « espace rendu cohérent » par un projet et des frontières stabilisées s'approfondit en néo-Asie par une zone de libres circulations transfrontières, lui permettant de concurrencer les autres régions. Une définition[2] antérieure à la création de l'OCS en 2001, voit dans un espace régional l'imbrication de trois logiques : « a) la mise en place d'un *espace délibératif* au sein duquel interviennent des acteurs publics ou privés, afin de poser et résoudre des problèmes appelant des solutions communes à cet espace ; b) la production de *préférences collectives*, et propres à cet espace dans le jeu mondial ; c) la capacité à convertir ces préférences et ces délibérations en *performances politiques»*, instaurant ainsi des Asies concurrentielles autour de l'Afghanistan.

a) La mise en place d'un espace délibératif et de solutions communes

C'est un résultat acquis qui résume « l'esprit régional » de Shanghai. L'espace de coopération de Shanghai est *essentiellement* délibératif. Il impose le consensus « décisionnel » par un dialogue inégal, mais permet un « multi-logue » novateur dans l'histoire de la région.

La *mise en place d'un espace délibératif* tient à la régularité des sommets annuels des chefs d'État, renforcée par des rencontres biannuelles ou mensuelles de chefs de gouvernement, ministres, hauts-fonctionnaires représentant les trois pouvoirs (ministères, parlements, acteurs judiciaires). Sans prise de décision, elles engendrent un consensus, donc des positions communes.

La présidence tournante de l'OCS permet un choix de villes : Shanghai est moins souveraine que Beijing, Astana/Noursoultan plus présidentielle qu'Almaty, Oufa (2015) permet de rassembler loin de Moscou à la fois l'OCS et les BRICS. Les déclarations annuelles indiquent peu de positions communes opérationnelles, encore moins financières. Elles commentent l'état du monde, critiquent les autres. Les partenaires OCS se rapprochent dans un entre-soi novateur se réclamant de l'esprit de Shanghai.

---

[2]   Laïdi, Z., dir., *Géopolitique du sens*, Desclée de Brouwer, 1998, p. 35-36.

C'est un espace *au sein duquel interviennent des acteurs publics ou privés.* L'OCS rassemble des acteurs publics (gouvernements, représentants) qui « inspirent » : les sommets « suggèrent ». Des organismes « privés » font le travail concret (Conseil des affaires ; Association interbancaire). Non formellement inter-gouvernementaux, ils émanent pourtant des États, surtout l'Association interbancaire.

Les acteurs visent à *poser et résoudre des problèmes appelant des solutions communes à cet espace,* originalité de l'OCS. Sur les problèmes « communs » (terrorisme, séparatisme, et extrémisme), elle a fourni des définitions juridiques, ce que nombre d'États ailleurs n'avaient pas su faire ; et les parlements nationaux ont légiféré. Elle a lancé des initiatives contre des maux « moindres » (trafics illégaux, migrations humaines, et ingérences étrangères), et les positions communes de ses Membres en désignent les auteurs à la communauté internationale.

L'espace OCS est *constitué* par le discours politique appliqué, autour de préoccupations matérielles, telles que la stabilité des échanges.

b) La production de préférences collectives propres à cet espace mondial

Par ce processus *en cours*, cet espace constitué devient capable de produire des *préférences* collectives *propres à cet espace,* dans le jeu *mondial* et pas seulement régional.

Le processus vise un nouvel équilibre de la puissance à l'échelle *mondiale.* L'après-Guerre froide globalisée est le cadre où s'insère l'OCS : ni construction d'une région autocentrée, centripète, ni hégémon régional « au-dessus » des autres. Il s'agit d'exister *avec* les autres. Ce désir d'égalisation est l'autre essence de la dynamique de Shanghai (avec sa nature discursive) : égalisation par rapport à l'Ouest de la Chine post-Grand Jeu ; maintien de la Russie post-URSS à une place élevée ; égalisation des anciennes républiques soviétiques par rapport à Moscou ; jeu égal des « petits » (Tadjikistan, Kirghizstan) et des « moyens » (Ouzbékistan, Kazakhstan) ; adhésion des grands (Inde) ou des instables (Pakistan, puis Iran) sans perturbation. Un nouvel équilibre des puissances par l'invention d'intérêts *perçus* comme partagés est en jeu.

Car la montée en puissance de l'OCS se développe bien au-delà des trois fléaux. Ces préférences sont *collectives* par la force du consensus (inégal), et ouvertes dans les secteurs abordés. A l'Ouest, les trois « fléaux » sont perçus comme les seules préférences, mais c'est une vision erronée.

Dès 2003, l'OCS s'est dotée de « 101 mesures économiques », précisant en 2004 les « moyens de mise en œuvre » pour développer l'espace commun ; elle organise des manœuvres militaires communes, quasi annuelles, de grande ampleur, affichant une capacité collective à se défendre contre … tout acteur non-régional d'un néo-Grand Jeu. Dès 2008, une mobilité étudiante (Université de l'OCS : Chine, Kazakhstan, Russie) associe l'Afghanistan. Depuis 2005, des Journées culturelles de l'OCS dessinent le volet identitaire : l'« esprit de Shanghai » invente une région, rend cohérent un espace.

Il en résulte principalement la création d'un espace asiatique nouveau. Les préférences étant *propres à cet espace* asiatique mondial, la Nouvelle Asie existe pour elle-même aujourd'hui ; c'est sa principale transformation, dépassant sa nature de Terre centrale convoitée et le blocage de la Guerre froide (l'endiguement par « l'alliance des alliances » OTAN/Pacte de Bagdad/SEATO/ANZUS/US-Japon/US-Corée). Elle existe par elle-même et pour elle-même.

La *contiguïté de ses membres donne à l'espace commun de l'OCS sa cohérence, y compris sectorielle* : un Club de l'énergie rassemblerait producteurs et consommateurs sans discontinuité, ni « rupture de charge » (à la différence de l'OPEP).

c) *La conversion de ces préférences et délibérations en* performances politiques

Comme but *encore à atteindre*, la construction régionale est une *dynamique continue*. L'Asie de l'« esprit de Shanghai » a plus de vingt ans, mais l'échelle de temps n'est pas tout. Il faut comparer *la capacité à convertir* ces délibérations (*supra* a) et ces préférences (*supra* b) *en performances politiques*.

Une « performance » s'apprécie par rapport à un but, pas dans l'absolu. L'OCS veut promouvoir la *coopération* et la sécurité par la lutte contre le terrorisme, le séparatisme et l'extrémisme, dans la non-intervention et le respect des souverainetés. Son bilan de « coopération intégrative » est riche: aussi bien en termes de coopération politique (frontières stables), militaire (manœuvres conjointes), économique (échanges, investissements), éducative (Université de l'OCS), culturelle (Journées de la culture), que logistique (Routes de la soie) et touristique (mouvements transfrontières) ; et dans le domaine de la lutte contre les trois fléaux, avec une structure anti-terroriste (SRAT) ; séparatisme et extrémisme sont assimilés à de la violence illégale (justifiant les coordinations des policiers et magistrats), mais l'OCS « n'intervient » pas (ni à Andijan en 2005, ni à Bichkek en 2006, ni à Osh en 2010).[3] La souveraineté des membres est un étalon (malgré des « décisions » par consensus).

Les « preuves » de réussite politique abondent dans la construction institutionnelle de la Nouvelle Asie, sans référence au modèle européen. Le compromis de Luxembourg et la fusion des Communautés européennes furent une étape importante de l'intégration. De son côté, la fusion évoquée de l'OCS et de l'OTSC (secrétariats rapprochés en 2007), pour une coopération sans intégration, est une performance politique.

L'OTSC est un commandement *militaire* intégré des forces armées d'ex-républiques soviétiques (sans la Chine, donc). L'OCS est une coordination *économique* des projets de développement communs (avec la Chine). Ce « rapprochement » OTSC-OCS serait plus que la fusion de Luxembourg, à l'aune des buts : la coopération plutôt que l'intégration.

La dialectique OCS-OTSC évoque un « test » opérationnel. Si la souveraineté d'un membre était menacée par un tiers, non-affilié de l'OCS, l'issue de ce test marquerait une performance politique. Le Groupe de Shanghai (1996–2001) proposa l'union contre « toute influence non-régionale dans la région » (Astana, juillet 2000).

La plus claire réussite est la crédibilité « dissuasive » de l'OCS, sa capacité à s'élargir, à s'approfondir, à concurrencer d'autres influences (d), et à impliquer l'Afghanistan. Nous ajoutons ainsi *infra* une hypothèse aux trois logiques imbriquées (a, b, c).

d) Les Asies concurrentielles et « l'asianisation » de l'Afghanistan

L'OCS peut convertir en performances ses préférences adoptées dans un cadre délibératif constitué, espace porté par un projet commun opérationnel. L'OCS est un « acteur » régional « assumé » dans le nouvel « ordre » interrégional concurrent. L'Asie est passée d'une région désorganisée par les colonialismes à une région structurée par les dynamiques régionales (ASEAN, SAARC, CEI, OTSC, OCS, UEEA …) et interrégionales (ASEM, APEC), glissant d'un jeu à deux grands pendant la Guerre froide, à un *profond* jeu plurirégional.

La dimension et la nature concurrentielle du monde livrent deux néoformes dans la Nouvelle Asie.

---

[3]   C'est l'OTSC qui finit par intervenir (Kazakhstan, janvier 2022), et qui interviendrait en Ukraine si la Russie prouvait qu'elle était agressée.

D'abord, elle illustre des concurrences multiples et novatrices, avec au moins trois types de tensions. Premièrement, entre l'OCS et l'Ouest autour de l'énergie : les réserves énergétiques d'un futur Club OCS de l'énergie sont estimées à la moitié du gaz et de l'uranium du monde, au tiers du charbon et au quart du pétrole, et les tensions aggravées entre l'Europe et la Russie autour de l'Ukraine incluent le transport de l'énergie entre Eurasie et Europe. Deuxièmement, entre organismes régionaux : la CEI moribonde a engendré l'OTSC et la CEE/UEEA, et l'OCS veut être sécuritaire *et* économique. Chine et Russie se disputent un *leadership* que l'entrée de l'Inde dans l'OCS reconfigure. Troisièmement, entre Chine et Russie s'est installée une « concurrence sans animosité » : l'ex-URSS russe et la Chine post-révolution culturelle sont (re)devenues des acteurs mondiaux, gérant leur rivalité par la puissance du continent eurasiatique dans le monde. L'OCS est un cadre opportun de gestion de cette néo-rivalité.

Ensuite, avec l'«asianisation » de l'Afghanistan dans la Nouvelle Asie se joue depuis quarante ans le changement de statut régional du pays. Occupé par l'URSS (1979-1989), puis dirigé par les Talibans, il a dû accueillir de 2001 à 2021 des troupes étrangères de stabilisation. Il devait retrouver après 2014 une souveraineté territoriale stabilisée, mais l'instabilité a conduit au maintien prolongé de ces troupes jusqu'en 2021. Il avait un temps été question d'une collaboration entre l'OTAN et l'OCS.[4] C'est un glissement de l'Afghanistan vers la Nouvelle Asie qui s'affirme: sept ans pour passer d'un Groupe de contact OCS-Afghanistan (2005) au statut d'observateur (2012) ; l'Afghanistan est d'emblée candidat au statut de membre, limitrophe de la Chine (corridor de Wakhan)... qui ne peut accepter un régime islamiste à ses portes.

La pleine adhésion de l'Afghanistan à l'OCS lui fournirait une aide directe dans la lutte contre les maux (terrorisme, séparatisme, extrémisme et trafics), après le retrait final des troupes occidentales. Ce retrait et l'entrée de l'Afghanistan en Asie (Nouvelle) sont définitifs. C'est là l'enjeu de la « question afghane », au-delà du régime politique intérieur.

L'OCS et la Nouvelle Asie ont réalisé leur potentiel régional : des logiques nouvelles de l'Asie de l'OCS (dans les faits), et des logiques

---

[4]   Chabal, P., L. Barroso, "Classic rivals or innovative 'partners', from competitors to managers: NATO, the SCO, and Afghanistan after 2014", *Contemporary Political Society*, hiver 2017, 5-1, p. 33-51.

régionales suggérées par Z. Laïdi (dans l'analyse). Pour en suggérer l'orientation, des bases conceptuelles favorisent les comparaisons.

Ses membres poursuivent leurs intérêts d'État, en tant qu'acteurs classiques de la théorie *réaliste* des R.I. Le *néo-réalisme* et le *réalisme structurel* expliquent qu'ils mettent en avant leurs délibérations communes. La construction de l'Asie est une négociation permanente, et un exemple d'*interdépendance*. L'OCS offre des règles du jeu (Charte de 2002), les modifie en commun (moratoire sur l'élargissement en 2008, fixation de règles en 2010 et 2014, admission de nouveaux membres en 2015). Les États de l'OCS se renforcent, selon la théorie de *l'intergouvernementalisme* qui voit une organisation (régionale) comme « multiplicateur » de puissance.

En conclusion, connaître l'OCS, la comprendre, montre qu'elle n'est pas une hostilité en marche, un club nucléaire, une OPEP dont les bombes seraient à craindre car elle n'est pas occidentale. C'est une construction politique et régionale, contiguë et durable, avec laquelle compter. La « Nouvelle Asie » sino-post-soviétique de l'OCS est un système régional qui fait sens « avec » toute l'Eurasie, où elle comble un vide. Il existe *une détermination régionale en dernière instance.*

Avant même la fin des systèmes de sécurité existants, qui confirme un monde néo-international, les glissements de la « juxta-souverainisation » s'accommodent d'un décalage entre le moment de la rupture historique (après-guerre, décolonisation. . .) et celui de la construction régionale. La correspondance entre après-guerre et régionalisation existe. La construction régionale est lancée en Europe dès l'après-Deuxième Guerre mondiale et en Afrique après la Guerre froide. En Amérique latine, un siècle et demi s'écoule entre indépendances coloniales et initiatives régionales (Pacte andin et Groupe de Rio) ; le décalage tient à un isolationnisme résultant de la doctrine Monroe. En Afrique et en Asie, les prémices régionales sont posées dès 1967 (ASEAN) et 1975 (CEDEAO).

Tableau 1 Les 22 « affiliés » à l'OCS selon la date d'accession à leur statut dans l'organisation

État/statut	Membre	Observateur	Partenaire	Invité
Chine	1996			
Russie	1996			
Kazakhstan	1996			
Kirghizstan	1996			
Tadjikistan	1996			
Ouzbékistan	2001			
Mongolie		2004		
Iran	2021	(2005)		
Inde	2017	(2005)		
Pakistan	2017	(2005)		
Biélorussie		2015	(2009)	
Sri Lanka			2009	
Afghanistan		2012		
Turquie			2012	
Turkménistan				2012
Arménie			2015	
Azerbaïdjan			2015	
Népal			2015	
Cambodge			2015	
Egypte			2021	
Arabie saoudite			2021	
Qatar			2021	

NB: Est indiquée en **gras** la date du statut le plus récent. Le statut original situe l'évolution.
Source: Tableau élaboré par l'auteur.

Quelle meilleure preuve, dans cette diachronie, du lien causal entre après-guerre et régionalisation par *détermination régionale en dernière instance* ? La suite du débat est épistémologique : causalité ou concomitance ?

Acronymes

ALENA	Accord de Libre-échange Nord-américain
ANZUS	Australia, New-Zealand, United States Security Treaty
APEC	Asia-Pacific Economic Cooperation
ASEAN	Association of South-East Asian Nations
ASEM	Dialogue Asie-Europe
CEDEAO	Communauté Économique des Etats d'Afrique de l'Ouest
CEE	Communauté Économique Eurasienne
CEI	Communauté des États Indépendants
CICA	Conference for Interaction and Confidence-building Measures in Asia
OCS	Organisation de coopération de Shanghai
OPEP	Organisation des Pays Producteurs et Exportateurs de Pétrole
OTAN	Organisation du Traité de l'Atlantique Nord
OTSC	Organisation du Traité de Sécurité Collective
SAARC	South-Asian Association for Regional Cooperation
SADC	Southern African Development Community
SEATO	South-East Asia Treaty Organization
RPC	République Populaire de Chine
UEEA	Union Économique Eurasienne.

China's growing influence on Pacific Island Countries through pacific cooperation, creative involvement, and regional interdependency: French and European handling

BRIGITTE VASSORT-ROUSSET
Professeur émérite en Science politique,
CERDAP²-Sciences Po Grenoble-UGA

Introduction

In the current period of world order transition, state fragility across the Indo-Pacific region is pervasive, and state success in attaining peace, justice, and strong institutions has been limited.[1]

---

[1] Ackman, M., Abel van Es, A., Hyslop, D.,« Measuring Peace in the Pacific. Addressing Sustainable Development Goals 16: peace, justice, and strong institutions », Sydney, 2018: Institute for Economics and Peace, 73 p. However, PICs have developed active and autonomous international relations on a bilateral basis and in multilateral organizations. For example, Fiji after the 2006 coup received sanctions by Australia and New Zealand, and its Prime Minister Bainimarama has implemented the Look North Policy, henceforth multiplying relationships with the willing except for its large neighbors, and prioritizing countries from the Global South like China and the Gulf countries. Fiji has also contributed to UN peace-keeping missions since 1978. Suva has developed strong links with India, organizing the Forum for cooperation between India and Pacific countries in May 2017, and signing agreements with India on space and on military cooperation. Furthermore, Fiji's activism at the UN led to its chairing the Group of 77 in 2013, an Oceanian Executive Committee of the UNDP in 2014 and the UN General Assembly in 2016, and to co-chair the Ocean Summit and COP23 in 2017 (*e.g.,* among the Small Island Developing Countries, with only 18.333 sq. km, yet its EEZ covers 1.282.978 sq. km). Fiji then launched the Talanoa Dialogue; it had been among the very first to ratify the Paris Agreement in February 2016; it was the first Pacific Small Island Developing State to be elected as member of the UN Council on Human Rights, to complete its terms as Vice-President in

Hence, it is relevant to look for innovative and cost-effective solutions to achieve progress and increase the region's visibility within the international community, as well as understand the commitments of major donors in relation to one another, *i.e.* China, Australia, New Zealand, and the European Union.

Dealing with Chinese and European perspectives on the Belt and Road Initiative, the analysis will in particular focus on the perceptions by France and the European Union of regional stakes in Oceania, and of China's presence and major objectives in the area; and it will show how current geopolitical processes illustrate the «balance of roles» framework, which seeks to explain the variations in institutional and economic/ financial strategies by different states.

It is argued that a state's role conception will shape its institutional balancing strategies in an order transition period : hence, while an order defender like the USA is more likely to back exclusive institutional balancing to exclude its target from its dominated institutions, China as an order challenger will tend to adopt both inclusive and exclusive institutional balancing to enhance its own power and legitimacy in this new international and regional order. (As a kingmaker, a proactive second-tier state such as Australia or New Zealand -like Japan and South Korea in East Asia- will rather pick an inter-institutional balancing strategy to

---

2020, and subsequently President in 2021, and to champion the imperative need or the universal recognition of the promotion and protection of human rights in the context of climate change. It illustrated the critical role of the Council in fostering the true spirit of multilateralism. France has maintained strong relationships with Fiji as a geographic neighbor (it has borders with New Caledonia and Wallis and Futuna), ranging from occupational training and language issues to scientific exchanges around the major Oceanian stakes of climate change, environmental protection, the development of renewable energies, and the value of cultural heritage, all in relation to the French territories. French-Fijian military cooperation focuses on French participation in overseeing the Fijian EEZ, joint training, platoon exchanges, ship stopovers, and French teaching for 1,000 learners among the Armed Forces, and 700 students/pupils. Likewise, the Tonga kingdom (749 sq. km and 659.558 sq. km EEZ) has maintained privileged links to Australia and New Zealand as well as Japan and the United States, and established ever-growing diplomatic relations with Beijing in 1998. The kingdom largely depends on international aid to cover its structural deficit, primarily from Australia, New Zealand, the EU, Japan, and the US, together with China (whose decisive financial aid includes preferential loans). A Tongian lady, Ms 'Utoikamanu is High Representative of the UN General Secretariat for the Least advanced countries, Landlocked developing countries, and Small developing island countries; and Tonga just like the other PICs, is a member of the Alliance of Small Island States, and the other regional Pacific organizations.

initiate new institutions which will compete for influence with existing institutions -*e.g.*, AUKUS-).

The dawn of the 21st century witnessed a new wave of multilateral initiatives in the Asia-Pacific in addition to ASEAN's driver's seat for multilateralism in the region, from the Australian idea of the Asia Pacific Community to the Japanese advocacy of an East Asian community, including the South Korean Northeast Asia Peace and Cooperation Initiative, and the Obama's, Administration's promotion of the Trans-Pacific Partnership, until Trump's policy seemed to drive the USA back to isolationism or at least bilateral contractualism, not to speak of a moneybag effect.

President Xi Jinping's 2013 suggestion of building a « community of common destiny » in Asia, along with massive Chinese investments and financial initiatives such as the Belt and Road Initiative and in Pacific Island Countries, are facilitating the emergence of a new regional order. Australia and the EU may from their side use multilateralism to balance China's growing influence, as part of the new regional economic and security architecture in the Asia-Pacific and among PICs. For in the post-Cold War era, and given the pivot from the Transatlantic area to the Indo-Pacific region, and the related power shift, states not only fight for material power through traditional military means, but also peacefully compete for influence and dominance in multilateral institutions through institutional balancing strategies.

Precisely, this chapter will first of all outline the economic, strategic, and environmental stakes for France in Pacific Oceania, secondly analyze China's three-fold presence in PICs (pacific cooperation, creative involvement, and regional interdependency), and thirdly conclude on current geopolitical trends in the South Pacific towards greater re-engagement with the South Pacific Islands by Australia and New Zealand, in order to counter the growing Chinese presence there.

I. The stakes for France and the EU in Pacific Oceania

-Asia-Oceania is a « French reality », with 8 per cent of French expatriates in the world, 7000 branches of French firms (the highest EU number), 1.5 million French nationals on the 5 territories of the Pacific and Indian Oceans, and 93 per cent of the French Exclusive Economic Zone. Hence the need for France to be actively involved in the management of regional crises (Afghanistan, North Korea, Burma...), the securitization of major sea-lines, and the fight against terrorism, radicalism, and organized crime. Regional balances directly concern France (which has promoted the rule of law, free trade, and freedom of movement), as new forms of multilateralism evolve there (OBOR -One Belt, One Road-, Japanese, Australian, American, or Indian strategies, ASEAN choices), provide new development concepts and representations of International Relations, and offer numerous market opportunities to France and the EU, as well as new challenges. France is not a member of APEC, but became an associate member of the Pacific Economic Cooperation Council in 1997, *i.e.,* a non-governmental advisory body of 21 members (incl. Australia, New Zealand, and PNG) which acts as the *de facto* economic council of APEC. This economic forum represents 40 per cent of the world population, 55 per cent of wealth production, and 45 per cent of world trade flows.

Asia-Oceania has become a global actor which France has to deal with in terms of norm elaboration, climate change, trajectories of emerging Asian countries, and mobilization of endangered PICs. Promotion of the French language and culture also puts forward our values. France has maintained an important diplomatic and consular network in 25 countries in the area (embassies and consulates, and numerous French bureaus, institutes, alliances, as well as cooperation and development agencies) to support French influence and attractiveness. As a matter of fact, trade flows between France and Asia-Oceania have been diversified, *i.e.,* balanced flows with India and ASEAN, deficit exchanges with Japan and China (over €30 billion late 2017), and beneficiary exchanges with Australia, besides Hong Kong and Singapore. The service balance is structurally beneficiary for France (incl. Australia), yet with great diversity. Conversely, 14 per cent of FDI in France come from Asian-Oceanian investors, *vs.* 60 per cent from the EU and 22 per cent from North America.

Oceania yet also receives international aid and cooperation support. French development policy complies with the international framework of the 2030 Agenda, whereby the 17 Sustainable Development Goals combine fighting poverty and backing the economic, social, and environmental objectives of sustainable development. The French government adjusts to the various situations and needs of its partner countries: it has thus set up an array of distinct partnerships and instruments, ranging from gifts and/or loans, project-support, budget support, to technical expertise, in a variety of intervention sectors fitting the needs of such countries. France also participates in this new international framework for sustainable development and its principles *via* its economic and cultural influence.

-The EU's strategy *vis-à-vis* the PICs was set out in the 2012 joint communication entitled *Towards a renewed EU-Pacific development partnership,* and later updated by the *EU Strategy for cooperation in the Indo- Pacific* on September 16, 2021. It builds on the framework of the Cotonou Agreement with ACP countries. In December 2020, the EU and the Organization of African, Caribbean, and Pacific States (OACPS), replacing the ACP Group of States, had reached a political deal after two-and-a-half years of negotiation, on the text for a new Partnership Agreement successor to the Cotonou Agreement (2000), on key aspects in a large number of areas such as sustainable development and growth, human rights, and peace and security with the aim of promoting regional integration. If it is signed by the end of June 2023 by all parties concerned, and later ratified at the country level in the EU and ACP member states, beyond countries annoyed and lost momentum the agreement will serve as the new legal framework and govern political, economic and cooperation relations between the EU and members of the OACPS for the next 20 years.

Despite the Post-Cotonou new and comprehensive Agreement reached mid-April 2021, the application of the Cotonou agreement has been extended until both sides complete their internal procedures for signature and conclusion. As a game-changing reality strengthening the EU's bilateral relations with each individual OACP State and their respective regions, and not a trade agreement,[2] the new agreement aims at positioning the OACPS-EU partnership as an international force to advance common ambitions around new objectives on the global stage in a constantly changing world, at promoting regional integration, and at setting the scene for alliance-building and more coordinated actions where the group's impact on the world stage can be significant to tackle some of the most acute global challenges.[3] Together, the EU and OACPS represent over 1.5 billion people and more than half the UN seats. And

---

[2] Trade matters are covered separately by Economic Partnership Agreements.

[3] *Negotiated Draft Partnership Agreement between the European Union/the European Union and its Member States, of the One Part, and Members of the Organisation of African, Caribbean, and Pacific States, of the Other Part,* 15 April, 2021. https://international-partnerships.ec.europa.eu. Yet Hungary has raised objections, and South Africa decided to leave.

the EU-27 is the ACP-Pacific region's fifth largest trading partner, with trade worth €3 billion in 2020. The Agreement substantially modernizes cooperation and extends its scope and scale in priority areas (human rights, democracy and governance, peace and security, human development, environmental sustainability, climate change, sustainable development and growth, and migration and mobility). It also includes a strong regional focus and governance structure, tailored to each region's needs, a first. The European Council decided on the conclusion after receiving the European Parliament's consent, following Article 218n (6) of the Treaty on the Functioning of the European Union (TFEU).

A meaningful innovation is that the three regional protocols introduced for Africa, the Caribbean, and the Pacific allow for the establishment of autonomous structures that will independently pursue relations with the EU and the three different regions involved. The agreement envisages a strong parliamentary dimension with a permanent Joint Parliamentary Assembly fulfilling a clear consultative role; it furthermore includes three regional parliamentary assemblies, which will operate autonomously and have a clear consultative role.[4] The European Parliament has welcomed by three resolutions (2016, 2018, and 2019) the proposed overall architecture for future cooperation between the ACP and the EU, reiterated the relevance of the parliamentary dimension, and even made the preservation of the ACP-EU Joint Parliamentary Assembly a precondition late 2019 for giving its consent to the future agreement.

- France has based its sustainable development policy in Asia and Oceania on partnership with its two development agencies, namely the French Agency for Development (AFD) and Expertise France, in sectors fitting the needs of such countries. Over the last 15 years, AFD has considerably extended its area of intervention in Asia, *e.g.*, from 5 countries in 2004 to 18 in 2018, *via* 10 local agencies and 5 offices. In 2015-17, it committed on average €1.2 billion in Asia-Oceania, mainly in sovereign loans; late 2017, it adopted a Regional intervention Framework 2017-21 raising its commitment to €2 billion in 2021. The strategy in Asia bears on the convergence of fields of recognized French know-how and partners' expectations (sustainable cities, water management, decentralization and local equipment, protection of natural and cultural heritage, and protection of good labor conditions). In addition, a cross-objective of 70 per cent of projects with climate change benefits is pursued, in

---

[4]   *Fact Sheets on the European Union-2021*, www.europarl.europa.eu/factsheets/en

relation to urban planning, sustainable cities, sustainable agriculture, prevention of soil decay, sustainable cattle-raising practices, etc.

In the Pacific area, the AFD mandate was expanded from Vanuatu and the Overseas Territories to the Pacific Small Island Developing States in February 2018, and has focused since December 2017 on adjustments to climate change and biodiversity protection.

Scientific research has been a central focus to serve development *via* the French Research Institute for Development (IRD), and been based on fair partnerships with developing intertropical countries such as Vanuatu, in four sectors: health, biodiversity, global changes (risks and threats), and management of sea resources. *E.g.,* the International Solar Alliance was launched with India in 2018, the Pacific Initiative for Adaptation and Biodiversity adopted with the EU, Canada, New Zealand, and Australia during the 2018 One planet Summit, as well as the Climate Risk and Early Warning Systems (CREWS) Initiative, which is used in particular to help Small Island Developing States.

-Besides, the main instrument for French regional cooperation in the Pacific is the Economic, Social, and Cultural Cooperation Fund for the Pacific (so-called «Pacific Fund»). With funding from the Ministry of Foreign Affairs (€1.380.000 in 2017, dedicated to jointly financing 40 projects per year, that is on average €30.000 per project), it contributes to the regional integration of New Caledonia, French Polynesia, and Wallis and Futuna through cooperation with the Pacific independent states. It is governed by an Executive Committee and a Permanent Secretariat (headed by an Ambassador also accredited near regional organizations, *e.g.,* the Pacific Community -CPS-, and the Regional Oceanian Program for Environment -PROE- which facilitates participation by the French regional entities to the regional governance of common goods). Pacific Fund subsidies are supplemented by the Asian Bank for Development and the Japanese International Cooperation Agency. A wide selection of projects bear on scientific and university cooperation, the struggle against climate change and natural disasters, environmental protection, economic development, culture diffusion, and health and food security promotion. They aim at involving local communities in data collection, scientific research, and the diffusion of knowledge on endangered species, in order to raise consciousness and experience-sharing among Pacific countries.

-The cultural diplomacy of France in Asia and Oceania has been implemented by the Cooperation and Cultural Action Services of 21 French Embassies, and by 12 French Institutes supplemented by the *Alliances françaises*. Their objectives are the enhancement of the French market share of cultural and creative industries, the response to an increasing demand for French expertise in cultural engineering, and the integration of French intellectuals, researchers, artists, and experts into contemporary debates in national societies (*e.g.,* on smart cities, climate stakes, etc.).

-As part of Agenda 2030, the 17 SDGs, and the 2017 European Consensus for Development, French diplomacy in Asia and the Pacific has also promoted human rights with EU support *via* bilateral and multilateral dialogue and cooperation (*e.g.,* through scholarships and NGO support, as well as legal and administrative advice and long-distance training of institutional or civil society delegates). Such cooperation is meant to enhance a number of debates with 17 countries, such as abolition of the death penalty, fight against impunity, arbitrary detentions, women's rights, enrollment of children soldiers, and to support compliance with UN legal instruments (*e.g.,* the international Covenant on civil and political rights, the International Convention against torture, and the International Convention for the protection of people against forced disappearance). France also supports the UN High Commissioner's work for human rights, which has delegations in Oceania that bring expertise and support to authorities and civil society in Oceania, *e.g.,* an office with regional competence in Suva, and regional advisers on East Timor (as well as on Bangladesh, the Philippines, Sri Lanka, and Vietnam).

-Environmental stakes have risen very high. Great powers have worried about keeping the pace of industrial development, while sharing few analyses with the most vulnerable states in the Pacific and South Asia on environmental and climate stakes. No coordinated or joint position on such multiple stakes has been formulated so far at the regional level, whether it be on declining biodiversity, rising natural risks linked to climate change, or the governance of economic, human, and environmental risks from global warming, especially in South-East Asia and smaller PICs. Yet, the need for consciousness rising on urgent environmental action has been pushed by some PICs like the Marshall Islands towards a Coalition for a higher ambition, and been supported to enforce the UN 2012-22 program for enhancing the sustainability of local economies (10 YFP, adopted in 2012 at the Rio+20 World Summit on Sustainable Development, and consisting of six programs, *i.e.,* Sustainable public procurement, Consumer Information for Sustainable Consumption and Production, Sustainable tourism, Sustainable Lifestyles and Education, Sustainable Buildings and Construction, and Sustainable Food Systems). France has been involved at several bilateral and multilateral levels in support of such efforts, and organized to that effect the 4th France-Oceania Summit in Paris late 2015, a few days before COP21. The 5th Summit was held virtually on July 19, 2021, and among numerous other developmental sustainability-oriented decisions, encouraged cooperation to better connect Countries and Territories of the Pacific, and address the need for integrated ocean management in stewarding the Blue Pacific Continent.[5]

- France also contributes to the EU's development aid policy towards Oceania *via* several instruments: the European Fund for Development which finances aid programs in 15 Pacific countries; the EU is the third largest contributor after Australia and Japan, with support nearing €800 million over 2014-20. France has been the second largest aid donor to the EFD, reaching 18 per cent, *via* its multiple commitments to cooperation and development in Oceania.

The primary target of funding from the 11th European Fund for development in the Pacific is Papua New Guinea, with €154 million support, *i.e.*, 37 per cent of the overall regional indicative programs, and a concentration on Rural entrepreneurship, investment and commerce, Water purification and hygiene, and Good governance. As a matter of fact, PNG had been the first Oceanian country to sign and ratify the transitory Agreement with the EU as early as 2014. PNG is also the first recipient of Australian development aid in favor of PICS (€541 million over 2017-18). Its economy ranks first among PICs, excluding Australia, New Zealand, and French overseas collectivities, with 60 per cent of the region's GDP, 80 per cent of its exports, and 60 per cent of its imports.

---

[5] Diver, C., Deputy Director-General Operations and Integration (Noumea), Pacific Islands Forum Secretariat, *Final Declaration of the 5th France-Oceania Summit*, July 19, 2021. The Summit focused on issues of sustainable use and management of the ocean, climate change and biodiversity, Covid-19 response and recovery, enhancing connectivity, strengthening infrastructure, and building resilience. It welcomed the Pacific region's efforts to strengthen Pacific regionalism as one Blue Pacific and to develop the 2050 Strategy for the Blue Pacific Continent under the Framework for Pacific Regionalism. It also welcomed "the important and longstanding partnership between the Pacific Islands region and France and the European Union, including as Pacific Islands Forum Dialogue Partners and development partners."

It owns important mineral resources (gold, copper, nickel), as well as oil and gas, the exploitation of which has brought spectacular (13.54 per cent in 2014) yet uneven growth rates (4.48 in 2019 and 0.30 in 2021). Over 45 years after its independence (1975), PNG's first political, economic, and trade partner remains Australia, although relationships with other partners, Asian especially (Japan and China), are growing rapidly.

Beyond its economic significance, PNG is an active political actor in Oceania, in particular in the Pacific Islands Forum; it is an APEC member (2018 Summit), an ASEAN observer, and part of AOSIS (Alliance of Small Island States). Regarding the environment, PNG has joined the Critical Ecosystems Partnership Program (CEPF); on defense issues, PNG has intensified its regular dialogue with the major regional powers *via* the South Pacific Defense Minister Meeting (Fiji, Tonga, PNG, France, Australia, and New Zealand); PNG's contacts with France have grown after Total gained exploitation rights on new natural gas locations (Elk and Antelope); and scientific cooperation with a link to French research institutes in the region (IRD), and support by the international Francophonie organization and the Pacific Fund, has served development-oriented research (agronomy, environmental sciences, governance of natural risks, geology) such as the Ambitle project on coral adjustment to climate change, and another project on the resilience of specific environments (forests and seaside areas).

-Among the 6 priorities for European action in Oceania, are resilience to extreme weather conditions, the fight against climate change (incl. by adjustment measures), and enhancement of the sustainable features of insular economies. The interlocutor for the European Commission on negotiations towards economic agreements to frame European aid to PICs has been the Pacific Islands Forum.[6] In the field of development, the

---

[6]   The 15 Pacific Independent Island Countries have a combined area of 528 000 sq. km and are part of the African, Caribbean, and Pacific Group of States (ACP). They are Fiji, Papua New Guinea and Timor Leste, which together account for 90 per cent of the region's landmass and population, and 12 Small Island Developing States: the Cook Islands, Kiribati, Micronesia, Nauru, Niue, Palau, the Marshall Islands, Samoa, the Solomon Islands, Tonga, Tuvalu, and Vanuatu. They are members of the Pacific Islands Forum (FIP), an interlocutor for the EU for EU development funding and trade negotiations. In addition to this grouping within FIP, New Caledonia and French Polynesia, together with Wallis and Futuna, make up the EU's three Overseas Countries and Territories (OCTs) in the region.

EU supports programs and initiatives benefiting multiple countries in the group of ACP states; it also has programs for further regional economic growth and development for specific regions within the ACP. Under the new long-term EU budget 2021-27, the EU finances most of its development programs for ACP partner countries through the Neighborhood, Development, and International Cooperation Instrument-Global Europe (NDCI). The European Development Fund which was funded by direct contributions from the member states ceased to exist in 2021, but NDICI has been granted a total financial envelope of around €79.5 billion (in current prices).

As for trade, the EU negotiated a series of economic partnership agreements (EPAs) with 79 ACP countries, which aim to create a shared trade and development partnership backed up by development support. The Council provided the Commission with the mandate to negotiate these agreements and has to sign the finalized agreement. The interim EPA between the EU and Pacific ACP states was signed by Papua New Guinea in July 2009 (ratified May 2011) and by Fiji in December 2009. In July 2014, Fiji decided to start provisionally applying the agreement. Of the Pacific countries, Papua New Guinea and Fiji account for the bulk of EU-Pacific trade. Samoa acceded to the EPA in December 2018, and the Solomon Islands in May 2020. The text is open for other signatures.[7]

-France has made multiple commitments in Oceania, among those: 1. former French Prime Minister Fabius's World Covenant on Environment elaborated by 80 renowned lawyers and endorsed by the UN General Assembly in May 2018 for negotiations to be concluded in 2020, on improving the PICs' resilience, adjustment to extreme weather conditions and climate change, and protection of biodiversity in Oceania; 2. the International Solar Alliance launched with India in favor of 121 intertropical countries; 3. the Climate Risk and Early Warning System initiative (CREWS) since COP21, to improve information and prevention, France being one of the main donors with €10 million and two Oceanian programs, one to enhance the capacities of weather forecast services, the other to improve surveillance and warning mechanisms on draught and disaster management; 4. the bilingual French-English

---

[7] "A new EU-OACPS Partnership Agreement", in *Cotonou Agreement*, https://consilium.europa.eu, accessed September 11, 2022.

Pacific Regional Environment Program (SPREP), set up initially in 1993,[8] which is the main intergovernmental organization with a mandate to promote environmental cooperation in the Pacific area: it convenes 5 Metropolitan Member States, *i.e.,* Australia, France, New Zealand, the United Kingdom and the United States, as well as 21 Pacific Island Member Countries and Territories (incl. New Caledonia, French Polynesia, and Wallis and Futuna); 5. the Pacific Community (CPS) created in Canberra in 1947, with 26 members incl. Australia, the US, the UK, and New Zealand, as well as 21 island states and territories including New Caledonia, French Polynesia, and Wallis and Futuna, France being a major donor on such programs as RESCUE (protection of coastlines against climate change), and a successful mediator near the EU for additional financial support to the CPS; 6. the Pacific Islands Forum (2000) created in 1971 as the South Pacific Forum, *i.e.,* the major intergovernmental organization for political dialogue in Oceania, *e.g.,* on the Blue Pacific initiative, with 18 full-fledged members (incl. New Caledonia and French Polynesia since 2016, and either independent states or associated territories), and other associate members and observers; 7. the Development Forum for Pacific Islands, created in 2013 by Fiji, which aims at promoting sustainable development through state-civil society partnerships, and where France has financed workshops on reducing greenhouse gas emissions linked to sea transportation, which have induced a joint position of Pacific actors (Coalition for a High Maritime Ambition) in negotiations with the International Maritime Organization; 8. the Commission for Western and Central Pacific Fisheries for the preservation and sustainable management of great migrating fish (tuna), since 2004, which includes 26 *de jure* members, *i.e.,* states or island territories directly concerned by fishing activities in the Pacific like Australia, China, the US, and France, in addition to numerous associate members like French Polynesia, Wallis and Futuna, and New Caledonia.

-To sum up, the French Pacific is a major strategic stake for tomorrow's economy, in particular for France as its EEZ is second in the world (7 million sq. km, just behind the US and ahead of Australia), with related mineral sea resources, vegetal proteins, and biochemistry; New

---

[8]   The 30th SPREP Meeting was held in 2021 virtually due to the pandemic and ensuing border closure. The Third Executive Board Meeting of the SPREP Secretariat took place on September 8-9, 2022 at the Pacific Climate Change Centre in Apia, Samoa. For publications and full calendar on "A resilient Pacific" environment-related activities, see www.sprep.org

Caledonia owns 20-25 percent of nickel resources; the French Pacific collectivities offer growth opportunities, and their environment raises issues for research, innovation, and sustainable economic development. They also constitute an asset 1) for enhancing French influence, as other major actors come into the area and expand their influence, such as China; and 2) for strengthening its posture as mediator towards a global partnership of the EU with China, the development of other strategic partnerships with Australia, New Zealand, India, Japan, South Korea, Indonesia, and Singapore on the basis of shared values and interests, the enhancement of the EU's regional posture through stronger contacts with ASEAN, the East Asia Summit, and ASEM, a more assertive European policy of connectivity between the EU and Asia and the elaboration of a European strategy in the Pacific; as well as 3) for supporting ongoing regional transitions re. the governance of regional and global common goods (the environment, health, education, and digitalization).

Four priorities have been defined for French diplomatic action in Asia-Oceania: the security of French nationals and the promotion of peace through a stable, multipolar, regional balance; the independence of France combined with the European ambition *via* strategic partnerships and regional organizations; transnational solidarity *via* the promotion of common goods; and renewed influence *via* education, research, and public diplomacy.

II. China's threefold presence in PICs: peaceful coexistence, creative involvement, and regional interdependency

-The strategic positioning of the Island Pacific between Asia and America has endowed it with a natural buffer role *vis-à-vis* the most powerful states on these continents. It has become decisive in international relations at the time of the Chinese Global Dream, of Japanese geostrategic ambitions, tremendous economic growth in South-East Asia, and competition among Western countries, between Australia and the US in particular. Its geographic posture links it to East Asia and Southeast Asia, which has facilitated interregional exchanges and the quickly growing Asian nations' specific involvement since the 1990s. It is no longer a Western or « American lake », and China has strongly enhanced its influence there. Its sustained economic growth has confirmed its global status, which also demands increasing international and regional involvement in the Island Pacific. It has developed interests in the area, and has fostered quality relations with PICs. This ultimately will raise the issue of coexistence or confrontation with Western powers that had long controlled the Island Pacific.

China's involvement in the Island Pacific above all stems from its will to stand by its own interests. Though the region is not of primary concern for Beijing, China has been experiencing the fundamentals of its foreign policy and its soft power diplomacy, and promoting its influence in this « lab » where similar characteristics are to be found. Also, let us remember that it has been a strategic area for Western powers, and the geographic basis for essential principles of their defense: the Melanesian ark is the first Australian defensive line to stop any security threat from the North, and the US Micronesian islands constitute the second thread of islands supposed to protect Australia against any attack from the West. As a direct competitor to these countries on their longtime turf, China has found an efficient means to weaken their defense. One should add that in reaction to American containment near its borders (South Korea, Japan, Vietnam, the Philippines), China holds its presence in the Island Pacific as a type of «counter-containment » to challenge Western assets, *e.g.*, by striking deals with influential PICs like Fiji or PNG in order to change the paradigms of such longtime containment. In this regard, official Chinese discourses have illustrated basic principles such as keeping a stable environment by letting China take on responsibilities in international affairs, respecting the right of non-interference, and pursuing mutually profitable development. These principles may have to be qualified in Chinese foreign policy.

In the Island Pacific, the regime of Taiwan has enjoyed much support, and China's intention is to challenge Taiwan in its ultimate comfort zone: 30 per cent of the states granting recognition to Taiwan are located there; Nauru, Palau, the Solomon Islands, Tuvalu, the Republic of Kiribati, and the Marshall Islands have no formal diplomatic relationships with the PRC (only a « dialogue partner » to them); the check-book diplomacy was particularly stark under pro-independence Taiwanese President Chen Shuibian from 2000 to 2008, buying the votes of PICs at the UN. Except for PNG.

In order to severe these links to Taiwan, Chinese diplomacy has multiplied its actions in the area, offering a brand new Sports Palace to PNG and new aircrafts to the national airline company of Vanuatu, and supporting regional Oceanian organizations, *e.g.*, building the headquarters of the Melanesian Spearhead Group in Port-Vila, and generously supporting the Pacific Islands Forum. With the result that 8 PICs have decided to support China and severe contacts with Taiwan (Fiji, PNG, Samoa, Federated States of Micronesia, Tonga, Niue, the Cook Islands, and Vanuatu). The PICs have been receptive to Chinese financial promises. Beyond strengthening US containment, Chinese influence in the area has thus weakened supports to Taiwan.

-Chinese economic interests in the Island Pacific have become prevalent. The only trade line between China and South America, Australia, and New Zealand, and possibly to the Antarctic, goes through the Island Pacific. Secondly, PICs hold many raw materials, mining, and fishing resources needed by China. As a matter of fact, between 2000 and 2012 China's trade with the above 8 PICs rose more than seven times to US$ 1.767 billion; in 2009, China became the second-largest trade partner in the region after Australia. According to a report by China's Ministry of Commerce, based on 2012 Chinese customs statistics, China's total trade with all PI countries, including those with no diplomatic ties with Beijing, reached US$ 4.5 billion. Moreover, China has become an important export market for PICs: in 2016, 62.5 per cent of exports from the Solomon Islands went to China, and the share was even more important for PNG, China being its main market ahead of Australia. From 2003 to 2012, Chinese firms invested over US$ 700 million; PNG has by far been the largest recipient with a total of USD 313 million, followed by Samoa US$ 265, and Fiji US$ 111 million. Trade flows have been very important with PNG (at US$ 2.875 slightly behind Australia, but 10 times more than the US), Fiji and the Solomon Islands (though 9 times less important), and the highest peak with the Marshall Islands (US$ 3.399, *i.e.,* 41 times flows with the US, and 680 times with Australia!). In addition to direct investment and trade (a total of US$ 7.5 billion in 2015), Chinese financial interests have also considerably risen in the region: Chinese enterprises have become increasingly active there, bidding for large government projects or projects financed by external multilateral financial institutions, such as the World Bank and the Asian Development Bank. By 2012, Chinese enterprises had won a reported total of US$ 5 billion in contracts for various projects. Such diverse interests have quickly expanded and enhanced the coming together of China and the PICs *via* economic interdependency.

Such development of economic interests has been backed by an important and active diaspora and its official protection, notably in strategic sectors like raw material mining, since social unrest started developing in the capital cities of the Solomon Islands (Honiara) and Tonga (Nuku'alofa) in two instances in 2006, which were the beginning of Beijing's policy of evacuating nationals abroad. Originally with civil means, following the principle of non-interference, and later with military means.

In brief, China has made use of political influence as a world power, fought on the diplomatic field against Taiwan, and protected its diaspora's economic interests and security. As further enhancement, China has strengthened its relations with PICs as of the 2000s through peaceful cooperation, the Belt and Road Initiative, creative involvement, and unconditional support to PICs and to regional organizations.

While PICs have joined international organizations as a channel to convene and bear on major international decisions, Chinese support to these organizations has favored the PICs' emancipation and distance from Western stances and institutions, Fiji being one of China's most important collaborators given their central role in the Melanesian ark and in regional organizations. The Pacific Islands Development Forum has exemplified this new dynamics of creating more independent international organizations since 2009, and subsidizing their fragmentation in support of the PICs' interests at a distance from Western powers, notably Australia. These new organizations have been financed recently by powers other than the traditional Western ones, *i.e.,* Russia, India, the United Emirates, and of course China. This policy has undoubtedly favored the PICs' rapprochement with China, considerably curbed Australia's leaway, and meant a victorious Chinese strategy of counter-containment.

The debate transpiring in policy circles regarding spheres of influence contends that great power sphere of influence behavior is primarily a function of material calculations and secondarily of ideational ones. However, a powerful state's ability to militarily dominate a foreign territory meets only one of the two necessary conditions for the establishment of a sphere of influence, the other being agreement by other powerful states and peer competitors to accept this arrangement. Hence a comprehensive definition of a sphere of influence as "the explicit or implicit agreement by one state (the grantor) to allow a rival state (the recipient) to militarily dominate a territory that lies outside both states' borders".[9] The concept is compatible with the core logic of both offensive

---

[9]   Resnick, E. N., "Interests, ideologies, and great power spheres of influence", *European Journal of International Relations*, 28-3, September 2022, p. 563-588.

and defensive realism, in the latter case as a means by which rival great powers in an anarchic international system attempt to temper security competition and promote a stable peace. According to offensive realism, a rational great power will consider the use of military force more auspicious depending on geostrategic interest as "determined by the relative value of the small power as a buffer zone, possessor of strategic natural resources, chokepoint lying astride key transportation arteries, and/or favorable location for military bases"; on economic interest "as the small power's relative value as a trade and investment partner"; as well as on geographic proximity.

Alternative perspectives on spheres of influence are drawn from the ideological distance theory of international politics. Whatever the ideological content, the greater the ideological distance between two states' leaders, the more likely they will be to view the other state as a threat to their domestic position and their country's security, because of the link first between ideological distance and threat perception/conflict expectation, producing mutual mistrust; second between ideological distance and the demonstration-effects mechanism (fear of domestic ideological conversion); and third because of the communications effect (aggravated misperceptions). Still, the causal impact of material variables is not dismissed, but serves as an intervening variable that either supplements or refines, or overrides the impact of ideological distance on foreign policy behavior.

-The development of Chinese presence in the Island Pacific rests on the two concepts of «peaceful coexistence » enhanced by the Belt and Road Initiative, and « creative involvement » materialized by development aid to the PICs based on real economy (*i.e.,* strategic branches such as fishing, mining, forestry, oil or tourism), rather than the rule of law or administrative structures/reform, and on networking by Chinese political elites visiting the islands and showing recognition as well as offering preferential loans to these highly vulnerable countries which have no access to traditional lending institutions. China hence owns over 60 per cent of the Tonga sovereign debt; and its Asian Infrastructure Investment Bank brings funding to the larger PICs' projects.

The Belt and Road Initiative is an ambitious project aiming at constructing numerous infrastructures and establishing a communication network to facilitate trade with its main trade partners, securitize its procurement in strategic resources, and pursue diplomatic goals towards cooperation through spring responsibility, resources, and benefits. It has been a major investment source and a true economic opportunity for PICs, by boosting infrastructures that link them to world economy. PNG is one example of massive infrastructure building in relation to its much coveted mining resources. For Fiji, Palau and the Northern Marianas, it is also meant as a way to open up the countries to Chinese tourists. These investments may look minor compared to those in Africa and the Middle East, but their meaning is strong, as in East Timor, and carries the impact of Chinese soft power (cf. Zheng Bijian's 2003 doctrine,[10] and the 2005 official doctrine of the Ministry of Foreign Affairs implemented under Wen Jiabao from 2003 to 2013), whereby China makes sure of the PICs' governmental support in international arenas without using coercive measures, and helps curb the Western countries' influence.[11]

Secondly, « creative involvement » dates back to the 2000s; as theorized by Wang Yizhou,[12] it advocates a doctrinal change in Chinese

---

[10]   Zheng, B., Founder and Chairman of the China Institute for Innovation and Development, and Chairman of the China Reform Forum, a Beijing-based think tank working on domestic and international issues; he was formerly Executive Vice President of the Central Party School, serving as Deputy to Chinese President Hu Jintao. In the early 1990s, he had worked with Deng Xiaoping collating and publishing his speeches on his theories and agenda over the long reform period. See his *China's Peaceful Rise. Speeches of Zheng Bijian, 1997-2005,* and *China's Road to Peaceful Rise: Observations on its Cause, Basis, Connotation, and Prospect,* London, Routledge, 2011, 324 p.

[11]   On the polycentric origins of modern territoriality (rather than a diffusionist account that privileges a specific epistemology), not all moored in the European analytical ideal type, and the distinctive understanding of China as a territory in addition to a people and a state, as well as the geographical reimagination of China conceived in terms of the Qing Empire's territories and the later Nationalist and Communist regimes' problematizations of ethnocultural diversity within China, see Li, A.H., "From alien land to inalienable parts of China: how Qing imperial possessions became the Chinese frontiers", *EJIR*, 28-2, p. 237-262. The article shows the deep preexisting historical processes and global entanglements (*e.g.,* cartographic techniques) behind the emergence of modern China as a territorial state, while carving out a way between incessant critiques of ethnocentric IR and the essentializing rhetoric of inclusion and diversity, and recognizing that the naturalization of "non-Western" concepts and practices is itself implicated in violent structures of domination: China's "territorialization" is unique in the sense that "China was transformed from a geographical and cultural component of the Qing Empire to the retroactively pronounced core and proprietor of that empire. (...) The nation-building and state-building process therefore entailed the eradication of other imperial visions, nationalist aspirations and forms of territoriality within the former empire."

[12]   Wang, Y., Professor of International Politics and Chinese Foreign Affairs at Beijing University, former Editor-in-chief of *World Economics and Politics*, and Deputy Director of the Institute of World Economics and Politics of the Chinese

foreign policy. Instead of reacting to threats against its interests, it is hoped that China will live up to its ambition of being a world power, and thus take up duties that will require more flexibility and skill in the deployment and use of diplomatic, commercial, and military capabilities including the use of its armed forces for humanitarian purposes, such as the Peace Ark missions since 2011, the emergency use of an ice-breaker in the Antarctic in 2013, not to mention sanitary support in West Africa or peace-keeping missions there. This doctrine makes it possible to consider projections anywhere during crises.

Furthermore, developing Chinese influence in the Island Pacific has been based on development aid in favor of PICs, *i.e.,* US$ 1.8 billion of public aid, in third position after Canberra and Washington, essentially concentrated on the 8 countries with diplomatic ties to China. For example, after the 2006 coup in Fiji, China still provided US$ 121 million the following year, which equals the total French public aid to the entire Island Pacific. Besides, it is not conditional on changing domestic politics, and focuses on the real economy.

Some realist analysts have written about the vision of an offensive China in the Island Pacific (Mearsheimer[13] and Luttwak[14]), which would necessarily collide with US postures; or at least generate a perception of greater risk to regional stability, which motivates the reinforcement of alliances, *i.e.,* the Western bloc led by the US and joined by Australia, *vs.* the Chinese bloc. On the Chinese side, Yang Jian[15] considers the South

---

Academy of Social Sciences, and author among other publications of *Creative Involvement: New Direction of China Diplomacy*, London, Routledge, 2017, and *Creative Involvement: Evolution of China's Global Role*, London, Routledge, 2017.

[13] Mearsheimer, J. J., "China's Unpeaceful Rise", *Current History*, 105 (690), 2006, p. 160-162.

[14] Luttwak, E. N., *The Rise of China vs. the Logic of Strategy*, Harvard University Press, 2012, 268 p. Applying the universal logic of strategy, Luttwak argues that the PRC may be headed for a fall because it pursues both military strength and economic growth simultaneously, which is stirring up resistance among its neighbors, and tacit military coalitions among a host of countries. Choosing between these ambitions would be a hard change to explain to public opinion, and would end the Chinese leaders' reliance on ancient strategic texts such as Sun Tzu, *Art of War*, Silchar, Assam, East India Publishing Company, 2018, 128 p.

[15] Yang, J., "China in the South Pacific: hegemon on the horizon?", *The Pacific Review*, 22-2, 2009, p. 139-158. And on China as a cautious newcomer, cf. Kavalski, E., *China and the Global Politics of Regionalization*, Routledge, 2009, 262 p. Yang writes there is no clear evidence that China's deepening involvement in the South

Pacific islands to be an important part of the Chinese grand strategy as a component of the Greater Periphery diplomacy to keep the country safe. Other researchers are more pragmatic than bellicose, and deem that the pursuit of reliable resource supplies is the most important drive for the expansion of China's presence in all the regions, including the South Pacific (in fact, the Island Pacific did not exceed 0.12 per cent of the total Chinese trade volume, and 4.2 per cent of trade expenditures in 2013). A third trend will explain that China has gradually replaced Western powers leaving the region due to their concern for Global War On Terrorism, and emerged as a regional power by default. Might this lead to conversion of the region to conform to a Chinese world view? Arms expenditures are rising quickly, with an average Chinese budget of US$ 215 billion *vs.* America's US$ 600 billion budget. In 2020, the US marine deployed 60 per cent of its ships in the Pacific; the other countries try had, still lag behind in terms of assets, yet tend to acquire submarines. Accidental frictions remain a risk.[16]

III. Greater re-engagement for Australia and New Zealand

- Military Australian/Chinese cooperation might be the way to channel tensions through joint maneuvers and elite dialogue on defense issues, which amount to confidence and trust-building measures. Yet it

---

a calculated strategic move for its military security, but rather that it has strong implications for China's reunification strategy and serves China's long-term development strategy. According to him, China has neither the hard nor the soft power to become a genuine hegemon in the region, and will remain so in the foreseeable future; it even has severe image problems, and its influence is largely based on its "no-strings-attached" aid and its increasing economic interactions in the area.

[16] A security deal struck between the Solomon Islands and China in April 2022 was depicted as the precursor to the establishment of a Chinese naval base in the Pacific. Fed by the proximity of the Australian federal election, these fears stimulated images of a Pacific version of the 1962 Cuban missile crisis. Considering the likelihood that the predicted naval base eventuated, and investigating Chinese extraterritoriality on the global stage and Chinese commercial activity in the Solomons since the switch in diplomatic capital in November 2021, shows the most pressing risk is not Chinese warships or nuclear missiles stationed in Honiara, but repression to handle urban unrest without the restraint required of Australian, Papua New Guinean, Fijian, or New Zealand police officers. Cf. Fraenkel, J., Smith, G., "The Solomons-China 2022 security deal: extraterritoriality and the perils of militarisation in the Pacific Islands", *Australian Journal of International Affairs*, 76-5, 2022, p. 473-485.

remains that China's global port ownership clusters around key routes and maritime checkpoints in the pearl necklace strategy that has challenged the American sphere of influence, and geo-economics merges with strategy. Leases in Newcastle, Darwin (99 years), and Melbourne in Australia constitute a logistical base towards mining areas. To respond to a Chinese attack, US forces could harden bases in the Pacific, conduct long-range attacks, and disperse forces. Rather than defeating Americans, the Chinese want to control the area, and be able to intervene there; hence their anti-access and area denial strategy and the ocean projection force, as the ocean allows strategic depth along three island chains, from the East to the South China sea, from Japan to PNG incl. Guam, and through Wake and the Marshalls, to the Solomons. The PRC's primary strategy is to prevent the US and its allied forces from having access to China's maritime and air approaches in the event of a military conflict over Taiwan or any other crisis in the South China Sea, and to deny the US and its allies from using their forward bases within the near and middle seas. What is emerging is that China and the US are racing to achieve comparative military-technological advantage; US navy submarine numbers available for deployment in the Western Pacific are shrinking, while the Chinese PLA Navy submarine fleet is growing.[17] China has invested large sums of money into Artificial Intelligence and autonomous systems that can network and swarm; we must now expect more sophisticated counter-space (*i.e.*, anti-satellite) capabilities.

In the more pro-active Chinese approach in foreign and defense policy, Beijing is reconciling the contradictory policy imperative of deepening positive relations with neighboring countries while defining PRC national interests toward China's periphery, and firmly advancing China's territorial and rescue interests and claims.

-Australia and New Zealand, as the two regional powers in the South Pacific, are trying to carefully navigate a diplomatic path between the US and China; greater reengagement with the South Pacific island countries seems to be on the cards to counter their growing presence there. We see

---

[17] Lim, Y.-H., *China's Naval Power: an Offensive Realist Approach*, Routledge, 2014, 234 p.; in the *2015 China's Military Strategy*, the PLA Navy was called to gradually shift its focus from offshore waters defense (local/regional) to the combination of offshore defense with open seas protection, and build a combined, multifunctional, and efficient marine combat force structure for a new oceanic role. See Idem, "China's naval strategy" in Hensel, H. M., Gupta, A., eds., *Naval Powers in the Indian Ocean and the Western Pacific*, Routledge, 2018, 278 p., Chapter 2, 14 p.

a growing divergence between strategic military and economic power distribution in the region, and geopolitical power is being reallocated; China
is increasingly assertive while the US takes on fewer responsibilities in the
region. Yet the US maintains a strong investment and intelligence presence in Australia and New Zealand, has renewed military ties with the
latter, and keeps strong military presence in the Marshall Islands. Australia
wants to realign with the old Quad partners (Japan, India, South Korea,
Indonesia, and ASEAN) as a precaution against Chinese growing influence
in the region and above all fears a potential American disengagement, *i.e.,* a
precaution which is not shared by New Zealand. The latter's *2018 Strategy
Statement* was careful to underscore an independent voice, its own concept of Pacific resilience and indigenous connections, and rather than the
Indo-Pacific, raised as priorities New Zealand's territory, the South Pacific
people, stability, and enhanced minilateralism. New Zealand is a true be-
liever in inclusive multilateralism as it gave it an opportunity to be heard,
but this structure of cooperation is under stress because of intense polarization and global and regional strategic competition involving China; the
challenge is to find a quiet way to maintain relationships with China re.
5G, foreign interference, etc., while managing the risks as 33 per cent of its
exports go to China.

-Australia is trying to balance strategy concerns against economic
opportunities, and has declined to take part in the BRI, held as a « game
changer »; it has a defensive vision of the Indo-Pacific. It has not been
alone in keeping away from this initiative, as it launched its own infrastructure in the Pacific that has attempted to reduce the attractiveness
of the BRI. It started an intervention in the Coral Sea Cable System, an
action which vastly reduced the role of Chinese firms such as Huawei in
building telecommunications infrastructure in the Pacific. Australia has
been unwilling to acknowledge the legitimacy of the BRI as a foreign
policy initiative, and invoked the "rules-based order" to justify its intervention in the cable project and in the design of its regional infrastructure
program.[18]

-How did many Australians come to accept that competition with
China, rather than cooperation, was necessary in the Pacific Islands?
Discourse analysis techniques have been used to examine the role that
framings in Australian official discourse, media, and commentary over

---

[18]   Hewes, S., Hundt, D., "The battle of the Coral Sea: Australia's response to the Belt &
Road Initiative in the Pacific", *AJIA*, 76-2, 2022, p. 178-193.

the 2011-21 decade played in constructing China's presence in the region as so threatening, that many Australians have accepted that policies aimed at competing with China are the most reasonable foreign and strategic policy response.[19] The official Australian discourse was characterized by qualified optimism about China's role until 2018, when a more explicit emphasis on competition emerged.[20] Echoing this shift, the media framed China's role in terms of threat and competition throughout the decade, with a significant increase in 2018; indeed, it is impossible to isolate the Australian government's policy toward China in the Pacific Islands from its broader understanding of China's increasingly activist role in Australia, the Indo-Pacific, and globally. And consistently framing China in terms of threat and competition has helped create an enabling environment for the public to accept changes to the Australian government's policies.

This approach is shared by the EU which does more than a third of its trade with the region, that is more than the share of total trade the EU has with the US. It nowadays has to engage with a wider range of infrastructure and connectivity programs, partners, and institutions, to better integrate with the emerging systems of the Indo-Pacific. On the other hand, New Zealand signed a bilateral BRI memorandum with China in 2017, and has identified infrastructure projects in the North Island; it was also the first country to become a member of the Infrastructure Investment Bank. Clearly, China is making good use of the political-economic void created by US economic multilateral disengagement.

-The likelihood of greater cooperation between Australia, Indonesia, and the US can be tested against the conditions to meet: cultural similarity, economic equality, habits of international association, the perception of common danger, and greater power pressure. It appears that while there remain strict limitations on any formal alignment between the ANZUS partners and Indonesia,[21] there are convergent interests in key sub-strategic areas in the maritime space and thus a viable path toward greater trilateral

---

[19] Wallis, J., Ireland, A., Robinson, I., Turner, A., « Framing China in the Pacific Islands", *AJIA*, 76-5, 2022, p. 522-545.

[20] On the dialectics of role-performative ambitions *vs.* security-optimization, and trade-offs for states concerned with powerness and independent strategy, see Blagden, D., "Roleplay, realpolitik, and 'great powerness': the logical distinction between survival and social performance in grand strategy", *EJIR*, 27-4, 2021, p. 1162-1192.

[21] Greenlees, D., "ANZUS at 70: Konfrontasi and East Timor-America's Indonesian balancing act", *The Strategist*, Australian Strategic Policy Institute, August 23, 2021.

cooperation, but not as yet formal arrangements. Also, as a result of its growing dependency on space systems and information networks shared with the US, Australia may be entrapped in a novel way in outer space and cybernetworks in case of regional crisis management. In November 2018, then US Vice-President Pence announced at an Asia-Pacific Economic Cooperation event in Papua New Guinea that the United States would cooperate with the Oceanian state and Australia on developing a joint naval base on PNG's Manus Island. The strategic significance of Manus Island for the US Navy was considerable, amid talk of China extending its BRI into the Southern Pacific, including investing in and developing ports in PNG: defending the Sea Lines of Communication, positioning to provide options more secure than Guam (exposed to the PLA Rocket Force's Dong Feng-26 intermediate-range ballistic missile nicknamed "Guam Express", and to the upgraded cruise missile-armed H-6K bomber), and a useful base to go forward in the Western Pacific.[22] In January 2019, Australian Prime Minister Scott Morrison visited Vanuatu for the first time in 29 years, as there had been rumors of a future Chinese naval base there; both countries have negotiated a security treaty with economic and technical aid; Australia has also turned to PNG, the Solomons, Palau, Micronesia, and the Marshall Islands, and raised its international aid support to the Pacific to A$ 1.3 billion.

-In addition, the Australian government and the French shipbuilder Naval Group (in which the French government has a major stake) had signed a strategic partnership framework agreement in 2016 for the acquisition of 12 attack submarines by Canberra, to replace its Collins-class submarines and grant it maritime superiority in South East Asia. But in 2021, France suffered a major setback when Australia abandoned the A$ 90 billion deal for conventional diesel-electric submarines (Suffren Class, Barracuda Type), and signed the AUKUS pact with the United States and the United Kingdom to acquire nuclear-powered subs instead. Naval Group threatened to sue Australia to pay compensation for the torpedoed deal ("a stab in the back"); new Australian Prime Minister Anthony Albanese (Labor) announced in June 2022 that Australia would pay A$ 835 million (€ 555 million) in compensation, a saving from the A$ 5.5 billion estimate of the loss from that aborted program. The newly elected PM signaled he would use the settlement to build back bridges

22 Ho, B.W.B, "The strategic significance of Manus Island for the US Navy", *US Naval Institute Proceedings*, 144/ 12/ 1,390, December 2018.

with the French government, and take up President Macron's invitation to Paris to reset that relationship, an important one for Australia's national interests, and "one that is based upon integrity and mutual respect".[23]

-The stage has not been reached yet of a positive-sum grand strategy from China, which would then produce a robust regional order supported by even more complex and multilayered regional institutions. In addition, the Asia Pacific Growth (Sea) Corridor linking Asia and Africa amidst China's OBOR (land) Initiative reflects the growing strategic convergence of India and Japan over the issue of promoting freedom of navigation in the Indo-Pacific, to safeguard the maritime commons stretching from the Indian Ocean region to the Pacific and together contribute towards maintaining the regional balance of power. This coordination of Indian and Japanese geo-economic strategies will have a decisive impact on the Asian balance of power. And returning to Blagden's insightful study, the new regional, multipolar, and interconnected order indicates the willingness of Canberra to seek to preserve the rules-based order by strengthening its security alliances in the Indo-Pacific without openly confronting Beijing, because of Australia's growing economic ties with the Asian giant.

-As a matter of fact, although traditional powers have growing concerns about China's influence in the Global South derived from its fast-growing outreach in the past two decades, how stakeholders in developing countries perceive China's engagement and influence remains largely unknown. Drawing upon a survey of 210 participants and 30 follow-up interviews in the Pacific region with a focus on Papua New Guinea, Fiji, and Tonga, the examination of Pacific civil society stakeholders about China suggests that they are nuanced at best, and reveal concerns about the Belt and Road Initiative, Chinese foreign aid, and China-Pacific relations.[24]

---

[23] Tiwari, S., "$ 90B Setback: Australia to Pay $835M Compensation to French Naval Group after Torpedoing Submarine Deal", *The Eurasian Times*, June 11, 2022.

[24] It argues that China's influence on Pacific civil society is weak, but this may be different in the political, government, and business sectors. More cross-research is required to develop comprehensive understanding. See Zhang, D., "China's influence and local perceptions: the case of Pacific island countries", *AJIA*, 76-5, 2022, p. 575-595. By comparison, the pan-African research institute Afrobarometer conducted a second wave of surveys in 2019-20 on what Africans think of their governments' engagement with China; data from 18 countries were gathered face-to-face from a randomly selected sample of people in the language of the respondent's choice, and collected before the pandemic. The survey questions covered how Africans perceive Chinese loans, debt repayments, and Africa's reliance on

-However contested, the magnitude of the power shift towards China's emerging economy, and its implications for the global economic order, have changed power relations between the Global North and the Global South, as well as within the Global South. The Global North's dominant structural power advantages in technology, finance, and institutional capacity can no longer be taken for granted, particularly in the field of development cooperation. As shown by recent work, Chinese development finance, combining a massive scale, global reach, and distinctive modalities, has reshaped the global landscape of development finance, with an impact on power relations. "(. . .) Chinese development finance has not only decreased the ability of Western development finance institutions to influence policy agendas and preferences in the developing world, but also eroded the latter's power to shape the governance, norms, and modalities of development cooperation."[25]

China for its development. China-Africa relations are mostly organized *via* government to government relations, but the perceptions and well-being of ordinary people also need to be better considered. The lessons learnt, for analysts of Sino-African relations and African leaders, are first that there is no monopoly or duopoly of influence in Africa: beyond the United States and China, citizens consider that a mosaic of actors, African and non-African, have political and economic influence on their countries and their futures, including the United Nations, African regional powers, and Russia. Also, survey findings show that although Chinese influence remains strong and positive in citizens' eyes, it is less than in the first study published in 2016 by Afrobarometer; the decline might be linked to perceptions of loans and financial assistance, framed by the "debt-trap" narrative and allegations of Chinese asset seizures. Future surveys in additional countries may shed light on the impact on African populations' perceptions of China's corona diplomacy, and of media reports on the mistreatment of African citizens in Guangzhou. For more details on infrastructure projects connected to the Belt and Road Initiative, and peace and security operations in the region, as well as perceived comparative assets of the US and Chinese models (advantage US!), see Soule, F., (University of Oxford), Selormey, E.E., (Centre for Democratic Development Ghana), "How popular is China in Africa? New survey sheds light on what ordinary people think", *The Conversation*, November 17, 2020.

[25] Tekdal, V., « Taking the power shift seriously: China and the transformation of power relations in development cooperation", *AJIA*, 76-5, 2022, p. 596-616.

III- RECONSTRUCTION PERMANENTE DES REPRÉSENTATIONS ET DE LEUR MATÉRIALITÉ (SOCIOLOGIE POLITIQUE INTERNATIONALE)

Hiérarchies et médiations : l'Afrique centrale en quête de puissance régionale

LIBÈRE BARARUNYERETSE
Ambassadeur, Docteur en Science Politique

Introduction

Ainsi que le cadrage de la réflexion collective l'a précisé, le prisme transatlantique est effectivement devenu insuffisant pour analyser les dynamiques régionales de sécurité et de prospérité. En Afrique centrale, qui retient particulièrement notre attention depuis quelques années, on peut dire que les configurations et reconfigurations de l'ordre hiérarchique sont toujours en pleine effervescence. En témoigne le rôle joué par les uns et les autres, au niveau régional, dans la résolution de ce qui est devenu un véritable imbroglio, depuis l'éclatement en 2013 d'une crise violente en République centrafricaine.

Il faut dire pour commencer que dans le domaine de la médiation, le dispositif onusien mis en place il y a bientôt soixante-quinze ans par les vainqueurs de la Deuxième Guerre mondiale, a subi depuis lors de profondes mutations. Mais tout comme dans l'ordre biologique que Darwin a eu le mérite de révéler à la communauté du monde scientifique, les mutations ont la particularité que tout en faisant apparaître de nouveaux prototypes, elles ne font pas disparaître pour autant les premières espèces.

Ainsi sur le terrain, il se superpose des acteurs aussi variés que le Conseil de sécurité des Nations unies, l'Architecture africaine de paix et de sécurité, le dispositif de la Communauté économique des Etats de l'Afrique centrale, C.E.E.A.C., et la Communauté économique et monétaire de l'Afrique centrale, C.E.M.A.C. A cela s'ajoute, faut-il le rappeler, des organisations internationales extra-africaines,[1] sans oublier

---

[1] Sans nullement prétendre à l'exhaustivité, il y a lieu de citer :

les acteurs bilatéraux et les Organisations non-gouvernementales, nationales et/ou internationales.

Le foisonnement de ces intervenants dans la résolution des conflits africains, de manière générale, nécessite pour les rendre opérationnels un minimum d'ordre et de coordination, ce qui n'est pas une moindre tâche. Ce faisant, tout le monde sait que selon la Charte de San Francisco, certes vieille de quelques décennies mais néanmoins toujours en vigueur, le Conseil de sécurité des Nations unies a la prééminence sur les autres cadres d'intervention.[2] Tout le monde sait par ailleurs que l'Union africaine, en tant qu'Organisation régionale, au sens du chapitre VIII de la Charte des Nations unies,[3] est interpelée dès lors qu'il s'agit de ramener la paix et la sécurité dans un de ses Etats membres. Mais tout le monde sait aussi que cette quête d'influence se déroule également au niveau sous-régional.

Dans l'analyse de cette quête de *leadership*, pour l'appeler autrement que la volonté des uns de peser plus que les autres, nous avons privilégié l'observation du comportement des Etats de l'Afrique centrale. En raison de son instabilité quasi permanente, ce phénomène s'observe plus qu'ailleurs en République centrafricaine. Ce pays fait en effet, depuis des années et sans qu'elles aboutissent jamais, l'objet de maintes opérations de médiation sans cesse répétées, avec les mêmes instruments ou plutôt la même absence d'instruments adéquats.

- l'Union européenne, U.E. ;
- la Banque mondiale ;
- l'Organisation de la conférence des Etats islamiques, O.C.E.I.;
- et l'Organisation internationale de la Francophonie, O.I.F.

[2]   Deux dispositions particulières fondent cette prééminence. Il s'agit de :
- Article 24. Afin d'assurer l'action rapide et efficace de l'Organisation, ses Membres confèrent au Conseil de sécurité la responsabilité principale du maintien de la paix et de la sécurité internationales et reconnaissent qu'en s'acquittant des devoirs que lui impose cette responsabilité, le Conseil de sécurité agit en leur nom.
- Article 25. Les Membres de l'Organisation conviennent d'accepter et d'appliquer les décisions du Conseil de sécurité conformément à la présente Charte.

[3]   Article 52, § 1. Aucune disposition de la présente Charte ne s'oppose à l'existence d'accords ou d'organismes régionaux destinés à régler les affaires qui, touchant au maintien de la paix et de la sécurité internationales, se prêtent à une action de caractère régional, pourvu que ces accords ou ces organismes et leur activité soient compatibles avec les buts et les principes des Nations unies.

L'une des hypothèses que nous avons été amené à prendre en considération pour tenter de comprendre ce problème réside dans le fait que la C.E.E.A.C., ou plutôt la zone C.E.M.A.C., pour être au plus près du terrain, souffre d'un déficit certain d'hégémonie. C'est dire que, contrairement à l'espace couvert par la Communauté économique des Etats de l'Afrique de l'Ouest (C.E.D.E.A.O.), la région de l'Afrique centrale est toujours en quête d'une puissance régionale autour de laquelle elle pourrait construire un mécanisme opérationnel de paix et de sécurité.

Approches théoriques

Pourtant, certains réalistes comme Dario Battistella pensent qu'à côté de l'équilibre des puissances, l'ordre international, préalable à la stabilité, peut être aussi et surtout obtenu et maintenu « grâce à la suprématie de l'une des puissances ».[4] Dans ce sens, pour l'équilibre et la stabilité, le monde - ici la sous-région de l'Afrique centrale - aurait besoin d'une puissance qui garantisse de transcender les égoïsmes étatiques et tempère la logique chaotique supposée prévaloir dans les relations internationales.

Selon cette approche, « le système unipolaire est système d'anarchie *de jure* mais de hiérarchie *de facto*, car l'écart de puissance, *hard* et *soft*, rend prévisible le comportement de tout un chacun, dominant ou dominé, offensif ou défensif, permettant ainsi à l'ordre de s'installer dans la durée ».[5] Plus loin, le même auteur montre qu'à travers l'histoire, « les équilibres multi- ou bipolaires cachent en fait des déséquilibres unipolaires ».[6]

Cependant, la théorie réaliste n'est pas la seule grille de lecture pour interpréter les affaires du monde. Ainsi selon Pierre de Senarclens, « les relations internationales ont subi d'importantes transformations [. . .]. Les Etats sont aujourd'hui imbriqués dans des réseaux d'interdépendance étroite, et les individus aussi bien que les mouvements sociaux

---

[4] Battistella, D., « L'ordre international. Portée théorique et conséquences pratiques d'une notion réaliste », *Revue internationale et stratégique,* 2004/2 n° 54, p. 92. Consulté le 18/03/2019, https://www.cairn.info/revue-internationale-et-strategique-2004-2-page-89.htm

[5] Ibidem, p. 96.

[6] Ibid.

interagissent au niveau planétaire, grâce à ces évolutions structurelles et politiques ».[7]

A propos des acteurs non étatiques dans les négociations multilatérales, Amandine Orsini et Daniel Compagnon relèvent, quant à eux, que de 176 Organisations non gouvernementales (O.N.G.) en 1909, ce nombre serait passé à 22 451 en 1998, pour presque tripler (65 736) en 2011. De même, le développement sans précédent des firmes transnationales (F.T.N.) dans les années 1990 a modifié les rapports de force entre ces entités et les Etats. Ainsi en 2007, la Conférence des Nations Unies pour le commerce et le développement (C.N.U.C.E.D.) en recensait 79 000, contre seulement 65 000 en 2002.[8] Dès lors, « continuer à penser la négociation internationale comme une prérogative exclusive d'Etats situés comme en surplomb de la société, 'souverains' et imperméables aux influences des acteurs de la société civile, est donc erroné sur le plan empirique (. . .) ».[9]

En dépit de toutes ces transformations du paysage international, les Etats gardent leurs places dans cet aréopage et restent, envers et contre tout, campés dans leur quête de puissance. Comme Bertrand Badie le fait remarquer, « le lien intime entre négociation et politique de puissance (*power politics*) a le plus grand mal à disparaître ».

En d'autres termes, dans la société internationale, la puissance demeure un facteur omniprésent. Bien que sur le plan juridique ce soit le principe d'égalité souveraine qui fonde les rapports entre les Etats, les uns sont plus « égaux » que les autres, et il existe dans les faits une hiérarchie plus ou moins officielle entre eux. « Certains ambassadeurs ont plus de poids que d'autres à la table des négociations. Les délégués nationaux s'affairant dans les coulisses des sièges d'organisations internationales parlent souvent de cet ordre hiérarchique international comme

---

[7]   Senarclens, P. (de), « Théories et pratiques des relations internationales depuis la fin de la guerre froide », Institut français des relations internationales, *Politique étrangère*, 2006/4 Hiver, p. 747. Consulté le 18/03/2019, https://www.cairn.info/revue-politique-etrangere-2006-4-page-747.htm

[8]   Orsini, A., Compagnon, D., « Les acteurs non étatiques dans les négociations multilatérales », dans Petiteville,F., Placidi-Frot, D., dir., *Négociations internationales*, Paris, Presses de Sciences Po, 2013, p. 109.

[9]   Ibidem, p. 132.

d'un *pecking order* (expression empruntée à la zoologie qui décrit la hiérarchie de dominance chez les poules) ».[10]

Ainsi, pour ne prendre que deux exemples, à l'Organisation des Nations unies, haut lieu de négociation politique par excellence, le Conseil de sécurité a pris « la forme d'un directoire mondial qui reconnaît, par réalisme politique, le rôle prééminent des cinq grandes puissances victorieuses et leur octroie un droit de veto ».[11] A l'Organisation de l'Atlantique Nord, O.T.A.N., « la pratique de la diplomatie est structurée par une hiérarchie de rang en grande partie silencieuse mais tout de même bien réelle. Certains représentants semblent peser plus lourd que d'autres autour de la table, en dépit du principe d'égalité étatique qui sous-tend pourtant le fonctionnement par consensus de l'organisation ».[12]

L'Union africaine et les Communautés économiques régionales

La hiérarchisation des relations internationales dans les instances multilatérales s'observe également en Afrique, aussi bien au niveau continental qu'à l'échelle des organisations sous-régionales couramment appelées Communautés économiques régionales, en abrégé C.E.R.

Par une observation empirique de ce qui se déroule dans les enceintes feutrées, souvent à huis clos, lors des Conférences et Sommets de l'Union africaine, on décèle sans difficulté que le même ordre hiérarchique prévaut dans les négociations menées au sein de l'organisation panafricaine. On sait que pour jouer un rôle accru dans les organisations internationales, les pays qui s'en sentent la vocation vont activer le levier des contributions financières. Il se fait que traditionnellement, ce sont les cinq premières puissances du continent, les « Big Five » (Algérie, Egypte, Libye, Afrique du Sud, Nigeria) qui réunissent à elles seules la moitié du budget de l'UA.

On ne s'étonnera donc pas, à titre d'exemple, que dans l'attribution des commissariats comme celui en charge de la paix et de la sécurité

---

[10] Pouliot, V., *L'ordre hiérarchique international. Les luttes de rang dans la diplomatie multilatérale*, Paris, Presses de Sciences Po, 2016, p. 9.

[11] Ambrosetti, D., « Les négociations diplomatiques au Conseil de sécurité », dans Petiteville, F., Placidi-Frot, D., dir., *op. cit.*, p. 233.

[12] Pouliot, V., *op. cit.*, p. 112.

qui traite de questions qui fâchent, ce soit l'Algérie, pour le compte de l'Afrique du Nord, qui occupe la fonction depuis une vingtaine d'années. C'est également dans cette logique de puissance et de hiérarchie que celle-ci génère, que contre toute logique institutionnelle, l'Afrique du Sud est parvenue en octobre 2012 à faire élire Madame Nkosazana Dlamini-Zuma à la tête de la Commission de l'Union africaine[13].

Au niveau sous-régional, les mêmes pratiques sont largement observées et, comme nous allons le voir, cela ne manque pas d'avoir un impact sur le travail de médiation dans la résolution des conflits intra-étatiques qui défraient les chroniques de l'actualité internationale. Paradoxalement, c'est précisément ce qui semble manquer à la Communauté économique et monétaire de l'Afrique centrale, C.E.M.A.C., et plus largement, à la Communauté économique des Etats de l'Afrique centrale, C.E.E.A.C.

Mais avant d'aller plus loin dans ce développement, il sied de voir à grands traits quelques aspects qui touchent à la configuration de ces organisations. Nous nous limiterons à deux d'entre elles : l'ombre de la colonisation qui continue à planer sur elles, d'une part, et une certaine concurrence déloyale qui s'observe entre elles, d'autre part.

L'ombre de la colonisation : un passé qui ne passe pas

Au regard des différentes configurations dans lesquelles elles sont enchevêtrées, les organisations sous-régionales africaines restent, d'une manière ou d'une autre, marquées par le passé colonial.

En Afrique centrale, par exemple, au sein de ses Etats membres, la C.E.E.A.C. cohabite avec la Communauté économique et monétaire de l'Afrique centrale (C.E.M.A.C.), issue de l'ancienne Union douanière des Etats de l'Afrique centrale (U.D.E.A.C.). Celle-ci regroupait au lendemain des indépendances les anciennes colonies de l'Afrique équatoriale française (A.E.F.), le Congo-Brazzaville, le Gabon, la République Centrafricaine et le Tchad, auxquels se sont joints ultérieurement le

---

[13] Selon une loi non écrite observée jusque-là depuis la création de l'Organisation de l'Unité africaine (O.U.A.) en mai 1963, les Cinq Grands comme on les appelle à mots couverts, devaient s'abstenir de briguer la direction de l'organe exécutif, précisément pour ne pas donner l'impression aux autres pays membres et surtout aux plus petits d'entre eux qu'ils auraient un rôle prédominant dans le fonctionnement de l'Organisation.

Cameroun et la Guinée Equatoriale. L'année 1975 a également vu naître entre le Zaïre de l'époque, le Rwanda, et le Burundi, la Communauté économique des Pays des Grands lacs, C.E.P.G.L.

Selon l'expression de Yves Alexandre Chouala, ces deux organisations permettent de voir comment les logiques historiques liées notamment à la colonisation reconfigurent les dynamiques multilatérales. Plus précisément, elles posent le problème des déterminants historiques du régionalisme. « Le régionalisme continental promu par l'OUA/UA apparaît ici concurrencé et dans une large mesure remis en cause par les découpages régionaux hérités des puissances coloniales ».[14] Longtemps en effet, cette circonstance les a éloignés les uns des autres, et a constitué ainsi un facteur retardateur de leur intégration.[15]

Stéphane Doumbe-Bille n'était pas loin de partager ce point de vue. On a notamment peine à voir, écrivit-il, « en dehors d'une superposition des unes par rapport à d'autres du fait de la qualité différente des Etats membres, ce qui différencie la Communauté économique des Etats d'Afrique centrale (C.E.E.A.C.) dont le siège est à Libreville (Gabon), de la Communauté économique et monétaire d'Afrique centrale (C.E.M.A.C.) dont le siège principal est à Bangui (Centrafrique) ».[16]

Au total, « L'Afrique centrale s'apparente à un complexe régional. Elle est en tout cas un enchevêtrement d'organisations régionales qui lui donnent une configuration institutionnelle et géographique dynamique éclatée ».[17]

A quelques nuances près, ce qui vient d'être dit à propos de l'Afrique centrale se vérifie pour les autres régions. Ainsi en Afrique de l'Ouest, certains Etats se sont regroupés en plus de la Communauté économique des Etats de l'Afrique de l'Ouest (C.E.D.E.A.O.), dans une autre organisation dénommée Union économique et monétaire ouest-africaine (U.E.M.O.A). A l'instar de la C.E.M.A.C., celle-ci est bâtie autour du

---

[14] Chouala, Y.A., « Les multilatéralismes en Afrique Centrale : l'intégration régionale à l'épreuve de la pluralité des Communautés Economiques Régionales », dans Fau-Nougaret, M., dir., *La concurrence des organisations régionales en Afrique*, Paris, L'Harmattan, 2012, p. 160.

[15] Ibidem, p. 438-439.

[16] Doumbe-Bille, S., « La multiplication des organisations régionales en Afrique : concurrence ou diversification ? », dans Fau-Nougaret, M., dir., *op. cit.*, p. 17.

[17] Chouala, Y.A., *op. cit.*, p. 154.

franc CFA, et était jadis appelée « Communauté française d'Afrique ». Toujours selon Doumbé-Billé, « l'existence de cette organisation sous-régionale (C.E.D.E.A.O.), dans laquelle par ailleurs le *leadership* du plus important des Etats, le Nigeria, imprimait une influence anglophone, a conduit à la création par une partie des membres, de culture francophone, de l'Union économique et monétaire ouest-africaine (U.E.M.O.A.) ».[18]

C'est en somme la problématique que Daniel Bach soulevait déjà en 1998, lorsqu'il faisait observer que, s'il existe une spécificité des organisations régionales francophones, on la doit surtout aux rapports étroits que les anciennes colonies françaises entretiennent avec l'ex-puissance métropolitaine. Au fil des trente dernières années, poursuivait-il, des circonstances particulières ont parfois incité à des rapports privilégiés entre Etats de colonisation française et belge. De la sorte, « les régionalismes de filiation 'française' ont ainsi exercé, jusqu'au milieu des années soixante-dix, un effet d'attraction sur les modes d'insertion régionaux ».[19]

Un cas encore plus atypique : la C.E.N.-S.A.D.

A côté des survivances coloniales, la création des organisations sous-régionales africaines dénote clairement, voire ostentatoirement, des positionnements de puissance trop affichés pour être voilés par les objectifs et les programmes qu'elles sont censées poursuivre. Il en est ainsi de la Communauté des Etats sahélo-sahariens, C.E.N.-S.A.D., que Frédéric Joël Aïvo range dans la catégorie des regroupements plutôt hybrides, du fait qu'ils ne sont ni totalement continentaux, ni totalement régionaux. Créée le 04 février 1998 à Tripoli, celle-ci ne peut en effet être considérée comme une organisation suprarégionale. En raison de la situation géographique éparse de ses Etats membres, il paraît plus indiqué de la considérer comme une organisation multirégionale.[20]

Initialement composée de cinq membres (la Grande Jamahiriya arabe libyenne populaire socialiste, le Soudan, le Tchad, le Mali et le Niger), la C.E.N.-S.A.D. visait, à sa création, le développement du Sahel et du

---

[18] Doumbe-Bille, S., *op. cit.*, p. 23.

[19] Bach, D., « Régionalismes francophones ou régionalisme franco-africain? », dans Idem, dir., *Régionalisation, mondialisation et fragmentation en Afrique subsaharienne,* Paris, Karthala, 1998, p. 219.

[20] Aivo, F.-J., « La Communauté des Etats sahélo-sahariens (CEN-SAD). Acteur complémentaire ou concurrentiel de l'Union africaine ? », dans Fau-Nougaret, M., dir., *op. cit.*, p. 72.

Sahara. En tant que telle, elle devait donc être composée au plus de douze pays appartenant formellement à l'espace géographique couvert par le Sahel et le Sahara. Mais aussitôt après sa création, elle a fait preuve d'une exceptionnelle propension à s'étendre bien loin au-delà de ces limites, au point qu'elle compte aujourd'hui jusqu'à vingt-neuf membres.

Il apparaît donc que plusieurs pays appartiennent à l'Organisation sans être dans le champ géographique visé par son caractère sahélo-saharien. Cette liste inclut en effet des pays de l'Afrique de l'Ouest (le Bénin, le Cap-Vert, la Côte d'Ivoire, la Gambie, le Ghana, la Guinée-Bissau, le Liberia, le Nigeria, la Sierra Leone, et le Togo), l'Afrique de l'Est, et même de l'Océan indien (les Comores, Djibouti, l'Erythrée, le Kenya et la Somalie), de même qu'un pays d'Afrique centrale (la République centrafricaine). « Il va sans dire que la configuration actuelle de l'espace communautaire de la C.E.N.-S.A.D. résulte d'une approche d'exception qui a consisté durant ces dix dernières années [nous sommes en 2012] à développer une politique d'adhésion peu conforme à la génétique et à la vocation de l'organisation »[21].

Pour tout observateur averti, il n'a pas été difficile de déceler dans cette évolution la main de Mouammar Kadhafi, le Guide libyen. N'ayant pas réussi à mettre totalement la main sur l'Union africaine naissante, celui-ci avait jeté son dévolu sur une organisation unique en son genre, mais qui en raison précisément de son caractère atypique, était de nature à lui garantir par des voies détournées une forte position d'influence à l'échelle du continent.

De manière générale, on peut donc dire que la prolifération des organisations internationales en Afrique s'explique d'abord par des préoccupations de *leadership* et des querelles, plus latentes qu'avouées, de « positionnement ». Car en définitive, « être 'à la tête' ou parmi les initiateurs d'une organisation, même 'redondante', c'est s'assurer une certaine visibilité sur la scène internationale ».[22]

Ces contours étant délimités, voyons à présent dans quelle mesure ces organisations remplissent leurs cahiers des charges, compte tenu de la mise en œuvre des missions et des objectifs qui sont censés être à l'origine de leur création.

---

[21] Ibidem, p. 91-92.
[22] Fau-Nougaret, M., *op. cit.*, p. 438.

Une efficience et une effectivité contrastées

L'efficience ou l'effectivité des organisations sous-régionales africaines ne peut être correctement appréhendée qu'en fonction de la mise en œuvre des objectifs et des programmes qui ont motivé leur création. A cet égard, il convient de souligner que les Communautés économiques régionales telles que nous les connaissons aujourd'hui, ont fait leur apparition en Afrique avec la création de la Communauté économique africaine, C.E.A.

Avec le traité d'Abuja, signé le 3 juin 1991 et entré en vigueur en 1994 [23], ces organisations se voient attribuer une mission de premier ordre, celle d'être « les éléments essentiels de toute la stratégie économique continentale » .[24] C'est ainsi que dans la première étape de sa mise en œuvre, cette communauté se donne pour objectif durant les cinq premières années, de renforcer le cadre institutionnel des communautés économiques régionales déjà existantes et d'en créer d'autres, là où il n'en existe pas. Il en a résulté la création ou la réactivation des organisations suivantes :

– la Communauté de développement de l'Afrique australe, S.A.D.C., créée en remplacement de la Southern African Development Coordination Conference, S.A.D.C.C., par le traité de Windhoek du 7 août 1992 ;

– la Communauté économique des Etats de l'Afrique de l'Ouest, C.E.D.E.A.O., par le traité de Lagos (1975) révisé à Cotonou en 1993 ;

– la Communauté économique des Etats d'Afrique centrale, C.E.E.A.C., créée par le traité de N'Djamena du 16 mars 1994 ; et

– l'Autorité intergouvernementale pour le développement, I.G.A.D., créée le 21 mars 1996. Elle succède ainsi à l'Autorité intergouvernementale sur la Sécheresse et le Développement, I.G.A.D.D., mise sur pied en 1986 entre six pays de l'Afrique orientale (Djibouti, Ethiopie, Kenya, Ouganda, Somalie, Soudan).[25]

---

[23] Ce traité, rappelons-le, avait l'ambition d'établir sur une période de 34 ans, l'intégration économique du continent africain à l'horizon 2020.

[24] Mahiou, A. « La Communauté économique africaine », *Annuaire français de droit international*, volume 39, 1993, p. 809 ; consulté le 22/06/2019, www.persee.fr/doc/afdi_0066-3085_1993_num-39_1_3158

[25] Aujourd'hui, ce regroupement compte sept membres. Le Soudan du Sud a rejoint l'Organisation, peu après son accession à l'indépendance le 9 juillet 2011, tandis

Enfin, il faut ajouter à cette liste l'Union du Maghreb arabe, U.M.A., qui a été créée en 1988 pour regrouper les cinq Etats de l'Afrique du Nord (Algérie, Libye, Maroc, Mauritanie, Tunisie).

Initialement, ces communautés ont donc pour vocation de servir de courroie de transmission pour réaliser l'intégration économique du continent africain. Prenons l'exemple de la C.E.E.A.C. Elle s'est fixé pour but de « promouvoir et de renforcer une coopération harmonieuse et un développement équilibré et auto-entretenu dans tous les domaines de l'activité économique et sociale ».[26]

Même si à côté de ce premier volet de sa mission, elle se propose également de « renforcer les étroites relations pacifiques entre les Etats membres », nous sommes d'avis, avec Antoine-Denis N'Dimina-Mougala, qu'elle reste fondamentalement « une communauté plus économique que politique ». En témoignent les objectifs opérationnels qui lui sont fixés, où il n'est question que de problématiques essentiellement liées au commerce et au développement.[27]

Peut-on dire que cet objectif est sur le point d'achèvement, à l'échéance retenue au moment de son élaboration ? Rien n'est moins sûr. Sous réserve de l'évolution de l'Accord sur la Zone de libre-échange continentale, Z.L.E.C., qui a été signé le 21 mars 2018 à Kigali, Rwanda, par 44 pays sur 55 que compte l'Union africaine à l'exception notable néanmoins du Nigeria, l'intégration économique africaine reste encore à faire.[28]

A titre d'exemple, sur le continent africain, le commerce intra-régional reste à l'état embryonnaire. Selon la Commission économique

---

que l'Erythrée y a adhéré en 1993 après la reconnaissance de son indépendance par l'ONU, pour s'en retirer depuis 2007. Son retour annoncé en septembre 2018 n'a pas eu lieu, étant lié à la normalisation des relations avec l'Ethiopie.

[26] *Traité instituant la Communauté économique des Etats de l'Afrique centrale (C. E. E. A. C.)*, article 4. Consulté le 26/06/2019, ceeac-eccas.org

[27] N'Dimina-Mougala, A.D., *Barthélémy Boganda ou l'émancipation politique de la République centrafricaine et le grand dessein géopolitique de l'Afrique centrale : 1910-1959,* Thèse de doctorat: Lettres et Sciences Humaines, Université de Nantes, 1995, p. 336.

[28] Cette fois-ci, le glissement opéré dans le temps renvoie l'intégration économique du continent à l'horizon 2063, suivant en cela la vision élaborée en 2013 à l'occasion de la commémoration du 50ème anniversaire de la fondation de l'Organisation de l'Unité africaine, O.U.A., sous la dénomination d'une « Afrique intégrée, prospère, et pacifique ».

des Nations unies pour l'Afrique, il était évalué en 2010 à environ 4 pour cent pour l'U.M.A., 9,2 pour cent pour la C.E.D.E.A.O., ou 9,8 pour cent pour la S.A.D.C., sans parler de l'Afrique centrale où il n'oscille qu'entre 2 et 3 pour cent. Comparativement aux autres régions où ces taux s'évaluaient à la même période à environ 19 pour cent pour le M.E.R.C.O.S.U.R., 21 pour cent pour l'A.S.E.A.N., ou encore 60 pour cent pour l'Union européenne, on peut dire que le projet d'intégration de l'économie africaine n'en est encore qu'à son balbutiement.

Mais là n'est pas notre premier centre d'intérêt. En termes d'efficience des C.E.R., notre regard est davantage tourné vers la capacité de ces Organisations à résoudre les conflits qui se produisent dans leur espace. Effectivement, il a été observé que pour faire face à l'instabilité politique et sécuritaire de leurs Etats membres, ces communautés se sont progressivement engagées dans la résolution des conflits.

A ce titre, elles font d'ailleurs désormais partie intégrante de l'Architecture africaine de paix et de sécurité, A.P.S.A., à commencer par la dimension politique de la sécurité, à travers notamment le système continental d'alerte rapide. Ces mêmes organisations interviennent à l'échelle continentale sur le plan militaire, par le canal des brigades régionales censées constituer la Force africaine pré-positionnée ou la Force africaine en attente, F.A.A.

Sur ce plan, comme sur le précédent d'ailleurs, les résultats enregistrés sont loin d'être homogènes. Alors que certaines s'acquittent plus ou moins honorablement de leurs tâches, d'autres restent loin du compte. Et sans surprise, on se rend compte que là où les choses sont en état de marche, ces sous-régions bénéficient de l'existence d'une puissance capable d'assumer le rôle de *leader,* c'est-dire d'un pôle de décision. C'est le cas notamment de la Communauté économique des Etats de l'Afrique de l'Ouest.

L'exemple de la C.E.D.E.A.O.

Dans ses mécanismes de résolution des conflits, la C. E. D. E. A. O. se présente à tous égards comme un exemple vis-à-vis des autres communautés régionales. Même si la région a été traversée par une période de forte conflictualité et de grande instabilité (au Liberia, en Sierra Leone, en Côte d'Ivoire, en Guinée et, de façon récurrente, en Guinée-Bissau et en Gambie), cette organisation s'est imposée comme un modèle.

Cela est sans doute dû à la conjugaison de plusieurs facteurs dont le plus important se trouve probablement dans le fait que l'organisation ouest-africaine est parvenue, avant les autres et avant même l'organisation continentale, à se doter d'instruments adéquats. Au nombre de ces derniers, il faut mettre particulièrement en exergue la création, durant le premier conflit survenu au Liberia, en 1990-1997, d'un groupe de surveillance chargé de l'application du cessez-le-feu, l'Economic Community of West African States Cease-fire Monitoring Group, en abrégé l'E.C.O.M.O.G. Ce fut la toute première fois en Afrique qu'une organisation sous-régionale mettait en place un instrument militaire pour résoudre un conflit.

En 1999, à la suite des différentes guerres civiles qui éclataient un peu partout dans la région, les Etats membres de la C.E.D.E.A.O. décidèrent de la création d'une Force de sécurité en attente, qui garda l'appellation générique initiale d'E.C.O.M.O.G. Ce dispositif a déjà permis à l'Organisation ouest-africaine une série d'interventions décisives, sans lesquelles les situations de paix et de sécurité dans cette région auraient continué à se dégrader.[29]

Depuis que cette organisation a commencé à s'intéresser à la résolution des conflits dans les années 1990, elle a effectué cinq interventions. La dernière en date s'est déroulée dans la crise post-électorale en Gambie, où la C.E.D.E.A.O. a joué un rôle déterminant dans la mission de faire respecter le verdict des urnes, issu de l'élection présidentielle du 1er décembre 2016. Ainsi prenait fin le régime de Yahya Jammeh qui, par des artifices antidémocratiques en contradiction avec les normes conventionnelles fixées au niveau de la région, se maintenait à la tête de l'Etat gambien depuis son coup d'Etat du 22 juillet 1994.

Ce succès enregistré, là où les autres C.E.R. peinent à résoudre des crises de ce genre, fait de l'Organisation ouest-africaine un véritable champion sur le terrain de la paix et de la sécurité. « Même si l'Afrique de l'Ouest est devenue une zone d'insécurité avec un 'système de conflit'

---

[29] Il y a lieu d'évoquer ici les interventions faites :
- au Liberia (août 1990-juillet 1997)ou Liberia I ;
- en Sierra Leone (février 1998-septembre 1999) ;
- en Guinée-Bissau (novembre 1998-février 1999) ;
- en Côte d'Ivoire (décembre 2002-avril 2004) ;
- au Liberia (août-octobre 2003) ou Liberia II.

qui embrase la sous-région, la C.E.D.E.A.O., malgré la faiblesse de ses moyens et les contradictions qui déchirent ses Etats membres, est devenue un exemple et un laboratoire pour l'Union africaine en matière de maintien de la paix ».[30] Et comme nous le disons plus haut, ce résultat est dû incontestablement aux mécanismes mis en place à cette fin.

Il est dû aussi à la présence, dans la région, d'une puissance comme le Nigeria, qui, malgré les nombreuses fragilités qu'on lui connaît (corruption, répartition des ressources fortement inégalitaires, existence d'un puissant mouvement terroriste, etc.) constitue un facteur stimulant dans la prise de décisions qui parfois peuvent s'avérer délicates. Car ne l'oublions pas, dans sa version initiale cette Organisation est née au lendemain de la terrible guerre du Biafra (1967-1970), dans laquelle l'ingérence extérieure aussi bien de la part d'acteurs extra-continentaux que des pays africains voisins euxmêmes ne faisait aucun doute.[31]

La C.E.D.E.A.O. est donc venue en réponse à un problème vécu de sécurité régionale, que sous peine d'en recevoir des contrecoups quasi mortels, aucun pays ne pouvait se payer le luxe de rééditer. D'où un consensus gagné et consolidé au niveau de tous les acteurs, dès lors que le plus puissant d'entre eux,[32] qui en a le plus souffert, est décidé à prendre

---

[30] Ndiaye, P. S., *Les organisations internationales africaines et le maintien de la paix : l'exemple de la CEDEAO*, Paris, L'Harmattan, 2014, p. 36.

[31] Nous faisons ici allusion à la France d'un côté, et à la Côte d'Ivoire de l'autre de même qu'au Gabon, ces derniers ayant servi de zones de transit pour l'approvisionnement en armes fournies par la première à la rébellion sécessionniste du Biafra.

[32] Les atouts de puissance que le Nigeria cumule par rapport à ses voisins sont indéniables. A titre d'illustrations, citons-en quelques-uns. Sur le plan démographique, sur un total estimé à 350 millions d'habitants dans les 15 pays membres de la CEDEAO, le Nigeria en compte à lui seul un peu plus de 180 millions, soit plus de la moitié. Sur le plan économique, l'Institut français des relations internationales estimait en 2015, qu' « avec un PIB 2014 de 522 milliards de $ (réévalué en incorporant les activités bancaires, ICT et cinématographiques), hors secteur informel , le Nigeria était la première puissance économique du continent » (Manlay, J., « Le Nigeria : atouts et défis d'une puissance émergente », Institut français des relations internationales, *Fiche pays Ifri-OCP Policy Center*, n° 13 , 15 mai 2015, disponible en ligne, consulté le 01/07/2019, www.ifri.org). *A fortiori,* cette puissance est encore plus vivement ressentie dans la région de l'Afrique de l'Ouest. Enfin, sur le plan militaire, l'Institut international d'études stratégiques de Londres (IISS), estimait les effectifs de l'armée nigériane en activité en 2015 à 200 000 hommes, là où les voisins qui peuvent prétendre à la vocation de puissance secondaire comme la Côte d'Ivoire et le Ghana n'avaient respectivement sous les drapeaux que 17 050 et

les mesures nécessaires pour mettre fin à toute situation susceptible de perturber la paix et la sécurité dans la région.

Qu'en est-il de la C.E.E.A.C.?

C'est précisément l'absence d'un pays comme le Nigeria, qui rassemble autant la puissance démographique et les atouts économiques que la force militaire, qui caractérise l'Afrique centrale. On ne trouve pas en effet dans cette région, de pôle capable d'impulser une dynamique durable de paix et de sécurité, que ce soit au niveau normatif ou opérationnel. L'impression prévaut qu'il existe une sorte de passation tournante des rôles, selon que les uns et les autres se sentent suffisamment en conjoncture favorable, ou éprouvent le besoin de conforter leurs positionnements internes par des coups d'éclat extérieurs.

Si on se réfère au PIB dans le pré-carré de la C.E.M.A.C.,[33] le Gabon qui ressort du groupe avec un PIB de 14 500$ par habitant, se retrouve considérablement défavorisé sur le plan démographique (à peine 1 million et demi d'habitants). L'observation est aussi valable pour la République du Congo, avec un PIB de 4000$ par habitant et un peu plus de 4 millions d'habitants. *A contrario*, il y a lieu de penser que le Tchad pourrait, avec une masse démographique relativement confortable (plus de dix millions d'habitants) comparativement au cas précédent, actionner son levier militaire.

D'après Yousra Abourabi et Julien Durand De Sanctis, « par rapport à ses voisins, le Nigeria mis à part, l'armée nationale tchadienne bénéficie de capacités militaires importantes (30 000 soldats d'active, de l'artillerie, des chasseurs d'attaque au sol Su-25 et des hélicoptères de combat Mi-35) ».[34] Mais ce pays est aussi en quelque sorte handicapé

---

15 500 éléments (Hacket, J., dir., *The Military Balance*, International Institute for Strategic Studies, Londres, Routledge, 2010).

[33] Communauté économique des Etats de l'Afrique centrale (CEEAC), *Projet de document de Politique Agricole Commune (PAC)*, Tableau 1. Situations de quelques indicateurs macroéconomiques des Etats de la CEEAC en 2010, Source : https://www.statistiques-mondiales.com

[34] Abourabi, Y., Durand De Sanctis, J., « L'émergence de puissances africaines de sécurité : étude comparative », *Etudes de l'IRSEM, Numéro 44, 2016, p. 55*, ISSN : 2268-3194, disponible en ligne, consulté le 01/07/2019, à l'adresse http://www.defense.gouv.fr/irsm

par le niveau critique de ses performances économiques, avec un PIB de 1600$ par habitant.

Finalement, même si de nos jours, « l'exercice de la puissance n'est plus uniquement déterminé par la variable traditionnelle des facteurs matériels »,[35] on peut retenir de ces quelques indicateurs qu'il n'existe pas, en Afrique centrale, l'équivalent du Nigeria en Afrique de l'Ouest. Prenons l'exemple du conflit qui sévit en République centrafricaine, pratiquement depuis son accession à l'indépendance. Dans cette situation, force est de constater qu'après la disparition du Président du Gabon, Omar Bongo Ondimba, il s'est créé un certain flottement, voire un vide, dans la prise en charge de ce dossier au niveau sous-régional.

Le leadership assumé d'Omar Bongo (1996-2009)

Lorsqu'en avril 1996 les manifestations des membres du Régiment de défense opérationnelle du territoire (R.D.O.T.) pour réclamer leurs soldes, dégénèrent en troubles graves à la sécurité, les pays voisins volent au secours de la R.C.A. Par son implication personnelle, du début de la crise jusqu'à sa disparition en 2009, le Président Omar Bongo s'impose rapidement comme le maître d'œuvre dans le dossier centrafricain. C'est également sur son insistance que « les centres d'impulsion du processus de retour à la paix furent restructurés dans le cadre plus restreint de la Cemac (Communauté économique et monétaire d'Afrique centrale) ».[36]

A l'époque, les efforts de médiation du chef de l'Etat gabonais aboutissent à la signature le 25 janvier 1997 d'une série d'accords entre les militaires et le Président Ange-Félix Patassé ; et une Mission interafricaine de surveillance des accords de Bangui, M.I.S.A.B., est déployée sur place. Dans la foulée, une conférence de réconciliation nationale se tient du 26 février au 5 mars de la même année. Celle-ci débouche sur l'adoption d'un Pacte de réconciliation nationale dans lequel, fait révélateur, « les parties signataires s'engagent solennellement à appliquer la bonne gouvernance, excluant le népotisme, le tribalisme, le clientélisme, et le détournement ».

---

[35] Ibidem, p. 11.
[36] M'Bokolo, E., *Médiations africaines. Omar Bongo et les défis diplomatiques d'un continent,* Paris, l'Archipel, 2009, p. 275.

C'est aussi le Président Bongo qui sera omniprésent pour amener les protagonistes à la table du dialogue, à la suite du coup d'Etat par lequel le général François Bozizé renverse Ange Félix Patassé,[37] et mettra fin à son pouvoir. Le régime du nouveau maître de Bangui ne sera pas non plus de tout repos, et là encore, le Président Bongo ne cessera d'user de ses bons offices pour tenter de normaliser la situation. Il en est ainsi lorsqu'en décembre 2004, la quasi-totalité des candidatures à l'élection présidentielle prévue au mois de mars 2005 est invalidée. Il faut que, de nouveau, le Président du Gabon rassemble les différents protagonistes, pour qu'un accord soit signé entre le gouvernement et les formations politiques intéressées, et que les élections se déroulent normalement.

Le même Bongo facilite les pourparlers centrafricains qui débouchent sur la signature le 9 mai 2008 d'un Accord de cessez-le-feu et de paix entre le gouvernement et un des principaux mouvements armés, l'Armée populaire pour la restauration de la démocratie, A.P.R.D. Celui-ci sera complété, toujours sous les auspices du Président Bongo, par un Accord de paix global signé le 21 juin de la même année, incluant un autre mouvement armé l'Union des forces démocratiques pour le rassemblement, U.F.D.R.

De cette période d'intenses activités de médiation, doublées on s'en doute bien de moyens financiers considérables, Elikia M'Bokolo dira du Président Bongo que « Après la disparition des vétérans, Félix Houphouët-Boigny, Mobutu Sese Seko, et d'autres, il était le seul chef d'Etat à maîtriser les inconnues de l'équation centrafricaine. »[38]

Un « pôle éclaté » entre N'Djamena et Brazzaville

Après la disparition du deuxième Président du Gabon et la résurgence de la crise qui dure depuis 2012, on assiste à une espèce de tentative de récupération du *leadership* dans le dossier centrafricain, qui se disperse entre le Tchad et le Congo.

---

[37] On relève que durant les dix années pendant lesquelles Patassé est à la tête du pays, son régime connaît une dizaine de tentatives de déstabilisation, soit sous forme de mutinerie au sein des forces armées, soit sous forme de tentatives de coup d'Etat, la dernière ayant réussi à le renverser le 15 mars 2003.

[38] M'Bokolo, E., *op. cit.*, p. 275.

Dans un premier temps, au moment où Michel Djotodia entamait à partir de Birao dans le Nord du pays sa marche sur la capitale, on a vu le Président tchadien prendre les devants pour stopper la rébellion. A ce moment, la C.E.E.A.C. arrive même à entreprendre avec succès une médiation entre le gouvernement, l'opposition dite démocratique, les mouvements politico-militaires, et la coalition Séléka qui menaçait de prendre le pouvoir par les armes. Ces pourparlers aboutissent le 11 janvier 2013 à la signature d'un Accord politique de sortie de crise, au cessez-le-feu, et à la Déclaration de principes aux termes desquels il est convenu d'un partage du pouvoir et des conditions d'organisation des élections jugées acceptables entre les parties. Mais assez rapidement, la situation s'envenime entre Bangui et N'Djamena, au point que le Tchad, accusé d'être de connivence avec la rébellion Séléka, décide de retirer le contingent militaire qu'il a engagé dans le cadre de la Force multinationale d'Afrique centrale, F.O.M.A.C.[39]

Mais en même temps et parallèlement, on a vu le Président Denis Sassou Nguesso, du Congo, offrir ses services de médiation, avec en prime sa reconnaissance par l'O.N.U et par l'U.A. comme Médiateur International dans le conflit centrafricain. Cela l'a amené à ouvrir à Bangui une forte représentation en cette qualité, faisant double emploi avec la mission diplomatique bilatérale de la République du Congo. Cette démarche s'illustrera par l'Accord de Brazzaville du 23 juillet 2014, baptisé Accord de cessation des hostilités, un texte de plus, qui comme ceux qui le précèdent et le suivent, restera lettre morte.

De manière générale, les pôles alternatifs de N'Djamena et de Brazzaville procèdent de la même quête de puissance, sans qu'aucun des deux n'en réunisse les déterminants essentiels. Certes, les attributs de puissance sont multiples et variables dans le temps, tout comme ils sont à situer dans leur contexte et dans leur espace. De plus, on sait qu'ils sont souvent sujets à des perceptions par essence subjectives. Mais comme Jean-Yves Caro l'a établi, il n'en reste pas moins vrai qu'« ils ressortent très généralement de déterminants fondamentaux relativement invariants : militaire, économique et technologique ».[40] Manifestement, pour l'heure, surtout depuis la disparition d'Omar Bongo, aucun pays d'Afrique centrale ne

---

[39] A partir du 1ᵉʳ août 2013, cette force sera transformée sous l'égide de l'Union africaine, en Mission internationale de soutien à la Centrafrique, en abrégé M.I.S.C.A.

[40] Caro, J.-Y., « Structures de la puissance : pour une méthodologie quantitative », *Annuaire Français de Relations Internationales,* AFRI 2000, volume I, Editions Bruylant, Bruxelles, p. 88, disponible en ligne, consulté le 28/06/2019, http://www.afri-ct.org/IMG/pdf/caro2000.pdf

les assure de manière à se distancer de ses voisins pour pouvoir prétendre à une quelconque hégémonie.

Conclusion

Alors qu'aujourd'hui il est communément admis que « les nations se classent les unes par rapport aux autres (...) »,[41] il importe d'étendre le regard sur cette réalité à tous les segments de la société internationale, et de ne pas se contenter du seul spectre macro, mondial. Sous cet angle, l'analyse des relations de fonctionnement observables au sein de l'Union africaine fait apparaître que comme partout ailleurs, il existe même s'il ne dit pas son nom, un ordre hiérarchique entre ses Etats membres. Ceci en dépit du fait que la doctrine officielle veut que toutes les entités étatiques peuvent légitimement se prévaloir d'une égale souveraineté. Ce paradigme se retrouve également au niveau des démembrements sous-régionaux de l'Organisation continentale que sont les Communautés économiques régionales.

Cela étant, la hiérarchisation des relations entre les pays qui les composent n'est pas la seule caractéristique, ni probablement la plus importante, de ces organisations sous-régionales. Derrière les paravents des symboles d'indépendance et de souveraineté - mais qui y croit encore réellement ? -, ces regroupements obéissent en grande partie à des logiques préexistantes dont le passé colonial n'est pas des moindres. Dans les marges de manœuvre qu'autorise une certaine « unitarisation » du monde, à travers le rouleau compresseur de la globalisation, cette hiérarchie rampante mais non moins réelle demeure un levier important de la diplomatie sous-régionale.

Loin de constituer un handicap, cet ordre représente plutôt un atout, dès lors qu'il faut gérer les dérèglements induits par la rupture de la paix et de la sécurité. En Afrique de l'Ouest, par exemple, où l'action de la Communauté économique des Etats de l'Afrique de l'Ouest a valeur d'exemple, l'existence dans cette région d'un pays comme le Nigeria constitue un avantage déterminant. Au point que dans les nombreuses interventions de l'E.C.O.M.O.G., dont la réputation n'est plus à

---

[41] Teissier, G., « Les atouts de la puissance militaire française », *Revue internationale et stratégique*, 2006/3, N° 63, p. 91–96. Disponible en ligne, consulté le 28/06/2019, https://www.cairn.info/revue-internationale-et-strategique-2006-3-page-7.htm

démontrer, certains analystes ont plutôt perçu la main lourde du Nigeria, vecteur de sa volonté hégémonique.

A l'inverse en Afrique centrale, malgré les gesticulations des uns et des autres, un pays comme la République centrafricaine ne fait que poursuivre sa descente aux enfers, et s'enfoncer inexorablement dans une crise qui la ronge depuis sa création, jusqu'à menacer son existence même. Il nous a semblé qu'à l'origine de cette inertie, il manque un pôle de décision à la Communauté économique et monétaire de l'Afrique centrale, capable d'impulser véritablement au niveau de toute la région une dynamique solide de paix et de sécurité.

Après la disparition de la scène diplomatique de l'ancien Président du Gabon, Omar Bongo, dont le volontarisme avait le mérite de remédier au manque de puissance, la dispersion du *leadership* régional entre N'Djamena et Brazzaville n'est pas de nature à inspirer beaucoup d'optimisme. On peut englober dans cette analyse, sans rien y changer, la Communauté économique des Etats de l'Afrique centrale ou encore plus largement la Conférence internationale sur la Région des Grands lacs. Dès lors, une question se pose : faudra-t-il, pour inverser la tendance, attendre que la grande République démocratique du Congo sorte elle-même des défis inextricables qui en atrophient considérablement l'immense potentiel de puissance dans la région, et même au-delà ? Seul l'avenir le dira.

Références bibliographiques

1. Abourabi, Y., Durand De Sanctis, J., « L'émergence de puissances africaines de sécurité: étude comparative », *Etude IRSEM, Numéro 44, 2016*, ISSN : 2268-3194 – ISBN : 978-2-11-151005-0, disponible en ligne, consulté le 01/07/2019, http://www.defense.gouv.fr/irsem

2. Aivo, F.J., « La Communauté des Etats Sahélo-Sahariens (CEN-SAD). Acteur complémentaire ou concurrentiel de l'Union Africaine ? », dans Fau-Nougaret, M., *La concurrence des organisations régionales en Afrique*, Paris, L'Harmattan, 2012.

3. Ambrosetti, D., « Les négociations diplomatiques au Conseil de sécurité », dans Petiteville, F., Placidi-Frot, D., dir., *Négociations internationales*, Paris, Presses de Sciences Po, 2013.

4. Bach, D., « Régionalismes francophones ou régionalisme franco-africain ? », dans Bach, D. dir., *Régionalisation, mondialisation et fragmentation en Afrique subsaharienne*, Paris, Karthala, 1998.

5. Battistella, D., « L'ordre international. Portée théorique et conséquences pratiques d'une notion réaliste », *Revue internationale et stratégique*, 2004/2 n° 54. Disponible en ligne, consulté le 18/03/2019, https://www.cairn.info/revue-internationale-et-strategique-2004-2-page-89.htm

6. Caro, J.-Y., « Structures de la puissance : Pour une méthodologie quantitative », *Annuaire Français de Relations Internationales*, AFRI 2000, volume I, Bruxelles, Editions Bruylant, disponible en ligne, consulté le 28/06/2019, http://www.afri-ct.org/IMG/pdf/caro2000.pdf

7. Chouala, Y. A., « Les multilatéralismes en Afrique Centrale : l'intégration régionale à l'épreuve de la pluralité des Communautés Economiques Régionales », dans Fau-Nougaret, M., dir., *La concurrence des organisations régionales en Afrique*, Paris, L'Harmattan, 2012.

8. Doumbe-Bille, S., « La multiplication des organisations régionales en Afrique : concurrence ou diversification? », dans Fau-Nougaret, M., dir., *La concurrence des organisations internationales en Afrique*, Paris, L'Harmattan, 2012.

9. Mahiou, A., « La Communauté économique africaine », *Annuaire français de droit international*, volume 39, 1993, p. 809, disponible en ligne, consulté le 22/06/2019, www.persee.fr/doc/afdi_0066_3085_1993_num_39_1_3158

10. M'Bokolo, E., *Médiations africaines. Omar Bongo et les défis diplomatiques d'un continent*, Paris, L'Archipel, 2009.

11. Ndiaye, P.S., *Les organisations internationales et le maintien de la paix : l'exemple de la CEDEAO*, Paris, L'Harmattan, 2014.

12. N'Dimina-Mougala, A.-D., *Barthélémy BOGANDA ou l'émancipation politique de la République Centrafricaine et le grand dessein géopolitique de l'Afrique Centrale : 1910-1959*, Thèse de doctorat : Lettres et Sciences Humaines, Université de Nantes, 1995.

13. Nze Ekome, M., *Le rôle et la contribution de l'ONU dans la Résolution pacifique des conflits en Afrique. Cas de l'Afrique Centrale. Essai*. Paris, Editions Mare et Martin, 2007.

14. Orsini, A., Compagnon, D., « Les acteurs non étatiques dans les négociations multilatérales », dans Petiteville, F., Placidi-Frot, D., dir., *Négociations internationales*, Paris, Presses de Sciences Po, 2013.

15. Pouliot, V., *L'ordre hiérarchique international. Les luttes de rang dans la diplomatie multilatérale*, Paris, Presses de Sciences Po, 2016.

16. Sernaclens, P. (de), « Théories et pratiques des relations internationales depuis la fin de la guerre froide », Institut français des relations internationales, *Politique étrangère (it.)*, 2006/4. disponible en ligne, consulté le 18/03/2019, https://www.cairn.info/revue-politique-etrang ere-2006-4-page-747.htm

17. Teissier, G., « Les atouts de la puissance militaire française », *Revue internationale et stratégique*, 2006/3 N° 63, disponible en ligne, consulté le 28/06/2019, https://www.cairn.info/revue-internationale-et-strategi que-2006-3-page-91.htm

L'Europe gigogne : mémoire plurielle et géopolitique éclatée

Maîtresse de conférence HDR, Sciences Po Grenoble-UGA

L'Union européenne (UE) n'a pas su relever le défi de son « grand élargissement » de 2004, le premier et sans aucun doute le dernier de cette ampleur. Si le cadre communautaire s'est agrandi, son contenu s'est délité. Au lieu de favoriser la fusion de forces collectives, l'élargissement à l'Est du continent engendre des lignes de fractures de plus en plus exacerbées par l'usage du passé comme outil de reconstruction et de différenciation nationale dans des pays d'Europe centrale et orientale (PECO) en mal de considération. En provenance d'un ensemble corseté par l'idéologie soviétique, ils incarnent un récit européen diamétralement opposé à celui des pays occidentaux. Aux névroses traumatiques de l'Europe de l'Est, correspond un système libéral en Europe de l'Ouest. Et tandis que la Guerre froide phagocyte les sociétés civiles des PECO, elle façonne les bases démocratiques de l'UE.[1] Aussi la fin de l'ère soviétique provoque-t-elle tout autant un besoin d'affirmation nationale parmi les anciens satellites de l'URSS qu'une demande d'intégration à l'espace communautaire

---

[1] Le vocable PECO, communément employé depuis 1991, renvoie à l'ensemble des pays de l'ancienne Europe de l'Est définie comme telle durant la Guerre froide. Aussi retenons-nous les Etats de l'Europe centrale, de l'Europe baltique, des Balkans occidentaux et des Balkans du sud. L'élargissement de 2004 concerna huit PECO (Estonie, Hongrie, Lettonie, Lituanie, Pologne, République tchèque, Slovaquie, Slovénie) avec Chypre et Malte. Celui de 2007 intéressa la Bulgarie et la Roumanie. Enfin, celui de 2013, la Croatie. A rappeler que la prochaine vague d'élargissement devrait comprendre les derniers pays des Balkans occidentaux (Albanie, Macédoine du Nord, Monténégro, République fédérale de Bosnie-Herzégovine, Serbie). Enfin, nous retiendrons le plus souvent le terme d'Europe centrale et orientale pour nous référer à l'ancien Bloc de l'Est tout en faisant parfois référence aux termes d'Europe médiane et d'Europe du Centre par commodité sémantique.

perçue comme une marque de maturation. De leurs côtés, les Etats fondateurs de l'UE se félicitent de l'attractivité de leur modèle puisque nombreux sont les candidats à frapper aux portes de l'Union.

Pourtant la jonction entre les parties occidentale et orientale se révèle hasardeuse. D'une part, la méconnaissance des instances bruxelloises du cheminement des PECO contribue à une hiérarchisation des rôles en reléguant les nouveaux entrants au second plan. De l'autre, en puisant dans le registre de la mémoire les moyens de légitimer leur place au sein de l'UE, les PECO ravivent des rapports de force liés aux temps de la bipolarité dont ils prétendent s'affranchir (1). Et plus l'activisme est-européen tente de limiter l'empreinte occidentale sur les rouages communautaires, plus les diplomaties mémorielles s'apparentent à un miroir grossissant des singularités respectives (2). La traduction directe de ces différences se retrouve dans la multiplication d'associations subrégionales aux contours tout aussi variés qu'inédits (3). Si le risque d'implosion n'est pas ici retenu comme une réalité tangible, il s'agit néanmoins de mettre en évidence un *effet gigogne* caractérisé par une multitude de coopérations géopolitiques, qui en se juxtaposant ou en s'interposant entre elles, affaiblissent l'armature communautaire au point d'en fragmenter le socle normatif. Et plus le recours à la mémoire devient un « capital de pouvoir » (Pierre Nora), plus il alimente le particularisme, sinon le nationalisme.

Esprit de Yalta, es-tu là ?

C'est un fait. Le poids de l'histoire joue un rôle fondamental dans le processus d'émancipation des PECO au passé infiniment plus heurté que celui des Occidentaux. Rappelons que les pays de l'Europe de l'Est n'accèdent à leur indépendance qu'au terme de la Première Guerre mondiale après l'effondrement des empires russe, austro-hongrois, allemand et ottoman. Si les éveils nationaux s'affirment essentiellement au cours du 19è siècle, l'issue du conflit de 1914-18 consacre le principe wilsonien de l'autodétermination des peuples à l'origine de nouvelles constellations comme la Tchécoslovaquie, avec une Bohême au rayonnement ancestral et une Slovaquie dépourvue de tout legs étatique. Mais le Traité de Versailles consolide aussi des entités plus anciennes à l'instar de la Pologne qui bénéficie du regard bienveillant de Georges Clemenceau acquis à l'idée d'une puissance pivot capable de contenir une Allemagne en pleine tourmente et une Russie en plein désordre bolchévique. Varsovie profite d'ailleurs de cette attention française pour s'adjuger une partie de la

Lituanie (Vilnius/Wilno) et de l'Ukraine (Lemberg/Lwów) dans l'intention de renouer avec ses frontières de l'époque royale.

Parce que davantage guidés par des géographes soucieux de la topographie des lieux, et beaucoup moins par la répartition ethnique ou linguistique des populations, les tracés territoriaux de 1919 entraînent des contestations croissantes. La dissémination de groupes minoritaires contribue à fragiliser la nouvelle carte continentale avec la montée inexorable de sentiments irrédentistes. Indépendamment des inflexions politiques des différentes entités est-européennes entre autoritarisme et parlementarisme, le Second Conflit mondial fauche toutes les velléités d'indépendance au profit de la vaste zone d'influence soviétique. Forte de son avancée militaire jusqu'à Berlin, l'Armée rouge permet à Staline de jeter son dévolu sur l'ensemble des territoires qu'elle libère du nazisme. Il faut attendre la déliquescence de l'URSS, puis son implosion pour que le Bloc de l'Est fasse voler en éclats la chape de plomb de 1945. Le partage du continent en deux sphères antagonistes est communément attribué aux Accords de Yalta qui placent Staline en position très avantageuse. Tirant profit, à la fois, de la fulgurance et du sacrifice de ses troupes au combat, l'URSS fait finalement peu de cas des clauses adoptées avec des alliés de circonstance, les Américains et les Britanniques. Les élections libres prévues par la Conférence tripartite ne seront jamais organisées là où les Soviétiques déploient leurs chars et plantent leur drapeau. Quoi qu'il en soit, respect ou non de Yalta, le résultat demeure le même : les pays de l'Europe de l'Est, de la mer Baltique aux Balkans, échappent au modèle politique occidental.

Si la fin de la Guerre froide repose sur les réformes consécutives à la *Perestroïka* de Mikhaïl Gorbatchev, les PECO se plaisent à parler d'une « sortie de Yalta par le haut ». Leur message consiste à graver dans le marbre une rupture historique qui doit sa réussite non pas à l'entremise occidentale, mais à la mobilisation des canaux de dissidence est-européens. Grâce au mouvement *Solidarnosc* de Lech Walesa capable d'agréger toutes les forces de la société civile autour du mouvement ouvrier, la Pologne devient le catalyseur des soulèvements postcommunistes de 1989.[2] Avec le renversement des derniers caciques affiliés

---

[2] En avril 1989, les négociations de la « Table ronde » regroupent les principales forces représentatives de la scène polonaise. Elles aboutissent à un changement de régime politique par l'organisation d'élections libres qui s'appliquent d'abord à la Chambre basse, puis au Sénat, et enfin au scrutin présidentiel. Cette transition politique

à Moscou, les représentants des PECO revendiquent un juste retour du balancier de l'histoire en ouvrant la voie d'une intégration rapide à l'Union européenne.

A leurs yeux, si les puissances occidentales ont trouvé leur raison d'être dans la reconstruction et la réconciliation de l'immédiat après-guerre, elles doivent manifester leur solidarité à l'égard de tous ceux qui se sont retrouvés du mauvais côté du Rideau de fer. Aussi cet Occident européen, qui a fait du péril communiste le moteur de son unité, porte-t-il une part de responsabilité dans l'assujettissement de la partie orientale du continent, prisonnière du « mal de Munich » (Karel Kosik). Le contexte des accords de 1938, signés par une France et une Grande-Bretagne assimilées à des « somnambules » en raison de leur aveuglement face au régime hitlérien, avec une Allemagne nazie bien déterminée quant à elle à renaître de ses cendres versaillaises, n'a cessé d'alimenter les écrits métaphoriques d'une *intelligentsia* le plus souvent condamnée à l'exil ou aux geôles communistes. Au fil du 20è siècle, l'Europe centrale se décline en « cour des ténèbres » (Czeslaw Milosz), en « laboratoire du crépuscule » (Milan Kundera), en « communauté des ébranlés » (Jan Patočka), en creuset des « hystéries collectives » (Istvan Bibó), ou bien encore en « mémoires blessées » (Imre Kertész).[3]

---

reflète la singularité de la Pologne au sein du Bloc de l'Est, avec la constitution d'une société civile qui s'adosse à un puissant mouvement ouvrier (grèves des chantiers navals de Gdansk, constitution du syndicat Solidarité), à des pans entiers de l'Église (dont le cardinal de Cracovie, Karol Wojtyla, est élu Pape en 1978), à des réseaux estudiantins et à de puissants relais intellectuels (KOR, Mouvement de défense des Droits de l'Homme, médias parallèles). Cette société de dissidence place la Pologne aux avant-postes de la *Perestroïka* (restructuration) et de la *Glasnost* (transparence) de Mikhaïl Gorbatchev, dernier dirigeant de l'URSS.

[3] Karel Kosik (1926-2003, philosophe tchèque, auteur notamment de *La crise des temps modernes : Dialectique de la morale*) ; Czeslaw Milosz (1911-2004, poète et écrivain d'origine polonaise, exilé aux Etats-Unis, lauréat du Prix Nobel de littérature, auteur d'*Une autre Europe* et de *La Pensée captive*) ; Milan Kundera (1929-2023, écrivain tchèque émigré en France, auteur de *L'insoutenable légèreté de l'être*) ; Jan Patočka (1909-1977, philosophe tchécoslovaque, porte-parole de la Charte 77 avec Vaclav Havel qui fut son disciple, auteur des *Essais hérétiques sur la philosophie de l'histoire*); Istvan Bibó (1911-1979, historien hongrois, auteur de *Misère des petits Etats de l'Europe de l'Est*) ; et Imre Kertész (1929-2016, écrivain hongrois, lauréat du Prix Nobel de littérature, auteur de *Être sans destin*). Pour de multiples références, voir Laignel-Lavastine, A., *Esprits d'Europe*, Paris, Calmann-Lévy, 2005; et Rupnik, J., *L'autre Europe*, Paris, Ed. Odile Jacob, 1993.

Par conséquent, tourner la page de Yalta revient à s'extraire des pliures de l'histoire pour accéder librement à un espace communautaire, symbole de prospérité et de liberté. Les PECO considèrent l'élargissement de l'UE comme une affaire de bon droit politique en exigeant un rang égal aux membres d'un club trop enclins à les rabaisser au statut de parents pauvres venus de confins éloignés. En quête de reconnaissance, les pays issus du bloc soviétique se méfient d'une lecture réductrice de leur héritage qui se définirait en contrepoint de l'expérience occidentale. Figure emblématique de l'opposition tchécoslovaque, puis de la révolution de velours à Prague, Vaclav Havel se présente en héraut de cette « Autre Europe », témoin de l'odyssée du continent. Car si les nations les plus anciennes du centre de l'Europe ont subi de profondes altérations économiques à cause du joug impérialiste (alors que l'Occident s'industrialise de manière exponentielle au 19è siècle) et si les PECO ont connu la face sombre de l'autoritarisme (alors que l'Occident consolide son assise démocratique au cours du 20è siècle), leur trajectoire ne les prive en rien d'un regard critique à l'endroit d'une Europe de l'Ouest soumise, toujours selon Havel, à une « surcivilisation » caractérisée par le consumérisme et le conformisme, source de déclin.[4] C'est pourquoi aucune des deux parties du continent ne peut se dédouaner d'une introspection politique au risque de créer de nouveaux types de déviation. Car aucune ne peut s'arroger le droit d'exercer un magistère moral (l'Ouest) ou de porter un masque victimaire (l'Est). Bien au contraire, il conviendrait de reconnaître une communauté de destin à deux sphères jumelles trop longtemps séparées l'une de l'autre.

Dix ans après la chute du Mur de Berlin, le Président de la République tchèque reste fidèle à la rhétorique de la complémentarité. Il rappelle à la tribune du Sénat français que l'Europe dispose « d'une chance qu'elle ne s'est jamais vu accorder au cours de son histoire ». Et de préciser, « la chance d'instaurer enfin un ordre véritablement équitable qui ne soit pas fondé sur la violence mais sur la justice, reflétant ainsi la volonté de toutes les nations, de toutes les communautés et de tous les individus vivant en Europe ».[5] Pour l'ex-dissident, la configuration du continent de l'après-Guerre froide invite à une nouvelle éthique susceptible de rompre avec

---

[4] Vaclav Havel cite souvent son maître à penser, Jan Patočka (lui-même disciple d'Edmund Husserl), en privilégiant une approche phénoménologique de l'essence européenne (éthique, ontologie).

[5] Havel, V., *Pour une politique post-moderne*, Paris, Editions de l'Aube, 1999, p. 40.

une « entreprise administrative trop complexe ».[6] C'est pourquoi l'élargissement de l'UE devrait tout autant résulter d'une évidence historique que d'une opportunité unique afin de nourrir un projet paneuropéen. Devant les sénateurs français, Vaclav Havel qui a rejeté quelques années plus tôt la confédération européenne de François Mitterrand, au motif qu'elle confinait les PECO dans une antichambre institutionnelle, prévient : « Si l'on applique une politique de deux poids, deux mesures, c'est-à-dire une politique de méfiance à l'égard des démocraties nouvelles, de crainte au fond qu'elles ne mangent une trop grande part du gâteau, ou par peur de la nouveauté, l'Europe se divisera à nouveau ».[7] Sans nier la nécessité de respecter les acquis communautaires, le président tchèque met en garde contre la difficulté de la tâche pour des pays fraichement sortis du soviétisme. Tout sentiment d'altérité rimerait alors avec un complexe d'infériorité en faisant resurgir le spectre d'une arriération socio-économique de l'Europe centrale. La rémanence d'une « névrose », redoutée par l'éminent sociologue hongrois Elemér Hankiss, pourrait hanter les élites intellectuelles est-européennes au point de les amener à s'interroger sur l'existence d'une « voie singulière », en écho au fameux *Sonderweg* allemand.

Au terme de la bipolarité, un avènement que l'Occident interprète comme la fin d'un cycle historique majeur avec la victoire de la démocratie et du libéralisme sur le communisme, la fluidité fait défaut aux relations est- et ouest-européennes. Outre les tensions entre la France et l'Allemagne à propos de l'élargissement (promu par Berlin) et de l'approfondissement (défendu par Paris), l'ouverture de l'UE à de nouveaux Etats membres soulève une question de fond. La finalité du modèle communautaire se décrypte-t-elle à travers l'édification d'une Europe-espace ou la réalisation d'une Europe-puissance ? Le décalage cognitif persiste lorsque les PECO comprennent leur intégration à l'UE sous le sceau d'un « retour à l'Europe », tandis que les autorités de Bruxelles déclinent l'élargissement en une kyrielle de conditionnalités.[8] Or le processus de

---

[6]   Ibidem, p. 39 et 47.

[7]   Ibid., p. 41.

[8]   Le sommet d'Athènes de 2003 entérine le principe de « grande famille » pour le Traité d'adhésion en mettant fin à la *différenciation* entre PECO (le « groupe de Luxembourg » de 1997 concernait 6 pays dont la Pologne, la Hongrie et l'Estonie alors que le « groupe d'Helsinki » de 1999 retenait notamment la Lituanie, la Lettonie et la Slovaquie). Quant aux 3 critères de Copenhague, adoptés en 1993, ils s'appliquent au nom de la *standardisation* : respect de l'Etat de droit, développement de l'économie de marché et absorption des acquis communautaires. Sur

standardisation destiné à gommer les différences renvoie immanquablement à l'idée d'un retard normatif que l'Europe centrale et orientale perçoit à l'aune d'une nouvelle marginalisation. Et plus les transferts de règles sont identifiés à une procédure de rattrapage, plus les PECO oscillent entre deux mouvements contraires. Le premier les incite à cultiver une vision mythifiée de leur histoire de façon à se réapproprier une mémoire nationale (synonyme de renaissance et de souveraineté), alors que le second les invite à se fondre dans un espace collectif (synonyme d'identité et de puissance européenne).[9] Dans les deux cas, le processus d'élargissement suggère un alignement de l'Est sur l'Ouest à travers une forme d'a-historicité de l'Europe centrale et orientale. C'est ainsi qu'en écho aux pères fondateurs de l'UE (tels Monnet, Adenauer, de Gasperi ou Schuman), les pays est-européens sont à la recherche de différentes balises temporelles qui les distinguent tout en les rapprochant de la vision occidentale de l'Europe. Cette posture diachronique traduit un besoin de s'affirmer en tant qu'acteurs à part entière de l'Union.

De facto, les PECO se raccrochent à une mémoire militante dans le but de corriger une asymétrie. A cet égard, leur adhésion au projet de constitution de l'UE (enterré par les référendums français et néerlandais) présentait l'avantage de les associer à l'écriture d'un corpus juridico-philosophique. Ce n'est donc pas un hasard si les figures révolutionnaires du Printemps des peuples sont exhumées au moment de mutualiser les apports culturels nationaux. Souligner l'entreprise intellectuelle du Hongrois Sandor Petöfi (1823-1849) pour un étatisme moderne ou l'engagement missionnaire du Polono-lituanien Adam Mickiewicz (1798-1855) en faveur de la culture slave permet de mettre en exergue le legs messianique de l'Europe centrale. Ce n'est pas non plus un hasard si dans le cadre de la nouvelle législature du Parlement européen, l'année même du

---

les conséquences des conditionnalités européennes et des mécanismes de filtrage (*screening*), voir Schimmelfennig, F., « Konditionalität in der Wirtschafts- und Währungsunion. Was können wir von der EU-Beitrittskonditionalität lernen? », Friedrich-Ebert-Stiftung, *Internationale Politikanalyse*, 2015.

[9] Cette double détente se trouve parfaitement résumée par Zaiki Laïdi qui parle d'un recours au sentiment national « fonctionnellement insuffisant mais identitairement irremplaçable » et d'une intégration communautaire « fonctionnellement indépassable mais identitairement insatisfaisante », *Géopolitique du sens*, Paris, Desclée de Brouwer, 1998, p. 11. Voir également, Gazdag, F., Szemerkényi, R., « La souveraineté à la fin du XXᵉ siècle vue d'Europe centrale », *Entre Union et Nations*, Le Gloannec, A.-M., dir., Paris, Presses de Sciences Po, 1998, p. 139-165. Et Goulard, S., « En finir avec Yalta », *Les Carnets du CAP*, 2/2006, p. 11-17.

« grand élargissement », la candidature du Polonais Bronislaw Geremek participe d'une représentation est-européenne plus équilibrée au sein des institutions communautaires. Mais l'échec de cette personnalité singulière produit l'effet inverse en suscitant un déni de normalité à l'encontre des PECO.[10] En revenant à une logique fâcheuse d'appareils traditionnels, imposée par les deux puissants groupes parlementaires PPE et PSE, l'élection de l'Espagnol Josep Borrell banalise le bagage politique est-européen quand elle ne l'ignore tout simplement pas. Avec Bronislaw Geremek, l'« Autre Europe » gagnait en épaisseur pour espérer ne plus être associée à une autre histoire, supposée moins nourricière que celle de l'Occident. Ce rendez-vous manqué entre les parties occidentale et orientale va précipiter le passage de la phase d'égalisation mémorielle (volonté de rectifier un déséquilibre) à une phase concurrentielle (volonté d'assumer une différence).

Regards biaisés entre l'Est et l'Ouest européen ou les rancœurs de l'élargissement

Dès l'ordonnancement du nouveau calendrier des présidences tournantes du Conseil de l'UE, les PECO se saisissent de leur premier exercice de *leadership* et de *policy making* avec la prétention d'imprimer leur marque géopolitique. Au même titre que les Etats membres les plus expérimentés, ils entendent agir sur l'agenda communautaire.[11] En tirs groupés, d'abord avec la Slovénie en 2008, puis avec la République tchèque en 2009, enfin avec la Hongrie et la Pologne en 2011, le quatuor incarne

---

[10]   Juif rescapé du ghetto de Varsovie, Bronislaw Geremek (1932-2008) symbolise la complexité de *l'intelligentsia* est-européenne. Membre du parti ouvrier polonais (POUP) à partir de 1950, il s'en détache dès 1968. Passé dans l'opposition politique, il milite au sein du Comité de défense des ouvriers (KOR), puis rejoint le mouvement syndical de Solidarité lorsque le général Jaruzelski impose l'état de siège en 1981. B. Geremek sera emprisonné près de deux ans et demi. En 1989, il soutient le processus de la « Table ronde » et la transition politique de Lech Walesa dont il devient le conseiller. Après avoir été député à la chambre basse polonaise, B. Geremek occupe les fonctions de ministre des Affaires étrangères, et de Président de l'OSCE. Il siège au Parlement européen en 2004. En 2006, il sera poursuivi par le gouvernement du PiS pour collusion avec le régime communiste dans le cadre de la loi de lustration.

[11]   Coman, R., « Les nouveaux Etats membres et les vieux malentendus de l'intégration européenne », *Politique européenne*, 3/2012, p. 70-92.

au plus haut niveau le processus d'européanisation tout en promouvant des axes de développement inédits au sein de l'UE (relations avec les Balkans occidentaux, synergie danubienne, voisinage oriental). Si les PECO relèvent de majorités gouvernementales différentes entre partis pro-européens (Slovénie, Pologne) et formations conservatrices (République tchèque, Hongrie), le point nodal des initiatives est-européennes s'articule sur la base d'un *habitus* socio-historique.

Les présidences successives se mobilisent sur la question mémorielle et, tout particulièrement, sur la journée dédiée à la fin de la Guerre froide. Initiés par la Slovénie avec l'appui du Conseil et de la Commission, les débats vont rapidement animer le Parlement qui amplifie le cours narratif de l'« Autre Europe ». De nombreux députés issus des PECO endossent le rôle d'entrepreneurs mémoriels à travers la confrontation de deux vécus et deux héritages européens. Conduits par les représentants polonais et baltes, les échanges s'apparentent à une *catharsis* sans laquelle aucune réunification ne peut être envisagée entre les parties occidentale et orientale du continent. Car, insistent ces députés, face à la construction démocratique de l'UE se sont dressés l'isolement et la souffrance des sociétés est-européennes dont il faut prendre conscience.[12] C'est donc une mémoire réparatrice et collective que les PECO s'attachent à promouvoir en choisissant la date symbolique du « 29 août » 1939.[13] Vu de l'Est, le Pacte germano-soviétique signe en effet le basculement de l'Europe centrale et orientale vers le totalitarisme.

Constitués en un front uni, les PECO lient le renoncement occidental d'avant-guerre (Munich) à leur sort géopolitique d'après-guerre (Yalta). Dès lors, ils en appellent à la reconnaissance de leur double peine totalitaire en dénonçant, de surcroît, la place subalterne qu'occupent les

---

[12] Neumayer, L., « Integrating the Central European Past into a Common Narrative: the Mobilizations Around the Crimes of Communism in the European Parliament », *Journal of Contemporary European Studies*, vol. 23, 3/2015, p. 344-363 ; et « European Conscience and Totalitarianism », Parlement européen, Débat, 25 mars 2009, http://www.europarl.europa.eu .

[13] Sierp, A., « 1939 versus 1989 - A missed opportunity to create a European *Lieu de mémoire* ? », *East European Politics and Societies*, 3/2017, p. 439-455 ; Perchoc, Ph., « Negotiating Memory at the European Parliament after the Enlargement (2004-2009)», *European Review of International Studies*, 2/2015, p. 19-39; et Masson, F., « Entretien avec Georges Mink, sociologue de la mémoire », *Nouvelle Europe* [en ligne], samedi 4 novembre 2017, http://www.nouve lle-eur ope.eu/node/1994.

victimes du communisme dans l'historiographie ouest-européenne.[14] Mais la question du parallélisme entre le nazisme et le stalinisme se heurte à l'analyse occidentale. Mettre sur le même plan les deux systèmes équivaut à obérer l'unicité de la Shoah et à fondre l'idéologie communiste dans le chaudron stalinien, alors que les PC occidentaux ont joué un rôle central dans le redressement de nombreuses démocraties. La prise en compte tardive de la réalité du *Goulag* explique en partie ce décalage critique entre l'Est et l'Ouest européens. Tandis que les sociétés baltes sont imprégnées du lourd tribut payé dans les camps de travail de l'Oural, de Sibérie ou d'Asie centrale dès 1945, les intellectuels de gauche occidentaux, notamment en France, se divisent face à la dénonciation du système soviétique. Le procès Kravchenko traduit parfaitement les lignes de fracture au sein de la communauté politique, scientifique et littéraire française.[15] Il faut attendre l'exil de Soljenitsyne au milieu des années 1970 et la traduction de *L'Archipel du Goulag*, pour que l'accusation des crimes staliniens se répande. La condamnation de l'appareil concentrationnaire de l'URSS doit également beaucoup à la publication de l'œuvre de Varlam Chalamov sur l'enfer blanc de la Kolyma.

Compte tenu des interprétations divergentes de la Guerre froide, il est remarquable que les discussions relatives à la date « 29 août » débutent sous présidence slovène et aboutissent, dès l'année suivante, avec la Déclaration de Prague qui aiguillonne les débats du Parlement. La « Journée européenne du souvenir des victimes du nazisme et du stalinisme » postule clairement la symétrie recherchée par les PECO entre les deux régimes totalitaires. La présidence tchèque de 2009 doit néanmoins évoluer face à la résistance du groupe des socialistes européens, essentiellement composé de formations occidentales. Le PSE s'oppose à une « réécriture de l'Histoire ». Aux oreilles de certains partis, en particulier français, italien, allemand et grec, il convient non seulement de différencier les deux idéologies, mais aussi de distinguer « le » communisme des engagements « de » communistes ou plus encore « des » communistes. Les échanges sont donc houleux principalement entre le PSE et le groupe libéral-conservateur PPE-DE, favorable à la Déclaration

---

[14] Mälksoo, M., « The memory politics of becoming European : the East European subalterns and the collective memory in Europe », *European Journal of International Relations*, 2009, p. 653-680.

[15] Israël, L., « Un procès du Goulag au temps du Goulag ? L'affaire Kravchenko en 1949 », *Critique internationale*, 3/2007, p. 85-101.

de Prague. Certes, la résolution du Parlement adoptée le 2 avril 2009, marque une inflexion sémantique conciliante faisant du « 29 août » la « Journée du souvenir des victimes de tous les régimes totalitaires et autoritaires » ; mais elle introduit une normativité mémorielle calquée sur l'héritage est-européen.

Entérinée l'année du soixante-dixième anniversaire du Pacte Molotov-Ribbentrop, la résolution compense le poids symbolique de la Journée de l'Europe qui consacre les origines du projet communautaire. Si le discours de Robert Schuman du 9 mai 1950 plébiscite la réconciliation et l'unité européenne, il n'implique aucune figure politique et aucun mouvement citoyen de l'Est du continent. Le « 29 août » se démarque également du « 27 janvier », journée dédiée aux victimes de l'Holocauste. Avec le Pacte Molotov-Ribbentrop, la position soviétique participe du problème (la mise sous cloche de l'Europe orientale), et non de la solution (la libération du camp d'Auschwitz). En outre, le curseur de 1939 permet de remonter le fil de l'irresponsabilité occidentale, de Versailles à Rapallo et de Rapallo à Munich, vis-à-vis de Berlin et de Moscou. Par cette démonstration implicite, l'idée d'une dette morale à l'égard des pays de l'Est refait surface. Enfin, contrairement au 27 janvier 1945 qui symbolise un effet d'ouverture avec la renaissance de l'Europe, le 29 août 1939 suggère un effet de fermeture avec la vague de répressions qui s'abat à l'Est du continent. Il revient à la présidence polonaise de l'UE d'adresser un rappel aux pays occidentaux qu'elle estime trop timidement impliqués dans les célébrations du « 29 août ». La déclaration de Varsovie de 2011 invite aussi la Commission et le Conseil européen à une mobilisation pérenne dans la commémoration des « crimes commis par les régimes totalitaires en Europe ». Tout en soulignant que chaque Etat reste libre des modalités du souvenir, la Pologne remet les PECO en première ligne des politiques mémorielles.

Le marqueur censé célébrer la fin de la Guerre froide témoigne de deux visions et de deux interprétations du 20è siècle. Alors que les PECO pensent la Guerre froide *en amont*, à partir des éléments déclencheurs de la division de l'Europe, la plupart des pays occidentaux la décryptent *en aval,* à partir de l'instant clé de sa disparition. C'est pourquoi deux dates étaient en concurrence. Au « 29 août » répondait le « 9 novembre », en référence à la chute du Mur de Berlin de 1989.

Avec le « 9 novembre », il s'agissait d'adopter une lecture somme toute œcuménique de la fin de la bipolarité, mais également une lecture occidentale presque festive de l'événement. Il est vrai que dans la mémoire des sociétés de l'Ouest, ce sont davantage les scènes de liesse berlinoises, les coups de marteaux contre les dalles de béton du Mur de Berlin ou le concert impromptu de Rostropovitch qui frappent les esprits, et beaucoup moins l'élection des nouveaux parlementaires polonais, les passages incessants de Trabants en Autriche durant l'été 1989, voire même l'exécution du couple Ceausescu en décembre 1989. Pourtant, la date du « 9 Novembre » permettait de relier le « milieu de mémoire » (vecteur commémoratif) aux « lieux de mémoire » (sites physiques), chers à Pierre Nora, afin d'amplifier le sens d'un segment historique. Cependant, le « 9 novembre » remettait les puissances occidentales au centre du jeu diplomatique avec Moscou comme interlocuteur privilégié (négociation des Accords 4+2). Or, c'est précisément cette lecture que les PECO ne souhaitaient pas valoriser. De leur point de vue, elle ne reflétait ni leur dissidence depuis 1945, ni la dynamique de leur transition depuis le début des années 80, le Mur de Berlin n'ayant été qu'une pièce parmi tant d'autres de l'échiquier politique.

Sans la « Table ronde » en Pologne et sans la décision du gouvernement hongrois de cisailler le Rideau de fer, il n'y aurait pas eu d'effet domino qui enterre le régime de la RDA, symbole s'il en est de la fin de l'aire bipolaire aux yeux du monde entier. Et surtout, le « 9 Novembre » ne tenait pas compte de la spécificité des pays baltes. Incorporés à l'URSS en 1944, leur « sortie de Yalta » se déroule à la fois plus tôt et plus tard que celles des autres PECO. Plus tôt, puisque la Lituanie, la Lettonie et l'Estonie forment dès le 29 août 1989 la « voie balte », une chaine humaine de près de 700 kilomètres reliant les trois capitales à l'occasion du cinquantième anniversaire du Pacte Molotov-Ribbentrop. Plus tard, puisque les trois républiques fédérées baltes se détachent unilatéralement de l'URSS en 1990, sans que la fin de l'URSS ne soit encore proclamée.

Le phénomène gigogne des mémoires se retrouve singulièrement chez les Etats baltes dont la perception de l'Europe reste fortement impactée par les deux conflits mondiaux. Après avoir agi sur le processus d'élaboration de leur culture nationale, la posture antirusse qui les caractérise continue d'influencer leur jugement quant aux relations Est-Ouest. Mais surtout, les trois pays ne considèrent pas l'extermination de la communauté juive comme un génocide unique sur l'échelle de l'humanité, à l'inverse de la pensée dominante en Occident.[16] Le fait que la Shoah soit perçue différemment s'explique tout autant par la présence détestée des Juifs au tournant du 20è siècle, lorsque leurs indépendances nationales se précisent, que par la participation d'une frange active de la population à l'assassinat des Juifs dès juin 1941, au moment du déclenchement de l'Opération Barbarossa par l'Allemagne nazie. En Lituanie qui compte la plus grande communauté juive, l'intelligentsia ashkénaze et le YIVO (l'Institut scientifique yiddish) sont alors associés à un courant révolutionnaire d'obédience marxiste-léniniste sur lequel l'Armée rouge va s'appuyer en 1940 pour recruter des cadres capables de souscrire à l'idéologie communiste. Ainsi contrairement aux puissances alliées, les pays baltes n'ont jamais admis l'URSS comme un partenaire. Leur « insularité mémorielle » (Philippe Perchoc) les cantonne dans une muséologie et dans une historiographie où le rapport aux guerres et aux occupations reste volontairement équidistant des régimes nazi et soviétique.[17]

Si l'intégration européenne a incontestablement favorisé un regard plus nuancé sur ce parallélisme, il n'en demeure pas moins que l'époque de la « Terreur rouge » irrigue le cours mémoriel des pays baltes plus que nulle par ailleurs en Europe, à l'image du site de Patarei.[18] Construite face à la mer sous le Tsar Nicolas 1er, la destinée de cette sinistre forteresse estonienne renvoie aux méandres du 20è siècle après avoir été transformée en prison du régime bolchévique, puis nazie, et de nouveau

---

[16]   Le Grand-duché de Lituanie édicte des statuts favorables à la communauté juive dès le 14è siècle au moment de la Peste noire, faisant ainsi du territoire lituanien un creuset multiethnique sans pareil en Europe. Les Ashkénazes vont occuper des fonctions importantes, sinon centrales, pour le développement économique et marchand du Grand-duché de Lituanie aussi bien dans le milieu rural que dans les villes principales du pays (Vilnius/Wilno/Vilnè ; Kaunas/Kovno/Kovnè ; Grodno/Harodnè ; Brest-Litovsk/Brisk de Lita).
     La population de Vilnius compte près de 50 pour cent de Juifs jusqu'à l'entre-deux-guerres et celle de Kaunas 36 pour cent ; Kaunas devient la capitale de la Lituanie entre 1923 et 1940, à la suite de l'annexion de Vilnius par la Pologne. Sur près des 200 000 Juifs que compte la Lituanie avant la Deuxième Guerre mondiale (beaucoup plus que la Lettonie et l'Estonie), 90 pour cent seront exterminés à partir de 1941. Cf. Minczeles, H., Plasseraud Y., Pourchier, S., *Les Litvaks, l'héritage universel d'un monde juif disparu*, Paris, La Découverte, 2008.

[17]   Perchoc, Ph., « Les députés européens baltes et les débats mémoriels, entre stratégie politique et engagement personnel », *Revue internationale de politique comparée*, 4/2015, p. 477-503.

[18]   Bayou, C., « Estonie, la prison de Patarei : enjeu mémoriel insoluble ? » *Regard sur l'Est*, 2/2018.

communiste. Les projets de réhabilitation de l'édifice sont récurrents sans toutefois déboucher sur une entreprise concrète.[19] Et si l'installation d'un centre de recherches internationales sur le totalitarisme semble tenir la corde, les crimes communistes en restent le cœur de cible.

Diplomatie mémorielle, plutôt Kant ou Hobbes ?

Au-delà des positions est-européennes sur la question du double totalitarisme, il existe une déclinaison des politiques mémorielles caractéristique d'un durcissement, en passant d'une phase concurrentielle à une phase résolument contestataire, voire révisionniste à l'encontre du prisme occidental. L'évolution de la Pologne est à ce titre révélatrice d'un recours quasi obsessionnel à la mémoire comme levier identitaire mais aussi stratégique, en faisant du pays une « nation-histoire » (Georges Mink). Avec l'arrivée au pouvoir du parti ultraconservateur du PiS, la Pologne se définit comme une puissance centrale en trouvant sur l'échelle du temps long le moyen de s'imposer.[20] On retrouve ainsi Varsovie à la manœuvre de toutes les configurations géopolitiques post-élargissement avec la volonté de remiser les valeurs normatives de l'UE, tout autant que

---

[19]   C'est dans l'enceinte de Patarei à Tallinn (anciennement Reval) qu'ont été internés les derniers Juifs français du convoi 73, parti de la gare de Drancy en mai 1944. Ce convoi exclusivement composé d'hommes, que les familles ont longtemps cru avoir été dirigé vers Auschwitz-Birkenau, a traversé l'Allemagne et la Pologne pour s'arrêter à Kaunas puis à Tallinn, et les prisonniers ont été assujettis à des travaux de déboisement en Lituanie ou de construction de pistes d'aviation en Estonie. La plupart d'entre eux ont été internés à Patarei avant d'être exécutés. Le convoi 73 est le seul à avoir atteint les pays baltes.

[20]   Fondé en 2001 par les frères jumeaux Lech et Jaroslaw Kaczyński, le parti Droit et Justice (PiS) est au pouvoir de 2005 à 2007. Il perd alors les élections législatives au profit de son principal rival, le parti libéral Plate-forme civique conduit par Donald Tusk (Premier ministre polonais de 2007 à 2014 et Président du Conseil européen de 2014 à 2019, premier Président issu d'un pays de l'Est). Le PiS remporte successivement les élections à la Chambre basse (*Sejm*) en 2015 et en 2019 avec la majorité absolue, tout en étant la première force politique au Sénat. A noter que Lech Kaczyński est Président de la Pologne de 2005 à 2010, année de son décès dans l'accident d'avion qui le menait à Smolensk à l'occasion de la première commémoration polono-russe du massacre de Katyn perpétré en 1940, passé sous silence jusqu'à la *Perestroïka* de M. Gorbatchev et reconnu officiellement au nom de la Russie par V. Poutine.

l'héritage communiste polonais et la place de la Shoah dans l'histoire de la Pologne.[21]

Par la valorisation de l'époque mythifiée de son royaume, afin de rappeler à l'Occident son rôle protecteur de la chrétienté (face aux assauts musulmans) et sa qualité de porte-voix de l'Église catholique (face aux intrusions orthodoxes), la Pologne s'affirme en dépositaire de l'identité européenne. En 2010, la scénographie des six cents ans de la bataille de Tannenberg (remportée sur les Chevaliers teutoniques avec l'appui du Grand-duché de Lituanie) est un exemple patent de cette volonté de retracer les contours d'une puissance inégalée qui s'étendait des côtes baltiques aux rivages de la mer Noire. Le retour aux étapes fondatrices de l'ordre européen permet à la Pologne, d'une part de rehausser son rang continental, et de l'autre, de renverser le rapport entre « anciennes » et « nouvelles » nations européennes. De sorte que Varsovie peut recaler l'Occident sur le terrain de l'antériorité et du rayonnement messianique.

Mais la diplomatie mémorielle de la Pologne trouve ses principaux ressorts dans les événements commémoratifs du premier conflit mondial. Elevée en fête nationale, la date du 11 novembre célèbre la renaissance de la nation et la restauration de l'Etat.[22] Le gouvernement

---

[21] Mentionnons l'effacement des tablettes mémorielles de Rosa Luxemburg, la controverse autour de l'engagement politique de Bronislaw Geremek, ou la loi interdisant l'appellation des « camps de la mort polonais », en association avec les camps d'extermination nazis sur le territoire de la Pologne occupée. Au « blanchiment mémoriel » comme l'ont nommé les historiens, répond le « prisme positif » selon le gouvernement polonais, à savoir récuser toute forme de complicité de la Pologne dans les crimes commis contre l'humanité. Notons, également, les tensions entre la Pologne et la Lituanie concernant la polonisation de noms de rue (sollicitée par Varsovie eu égard aux droits collectifs revendiqués en faveur de la minorité polonophone), et les tensions entre la Pologne et l'Ukraine autour de la figure de Stepan Bandera avec la qualification de « génocide » par le *Sejm* du massacre de Polonais en Volhynie.

[22] A l'occasion du quatre-vingt-dixième anniversaire de la Première Guerre mondiale, la Pologne concurrence les commémorations organisées à Paris, en présence pour la première fois d'un Chancelier allemand aux côtés du Président de la République française sous l'Arc de Triomphe. Le gouvernement polonais invite, quant à lui, les chefs d'Etats est-européens à se rendre à Varsovie. Et lors du centenaire du premier conflit mondial, organisé en grande pompe à Paris avec un aréopage sans précédent de chefs d'Etat et de gouvernement, la Pologne se distingue par son absence préférant honorer sur son territoire le recouvrement de sa souveraineté, en référence à l'engagement de ses propres forces militaires à travers le combat de Josef Pilsudski, porté en « chef invincible de la Nation ». De cette commémoration découlent deux enjeux. L'un interne, avec la célébration de la figure héroïque et mythique de la

du PiS a d'ailleurs bien compris l'avantage d'une instrumentalisation de la sacro-sainte référence à 1918 en identifiant la Pologne au « phénix de l'Europe » (Norman Davies), un phénix capable de revenir des abimes les plus sombres pour rythmer, sinon conduire les affaires européennes. Le sentiment d'exceptionnalité ainsi cultivé est là pour signifier aux Etats fondateurs de l'UE qu'ils ne disposent pas d'une plus-value politique. D'autres, avant eux, ont façonné l'Europe.

En chef de file contestataire et populiste, le parti ultraconservateur trouve un allié de poids en la personne du Premier ministre hongrois, Viktor Orban, qui revendique la même rhétorique contestataire. Deux exemples illustrent les positions rebelles de la Pologne et de la Hongrie vis-à-vis des pays occidentaux.[23] Concernant la question migratoire, les gouvernements du PiS et du Fidesz récusent ouvertement la politique de quotas de la Commission en n'hésitant pas à convoquer l'époque des invasions tataro-mongoles et turques sur le continent (la Pologne ayant repoussé les premières et la Hongrie ayant subi les secondes). Chantres d'une Europe chrétienne, les deux pays accusent les Occidentaux de faire le jeu d'une islamisation du continent en provoquant le « grand remplacement ».[24] Quant à l'Etat de droit, la Pologne et la Hongrie poussent le combat contre Bruxelles jusqu'à renverser les axiomes de l'UE. Au principe de la séparation des pouvoirs, Varsovie et Budapest opposent une posture antisystème avec le modèle de la démocratie « illibérale ». Le PiS et le Fidesz se réclament de la légitimité par la performance qui fait de l'Etat le garant de la prospérité et de la sécurité. Cette approche substantielle, plutôt que formelle, rejoint le légisme chinois où l'Etat protecteur est valorisé, de la même manière que la verticale du pouvoir communément partagée par les régimes autoritaires. En somme, l' « Etat par le droit » répond à l'« Etat de droit », la loi devenant un instrument du pouvoir où l'exécutif prime sur le législatif et le judiciaire.

Que la Commission à l'adresse de la Pologne en 2017, et que le Parlement européen à l'encontre de la Hongrie en 2018, aient déclenché la procédure prévue à l'Article 7 du Traité sur l'Union européenne n'y

---

patrie qui renforce le lien sociétal. L'autre externe, avec une indépendance polonaise qui ne doit rien aux chancelleries européennes.

[23] Liebert, U., « Divergent narratives - The unfinished adventure of European unification », 28 mars 2019, *Eurozine*.

[24] Pour un florilège de citations explicites de Viktor Orban et de Jaroslaw Kaczyński sur la crise des réfugiés et la démocratie illibérale, voir Krakowsky, R., *Le populisme en Europe centrale et orientale*, Paris, Fayard, 2019, p. 240-256.

change rien. Car non seulement le PiS et le Fidesz se servent des tensions comme amplificateur du populisme, mais en plus ils parviennent à neutraliser le recours à l'Article 7. L'unanimité des voix au sein du Conseil européen étant requise, il suffit d'un soutien mutuel pour désamorcer la menace des instances de l'UE (sanctions financières et suspension du droit de vote).[25] En se raidissant face à Bruxelles, la Pologne et la Hongrie font d'une pierre deux coups. Elles exercent une nuisance qui suffit à leur existence politique tout en dénonçant l'assujettissement institutionnel qui briderait leur liberté d'action. En 2021, leur spectaculaire saisine de la Cour de Justice de Luxembourg pour qu'elle se prononce sur la légalité du mécanisme de conditionnalité prôné par Bruxelles (lier le respect de l'Etat de droit au versement de fonds européens), en a dit long sur la fronde qu'entendent mener les partis ultra-conservateurs.

Sur le terrain victimaire, la Hongrie du Fidesz va encore plus loin que la Pologne en instrumentalisant un répertoire révisionniste. Placée du côté des puissances défaites au terme du premier conflit mondial, la Hongrie fait du 4 juin sa fête nationale en référence au Traité de Trianon de 1920, qui lui retire les deux tiers de son territoire et la moitié de sa population. Se dire victime de la loi d'airain occidentale permet à Viktor Orban de convertir l'humiliation en une revendication néo-nationaliste. Lors du centenaire du Traité, le Premier ministre hongrois retourne le récit historique en une arme anti-occidentale en s'en prenant frontalement aux puissances alliées. Il agite l'identité ancestrale, ranime les blessures nationales, et évoque la mise en danger d'une terre faite de « trésors naturels » dont « l'Occident a privé la Hongrie », en « violant des frontières millénaires ». A cause de ce *Diktat*, les Hongrois seraient forcés de vivre derrière des « frontières indéfendables », transformant leur nation en un « couloir de la mort ».[26] La charge est lourde. Néanmoins, Viktor Orban ne prétend pas vouloir quitter l'Union européenne. Déjà en 1999, le Président de la Commission européenne Romano Prodi expliquait que rejoindre librement un ensemble communautaire invitait à en respecter les valeurs fondatrices et les règles de fonctionnement. Avec un brin de

---

[25] En nécessitant l'unanimité des voix au sein du Conseil européen, l'adoption du Brexit et, surtout, du budget pluriannuel de l'UE (2021-2027) a grandement abrasé les menaces réciproques (blocage du processus décisionnel intergouvernemental par Varsovie et Budapest *versus* suspension des aides financières de la part des instances communautaires).

[26] Chastand, J.B., « Le traité de Trianon, une obsession hongroise », *Le Monde*, 24 juillet 2020.

malice, il interrogeait alors les PECO sur la date de leur demande d'adhésion à l'URSS, une façon de remettre à plat les comparaisons entre le joug soviétique et le partage volontaire de souveraineté. En 2020, c'est au tour du Président du PPE au Parlement européen de recadrer Viktor Orban qui franchit le Rubicon en assimilant l'UE au régime soviétique. Manfred Weber retire au Fidesz son droit de vote.[27]

Toujours est-il que cette déviance normative et politique est savamment atténuée par un chapelet d'associations destinées à hiérarchiser de nouveaux centres d'intérêts au sein de l'UE. Autrement dit, en redessinant la carte des méridiens traditionnels, les PECO esquissent un ensemble géopolitique, qui s'il ne s'impose pas comme l'alfa et l'oméga de l'UE, bouscule des pans entiers de l'architecture européenne. Parmi les pays membres de la dizaine d'associations créées depuis la chute du Mur de Berlin, la Pologne occupe une place proéminente. La première encoche dans le maillage communautaire remonte à l'adhésion de la Hongrie, de la Pologne, et de la République tchèque à l'OTAN en 1999, avant de rejoindre l'UE en 2004. La démarche des trois pays accentue alors le découplage entre sens (volonté de faire) et puissance (capacité de faire) du projet européen.

Le groupe de Višegrad, premier cercle régional à se former en référence au traité éponyme de 1335 entre les royaumes de Pologne, de Bohême et de Hongrie, renforce le profil atlantiste de l'UE au détriment d'une plus grande autonomie à l'égard de l'OTAN (dessein traditionnellement soutenu par la France). Le choix des PECO s'inscrit dans la conception sécuritaire des Etats-Unis, théorisée par Robert Kagan dans un essai remarqué de 2003, *Of Paradise and Power. America and Europe in the New World Order.* Pour l'auteur conservateur républicain, l'Europe se dirige vers un au-delà de la puissance, un paradis post-historique dans lequel tout serait apaisement et prospérité. Face à cet idéal kantien de paix perpétuelle, les Etats-Unis restent, quant à eux, conscients des menaces résultant d'un environnement instable. Confrontée à l'état de nature que suggère une vision hobbésienne du monde (*homo homini lupus*), la puissance américaine saurait toujours recourir à la force militaire afin de garantir sa sécurité et celle de ses alliés. Et les PECO accepteraient

---

[27] Interview de Manfred Weber, « Weber wirft Orban vor, Europa zerstören zu wollen », *Welt am Sonntag*, 27 décembre 2020. La contre-attaque du chef de file du PPE fait également suite aux propos du député hongrois, Tamás Deutsch, comparant la rhétorique de Weber sur l'Etat de droit à celle de la *Gestapo*.

une relation contractuelle similaire à celle proposée dans le *Léviathan*. Si cette analyse binaire rencontre à l'évidence ses limites, elle a pour avantage de viser des pays qui conçoivent leur sécurité par l'adhésion à un pacte sécuritaire : l'Alliance atlantique.

Par conséquent, l'OTAN trouve un nouveau souffle avec la Pologne, la Hongrie, et la République tchèque qui dès 2003 assurent les Etats-Unis de leur soutien à une intervention militaire en Irak (Lettre des Huit), alors que la France et l'Allemagne se déclarent opposées à cette guerre.[28] Cette divergence européenne, qui ébranle les fondements d'une politique étrangère commune, conduit Jacques Chirac à admonester les PECO en raison de leur audace diplomatique. De leur côté, les Etats-Unis s'attachent à exploiter le sentiment de déclassement que le Président français renvoie aux pays est-européens. L'influence américaine au sein de l'Alliance se traduit par une mise en valeur constante de l'apport des nouveaux Etats membres de l'UE. A Bucarest en 2015, l'OTAN entérine le format « B 9 » qui réunit les Ministres de la défense du groupe de Višegrad (V4), de la Roumanie, de la Bulgarie, et des trois pays baltes. Enfin à Bratislava en 2019, loin de son siège bruxellois, l'Alliance organise le sommet de son soixante-dixième anniversaire en saluant la place centrale qu'occupent les PECO sur l'échiquier transatlantique. S'ils n'entravent ni la Coopération structurée permanente (CSP) de l'UE ni l'Initiative européenne d'intervention (IEI), les PECO se disent réticents au principe des coopérations renforcées qui les lierait à une France trop encline à privilégier une défense euro-européenne. Par ailleurs, le choix de la Pologne de s'équiper en matériel américain (avions de combats, hélicoptères, chars) entaille régulièrement le tissu industriel de l'armement européen.

Dans ce contexte de rééquilibrage, Varsovie joue les chefs d'orchestre avec de nouvelles compositions européennes. La centralité géographique de la Pologne combinée à sa profondeur historique conforte le pays à l'avant-garde de la Politique européenne de voisinage (PEV). Initiée en 2004 avec la Suède, elle contrebalance le poids stratégique des pays fondateurs de l'UE. Alors qu'en 2008, lors de sa présidence tournante, la France pense reprendre la main sur la PEV en lançant l'Union pour la Méditerranée, le Sommet européen de Prague officialise dès l'année suivante le Partenariat oriental, qui scelle une politique de coopération avec

---

[28] Ce groupe réunit la Grande-Bretagne, le Danemark, l'Italie, le Portugal, l'Espagne, la Pologne, la Hongrie, et la République tchèque.

six pays de l'ex-Union soviétique (Arménie, Azerbaïdjan, Biélorussie, Géorgie, Moldavie, Ukraine). En ciblant ainsi l'« étranger proche » de la Russie, les PECO escomptent affaiblir l'assise régionale de Moscou, de la Communauté des Etats indépendants à l'Union économique eurasiatique.

Le sommet européen de Vilnius de 2013 enfonce le clou en proposant des accords d'association à l'Ukraine, à la Géorgie, et à la Moldavie dans le but de renforcer leur statut de candidats à l'UE comme à l'OTAN. La réaction hostile de Moscou est immédiate. La Russie se focalise sur l'Ukraine, devenue la pièce maîtresse du Partenariat oriental. En tant qu'entité historique du creuset orthodoxe (avec Moscou et Minsk), les autorités russes n'entendent pas voir Kiev aspirée dans les filets communautaires. Si l'annexion de la Crimée conduit bien l'UE à adopter une série de sanctions à l'encontre de Moscou, leur efficacité n'est pas à décrypter en termes économiques (la Russie renforce son commerce avec la Chine) ou politiques (Moscou maintient la verticalité de son pouvoir), mais en tant que besoin d'affirmation de puissance.[29]

Sans réponse unanime à l'annexion de la Crimée, l'UE mettait à mal son potentiel diplomatique sur la scène européenne et internationale. En ce sens, la position de l'UE traduisit une inflexion majeure des Etats occidentaux jusque-là ouverts à la Russie (Allemagne, Pays-Bas, Italie, France), et l'aptitude des PECO à transformer le Partenariat oriental en un levier d'action majeur. Avec le développement de la Politique européenne de voisinage oriental, il en allait de l'affermissement de leur identité politique et historique.[30] Cette double détente identitaire explique des synergies spécifiques autour de la Pologne et de l'Ukraine, de la Lituanie et de la Biélorussie, de la Roumanie et de la Moldavie, ou de la Slovénie et des Balkans occidentaux. Toutefois, en raison même de cette spécificité, les PECO ne sont pas en mesure d'engager un processus de pacification, sinon de négociation de paix, alors que le Partenariat oriental se justifie à leurs yeux par la sécurisation de leurs frontières extérieures. C'est ainsi qu'il revient à l'Allemagne et à la France de progresser

---

[29] Bret, C., « L'Union européenne / Russie, les sanctions, et après ? », *Policy Paper*, n° 260/ mars 2021, Institut Jacques Delors.

[30] Tulmets, E., « Les inflexions de la politique étrangère des pays d'Europe centrale et orientale après la crise en Ukraine », *Les Champs de Mars*, 1/2017, p. 139-173 et Parmentier, F., « Quelle place pour l'Union européenne à l'Est ? Eléments de prospective sur le Partenariat oriental », *Terra Nova*, 4 juillet 2014.

sur le terrain diplomatique avec la Russie (voir les accords de Minsk II du 12 février 2015, signés selon le format Normandie -Hollande, Merkel, Porochenko, Poutine, avec des représentants des rebelles-, et mettant en place un nouveau cessez-le-feu).

Deux autres types d'association, le « 17 + 1 » et l' « Initiative des Trois mers », placent la Pologne au cœur d'une géopolitique novatrice pour espérer se détacher du duopole franco-allemand. Lancée à Varsovie en 2012, la première s'ouvre à une puissance tierce, la Chine, sans que Paris et Berlin n'en soient parties prenantes. Si sa dynamique de nature commerciale demeure modeste au regard du volume d'échanges extra-européens de l'UE, elle donne à Pékin l'opportunité de piqueter le maillage communautaire avec l'ambition de rendre plus difficile toute décision politique défavorable aux intérêts chinois.

Quant à l' « Initiative des Trois mers » conçue en 2016, elle renforce l'idée d'une diplomatie alternative à l'aiguillon franco-allemand en réservant une place de choix aux Etats-Unis pour tracer un corridor énergétique du Nord au Sud du continent. L'importation exponentielle de gaz naturel liquéfié américain est destinée à concurrencer l'approvisionnement qu'assurent les gazoducs russes à destination de l'Allemagne. La virulence de Varsovie et des pays baltes à dénoncer la Russie dans sa tentative de contournement donne du grain à moudre à leur allié américain. Washington se saisit de l'affaire pour lier l'enjeu de la sécurité énergétique à la sécurité militaire de l'OTAN. Ce qui mène les Américains à exercer toute forme de pression sur les pays ouvrant leurs eaux territoriales aux Nord Stream 1 et 2.[31] L'union des mers Baltique, Adriatique et Noire renoue également avec le projet historique de la Pologne d'une fédération d'Etats centre-européens.[32] Promue par le général Pilsudski en 1918, cette Europe du Milieu invite Varsovie à dérouler le fil d'un récit patriotique propre à transcender les différences partisanes au plan national, mais aussi à mettre en exergue l'ascendance polonaise au plan européen. L'activisme de Varsovie s'en trouve ainsi doublement justifié.

En 2020, la diplomatie du PiS ne s'arrête pas en si bon chemin avec la promotion du Triangle de Lublin, en référence à l'Union éponyme de 1569 à l'origine de la République des Deux nations qui polonise le

---

[31] Bezamat-Mantes, Ch., Sebille-Lopez, Ph., « Le gaz naturel en Europe : quels enjeux énergétiques et géopolitiques ? », *Diploweb.com*, 25 octobre 2020.

[32] Le V4 ; les trois pays baltes ; la Roumanie et la Bulgarie ; la Slovénie et la Croatie. Plus l'Autriche qui réactive ainsi l'Europe danubienne.

Grand-duché de Lituanie et les provinces orthodoxes de la Kiévie. Cette nouvelle formation, entre la Pologne, la Lituanie et l'Ukraine, répond symboliquement au Triangle de Weimar de 1991, entre la France, l'Allemagne, et la Pologne, où Varsovie estime n'avoir jamais trouvé sa « juste » place.

Tout en se démarquant des pays occidentaux au nom d'un passé partagé, les nouveaux Etats membres de l'UE sont loin d'être soudés. Si le groupe de Višegrad entend cultiver une convergence d'intérêts en se prononçant contre une fédéralisation de l'UE, en s'opposant aux contingents de réfugiés ou en fermant son espace géographique lors de la crise sanitaire de la COVID, la Hongrie ne rejoint pas la Pologne sur le déploiement d'une politique énergétique commune qui se couperait totalement de l'approvisionnement russe. De même, à l'occasion du trentième anniversaire du V4, la Slovaquie, avec à sa tête une Présidente pro-européenne, déclare prendre ses distances vis-à-vis d'un « groupement politique » qui abuserait de la « marque V4 » pour s'affranchir des règles de droit communautaire. Indépendamment de ces clivages conjoncturels, la force de frappe du V4 reste globalement mineure en raison d'un nombre de voix insuffisant pour envisager une minorité de blocage.[33] Mais surtout, le V4 n'échappe finalement pas à la politique qu'il a lui-même initiée au sein de l'UE, à savoir la constitution de différentes associations intrarégionales dans l'intention de diluer le poids de Bruxelles et l'influence du couple franco-allemand. Au Triangle de Lublin s'ajoute le format de Slavkov (ville de Moravie en République tchèque connue sous son nom allemand d'Austerlitz). Il réunit Bratislava, Prague, et Vienne.

La crise ukrainienne n'a pas non plus assoupli les positions, entre ceux qui rejettent les contacts avec Moscou (Etats baltes et Pologne) et ceux tentés de moduler leur relation à l'égard du pouvoir russe (Slovénie, Slovaquie, République tchèque). Entre les pays baltes, le calme plat n'existe pas davantage avec des tensions récurrentes s'agissant de la mutualisation des terminaux énergétiques destinés au gaz américain et aux liaisons électriques avec la Scandinavie. Enfin, la Pologne n'est pas exempte d'ambivalence entre centralité géopolitique et marginalité normative, privant

---

[33] Etl, A., « V4 and UE », dans Galik, Z., Molnar, A., dir., *Regional and bilateral Relations of the European Union*, Dialog, Campus, Budapest, 2019, p. 279-295; Tury, G., dir., *Prospects of the Visegrad cooperation*, Budapest, Institute of World Economics, 2015; et Buhler, P., « Le Groupe de Visegrad, 30 ans après », *Diploweb.com*, 28 mars 2021.

ainsi Varsovie d'un rôle moteur au sein de l'UE. Quant au PiS, s'il est capable d'engranger la majorité des sièges à la Chambre basse et au Sénat, il est contraint de subir un certain isolement au sein de l'hémicycle européen, alors que sa rivale la Plate-forme civique est arrimée à la principale formation politique du Parlement.[34] En 2021, le départ du Fidesz du PPE donna lieu à des tractations en faveur d'une union des partis eurosceptiques, dispersés jusque-là en trois groupes. L'entreprise reste périlleuse, avec un PiS polonais farouchement antirusse, et une Ligue italienne, un Fidesz hongrois, ou un Rassemblement national français moins crispés à l'idée de négocier avec Moscou.

Malgré des divisions, il n'en demeure pas moins que les PECO défendent un Partenariat oriental représentatif d'une nouvelle géopolitique nécessaire à la stabilité des marges de l'UE. Mais pour renforcer ce Partenariat, les chancelleries est-européennes auraient tout intérêt à ne pas en faire un espace réservé à leur identité mémorielle au risque de se couper de l'Allemagne première puissance économique de l'UE, et de la France prête à rééquilibrer sa diplomatie au point de verser à son tour dans les associations subrégionales. En témoigne le format « 3 + 1 » entre les Etats baltes et Paris. Sans une complémentarité entre la partie occidentale et orientale du continent, l'UE s'expose à une addition de cercles concentriques susceptibles d'affaiblir tout projet communautaire.

Tout en restant nécessaire à la diplomatie de l'Union, la dynamique franco-allemande n'est à l'évidence plus suffisante à une communauté d'Etats largement renouvelée depuis ses bases institutionnelles de 1951 puis 1957. Ce binôme qui a tiré sa force de la réconciliation des après-guerres doit s'ouvrir à de nouveaux modes de coordination, en intégrant la diversité du spectre politique de l'UE.

Enfin, si les nouveaux Etats membres ne sont pas en capacité de concurrencer le « couple » franco-allemand, rien ne peut se (re)configurer sans eux, et encore moins contre eux. Pour autant, l'absence de cohésion entre l'Est et l'Ouest européens ne préfigure nullement l'émergence d'un *leadership* au sein des PECO, où la question divise plus qu'elle ne rassemble. Ni la Pologne du PiS ni la Hongrie du Fidesz n'a vocation à incarner une voie médiane de l'UE. Aussi, afin d'éviter un *déboîtement structurel* de l'UE sous le choc d'un polycentrisme, l'Union doit-elle parier sur l'*emboîtement* constructif de ses différents groupes de coopération.

---

[34] Bret, C., « La Pologne en Europe : notable ou rebelle ? », *Commentaire*, 1/2020, p. 39-44.

Regional and global impact of the Australian government's strategic anxieties

BRIGITTE VASSORT-ROUSSET
*Professeur émérite en Science politique,
CERDAP²-Sciences Po Grenoble-UGA*

Australian debates about the geopolitics of the Pacific islands in many ways represent the broad contours of discussions about Australia's foreign and strategic policy and involvement in international institutions, notably in relation with China's establishment of a strategic foothold in the Pacific islands, and a potential militarization of the region.[1] They reflect the North-South linkage, and the intercontinental and global impact of geopolitical tensions in the Indo-Pacific and of the strategic response to China's growing influence there. In 2021, this resulted in a new security alliance, AUKUS (Australia-United Kingdom-United States), which breached diplomatic protocol and broader international security, to try and meet Australia's many anxieties. That is *vis-à-vis* the Pacific Island Countries' vulnerability, Australia's own perception of Chinese moves, and trust in the US will to stand by Australia in defense of its values and South Pacific influence over time, or whether the US will be overzealous.

International cooperation is a social construct, an instrument of collective action in process, which takes into account both the weight of constraints as a share of determinism, and the actors' choice as a share of freedom. Hence,

---

[1]   Roggeveen, S., "National security : Australians and their elites", The Lowy Institute, June 28, 2019. "Australians are disconnected from politics, but that doesn't necessarily mean they differ from politicians in their policy preferences." Yet, the parts of the 2019 Lowy Institute Poll related to national security showed that terrorism remained high among Australians' security concerns, whereas China had long surpassed jihadist terrorism as a security concern among politicians and foreign-policy elites.

international roles are not fully predictable, in the sense that structures and rules constitute constraints as well as opportunities for actors to retain some leeway. International cooperation does not stem from common needs only, and is not a neutral social fact. It is structured by its members' strategies and illustrates power relations; it embodies political commitments to serve strategies of influence. Besides, this combination of constraints and freedom reminds us that any organization or institution remains a temporary solution to challenges in collective action, as a "contingent social construct".[2] The mix of strategies serving interests and constantly moving goals makes any international organization a meeting point for cooperative behaviors, rather than an outcome of any ultimate cooperation.

Indeed, no cooperation will exist independently of more or less sustainable partial responses to the needs of collective action as defined by the most powerful and/or the most numerous. International organization thus rests on a paradox: it is simultaneously indispensable to collective action, and continuously challenged by tensions inherent to such action. Cooperation therefore implies steady interaction among actors who cannot achieve their goals individually, and who must solve the mixed motivation behind cooperative games, *i.e.*, the predicament of conflicts of interest coexisting with complementarity.

Three drivers may be conducive to international cooperation: 1) a functional (liberal) approach, to solve conflicts of interest in an iterative/incremental game; 2) a cognitive (constructive) dimension based on a collective learning process, and on enhanced norms, mutual knowledge, and communication in order to reduce uncertainty; and 3) a coercive (realist) stimulus inducing forced rallying *via* compulsory enforcement of treaties, norms, or sanctions.[3]

What does this bring to our understanding of Australian foreign policy *vis-à-vis* China's expansive presence in the Pacific islands, and of Australia's partnerships with major powers and others in the area? How

---

2   Crozier, M., Friedberg, E., *L'acteur et le système : les contraintes de l'action collective*, Seuil Points-Essais, 2014.

3   See Schlumberger, G., "La coopération internationale, clé de voûte de la diplomatie militaire de la France", *Les Champs de Mars*, 2019/1, n°32, p. 103-109 ; Smouts, M.-C., "La coopération internationale : de la coexistence à la gouvernance mondiale", in Idem, dir., *Les nouvelles relations internationales*, 1998, p. 135-160 ; Sur, S., "Défis et avenir de la coopération internationale. Usure ou fin du multilatéralisme ?", *RAMSES 2018*, 2017, p. 62-67 ; Devin, G., *Les organisations internationales. Entre intégration et différenciation*, 2022, Colin-Objectif Monde, 2022, 336 p.

have regional and cooperative patterns involving China and Australia in the Island Pacific area recently changed? What do the recent developments of the submarine flop and the Solomon crisis tell us about the Australian government's contradictory discourse and ambition concerning the Indo-Pacific *vs.* the "Pacific family", borrowing from both functional and cognitive approaches, with an emphasis on the coercive stimulus in the former case?

I. The Indo-Pacific: a controversial concept

The Australian intraregional debate on the Indo-Pacific and external threats

The Australian *2013 Defense White Paper* stated that "A new Indo-Pacific strategic arc is beginning to emerge, connecting the Indian and Pacific Oceans through Southeast Asia (. . .). Overtime, Australia's security environment will be significantly influenced by how the Indo-Pacific and its architecture evolves".[4] In a speech presented at the inaugural Indo-Pacific Oration in New Delhi on April 13, 2015, The Honorable Julie Bishop, then Australian Minister for Foreign Affairs, officially believed that "thinking of our region as the 'Indo-Pacific' better reflects the reality of Australia's international outlook - both to the world and to Australians themselves-. (. . .) We are living through an historic shift of strategic and economic gravity to the Indo-Pacific region. (. . .) The great challenge of the Indo-Pacific era isn't the rise of any one power ; however, it is the way in which, for the first time in centuries, we manage a region which is home to many powers".[5] As Minister for Foreign Affairs, Minister Bishop also led the development of the *2017 Australian Foreign Policy White Paper*, which set out a comprehensive policy framework to ensure Australia's prosperity and security for the following 14 years. An old

---

[4] On the history of uncertainties and challenges faced in the region, the background of strong analytical continuity across official documents, and the evaluation of cost, capabilities, and strategic objectives (a secure Australia, a secure South Pacific and Timor-Leste, a stable Indo-Pacific, and a stable rules-based global order, the impact of either the United States or Chinese politics on regional variables, the limits of self-reliance, and the crucial need to balance capabilities with economic realities), see Parliament of Australia, *Defence White Paper 2013*, www.aph.gov.au

[5] Australia's Minister for Foreign Affairs, The Honorable Julie Bishop MP, Speech "The Indo-Pacific Oration", April 13 2015. https://www.foreignminister.gov.au

debate was thereby reemerging : the Indo-Pacific region had been the region of economic and strategic importance for Australia from 1788 until the beginning of WWII ; and the term was used following WWII in Australian foreign policy focused on its Western and Indian Ocean Region, rather than its regional interests as well as Cold War imperatives.[6]

It is relevant to recall the current internal and external factors explaining why Australia sees its region as the Indo-Pacific : re. internal factors, the mining boom continues to set Western Australia's economy apart, Western Australia is in the Asian time zone, and the HMAS Stirling Naval base 50 kilometers from Perth on the Indian Ocean is a Royal Australian Navy base, home port to 11 fleet units including 5 Anzac class frigates, all six of the Collins class submarines operated by the Submarine Service, and a replenishment vessel. External factors include the rise of China and India, increasing trade linking the Indian and Pacific Oceans, enhanced geographical reach of states' interests, and multiple strategic alignments throughout Asia. In a nutshell, the Indo-Pacific power highway shifts the pivot of world power to the Southern and Eastern coasts of the Asian landmass ; it is there that the dynamism of the world economy will prosper, and where rivalries and alignments that shape the world will be played out. The Australian debate is between acceptance of the Indo-Pacific concept as a description of the current economic and strategic realities of the region, plus an opportunity to develop trade links in addition to cooperation and security in the broader region, *vs.* suspicion of the concept as designed to enhance US strategic aims and exclude China with unforeseen consequences for Australia, and as de-emphasizing the sub-regional security challenges that Asia faces and the potential for divergence with the views of other Indo-Pacific countries such as India, on the extent of China's legitimate interests in the Indian Ocean.

The Indo-Pacific/Asia-Pacific alternative: various international approaches

When Australia adopted the term "Indo-Pacific" in 2013,[7] thus replacing "Asia-Pacific", the aim was to widen Canberra's understanding

---

[6]   Weigold, A., "Engagement *versus* neglect: Australia in the Indian Ocean, 1960-2000", *Journal of the Indian Ocean Region*, 2011-7, Issue 1, Geopolitical orientations of Indian Ocean States, p. 32-51. It also takes up the issue of nuclear proliferation and the responsibilities of the Commonwealth in the region until the 1970s.

[7]   See Scott, D., "Australia's embrace of the 'Indo-Pacific': new term, new region, new strategy?", *International Relations of the Asia-Pacific*, June 2013, on how the concept

of "the region". Japan's Shinzo Abe liked the label which fitted his ambitions for a greater Japanese role in Asia and reached beyond the bilateralism of the US alliance. India's Modi embraced it to honor India's vital role in Asia's future, and rather than a strategy or a club of limited members has called it a natural, inclusive, rules-based, open-access, balanced, and connected region so as to avoid "returning to the age of great-power rivalries". ASEAN felt outside the idea. And in a matter of months under the Trump Administration, it became the new defining way Washington would describe the region, with slight policy content. Secretary of State Blinken proceeded to define "a free and open Indo-Pacific" in Indonesia by individual and regional freedom, fair and transparent rules, secure and trusted connectivity, and coordination against global challenges.[8]

China hates the idea as it references different hierarchies from "Asia-Pacific", and old opposing views of geography and strategy : "Indo-Pacific" is a maritime concept (cf. Mahan's 1890 book on sea power shaping history), while "Asia-Pacific" attempts to link the maritime with the continental (cf. Mackinder on the Eurasian heartland/geographical pivot of history, dominating the world, 1904). China thinks it naturally dominates the land mass, and the ocean that stretches to the US. The "Indo-Pacific" according to China is not a natural geographical space, but rather a discursive construct with potentially undesirable consequences for international and regional stability ; it skips by the Asian land mass, and replaces it with two oceans. The translation into nations can read "Indo" equals India, while Pacific equals United States. Such a reading spurs Chinese fears about being contained and constrained between two oceans, facing the US on one side and India on the other ; and when it comes to modern confrontations with India, China's experience is on land.

Hence, in one sense the Indo-Pacific concept is both a geographical framework long in existence, and a geoeconomic approach on which Australia can cooperate with other concerned powers including China (*e.g.*, regarding piracy-jihadist disruption of maritime trade flows). In another sense, it is a profoundly geopolitical concept, which gives greater

---

is impacting on Australia's strategic discussions about regional identity, regional role, and foreign policy practices, and why Australia will be unable to escape the dictates of the new strategic geography.

[8] Secretary Anthony J. Blinken, "A Free and Open Indo-Pacific", US Embassy and Consulate in Thailand, December 14, 2021.

impetus to the application of sea power politics, and shapes the choices for the deployment and placement of assets by Australia in the Pacific and the Indian Oceans as one strategic space. It also points to the development of strategic partners, particularly India and the United States, which from their respective Indian Ocean and Pacific settings are also increasingly operating Indo-Pacific maritime strategies, and cooperating on an Indo-Pacific basis. Australia could fit into a convergence, with a central Indo-Pacific role linking not only two oceans, but the two leading democracies from each ocean, India and the United States.

It is also clear that Pacific island states do not always share Australia's geopolitical perspective, and have developed calculating approaches to exercising their agency in relation to the often ignorant or patronizing attitudes of partners such as China and Australia. Due to the living memory of Australian colonialism (in Nauru and Papua New Guinea), Australia cannot assume that its leadership will result in Pacific islands' "fellowship". Most significantly, climate change is held as a "death sentence for the Pacific", and the 2018 Pacific Islands Forum's Boe Declaration recognized climate change as the "single greatest threat", meaning that Australia's failure to take serious domestic action to meet its Paris Agreement targets raises questions about its commitments to its "Pacific family".

Australia's plight: uncomfortable contradictory pulls

The Indo-Pacific concept reflects and facilitates the trilateral India-Australia-United States linkage, but it also stresses uncomfortable contradictory pulls on Australia, as the country finds itself near the center of the geostrategic dynamics in the broader Indo-Pacific region. It long balanced the United States and China, each of the two major powers being respectively critical to Australia's security and its economic well-being. It is therefore not inherently tied to containing China (some even argue that a different policy choice for Australia in the Indo-Pacific would be to foster a China-Australia-United States cooperative triangle). Yet it operates in such terms in practice for many Australians.

The Indo-Pacific remains a political concept about which different groups in Australia stress different emphases: some have doubts that an Indo-Pacific strategy for Australia would have enough substance given the size and political culture of the country ; others believe it would only be of benefit if it were deliberately tied to a US global strategic maneuver to prevent further establishment of China's potentially hostile strategic foothold in the Pacific islands. As a matter of fact, Australia's emerging Indo-Pacific strategy is converging with the parallel US and Indian strategies and cooperation in Indo-Pacific waters.

Domestic divides about the Indo-Pacific: cross-cutting ideal-types

The very thing that makes the Indo-Pacific so appealing for its Australian advocates is that it changes the country into a more important and geographically central ally to the US, and opens Australia up to new and potentially costly responsibilities. Opponents hold that it unduly raises US expectations on Australia as an ally, brings together disparate regions, and could be perceived to promote some countries' strategic interests, and exclude China.

The domestic debate over regional frameworks and Australia's regional role has been affected by regional divides between West and East Australia : the Indo-Pacific tide rises in the West, which testifies to the rising intellectual ambitions from Western Australia ; but it is certain to meet resistance from the East coast elites, who have focused more on the Pacific and East Asia.

Political divides are present too. Australia has a mild two-party system with two dominant political groupings, the members of which hold representations, assumptions, and habits re. national and regional settings, along a typology which cuts across partisan membership both in the Australian Labor Party (a "Socialist party disguised"), and in the Australian Liberal (mainstream Conservative)/National (close to Agrarianism) Coalition.[9] Scott Morrison (a "Balancer"), was the Liberal PM from 2018: he focused on power, viewing international conflict as inevitable, and underlined the need to prepare to fight, thinking military might is the only language that can prevent war ; he was principally concerned with the use of collective traditional security and hard power. His predecessors had been Conservative Liberals, first Malcolm Turnbull (a "Reformer" in Libs-Nats) in charge in 2015-18, a moderate who led the republican movement in 1993-2000, initiated legalization of

---

[9]   See Wallis, J., "Contradictions in Australia's Pacific Islands discourse", *Australian Journal of International Affairs*, published online July 9, 2021; Zhang, D., "China in Pacific Regional Politics", *The Round Table*, published online April 18, 2017.

gay marriage, called to act against climate change by honoring the Paris Agreement, promoted multiculturalism, but kept anti-illegal migration policies ; and second Tony Abbott (an "Engager" in Libs-Nats, 2013-15), who signed a landmark free trade agreement with China on June 17, 2015 which entered into force in December to secure better market access, increase two-way investment, and reduce import costs.

Discourse analysis techniques were used to examine the role that framings in Australian official discourse, media, and commentary over 2011-21 played in constructing China's presence in the region as so threatening that many Australians have accepted that policies aimed at competing with China are the most reasonable foreign and strategic policy response, following Australian official discourse on China's threat and competition since 2018.[10]

Libs-Nats had themselves been preceded by Labor Prime ministers Kevin Rudd (a Mandarin-speaker, a "Hedger" in charge December 2007-June 10 and also June-September 2013), who signed the initial strategic agreement between Australia and France in 2012 while Foreign Affairs Minister, backed by M. Turnbull in 2017. He was seeking the balance that supports any type of investment, *i.e.*, was an opponent to the US invasion of Iraq, yet a supporter of an alliance with the US,[11] of environmental policies, of a politics of apologies towards Aborigines, and of development aid in favor of Papua-New Guinea would-be migrants. As a matter of fact, Australia in 2013 did not want to be put in the position where it had to choose between the US and China. Julia Gillard (June 2010-June 2013, a "Reformer") was a member of the Socialist Left supporting economic interventionism, a Libertarian on social issues, and an activist against the ANZUS treaty and in favor of an additional tax on high income, of twinning Melbourne with Leningrad -done in 1989-, of affirmative action for women, and of a carbon tax. She also stopped the ban on uranium exports to India which resulted in a civilian nuclear agreement and greater cooperation in the fields of disarmament and nonproliferation between 2014 and 2017. Her

---

[10]   Wallis, J, A. Ireland, I. Robinson, A. Turner, "Framing China in the Pacific Islands", *AJIA,* published online April 13, 2022, 76, p. 522-545; Wallis, J., Koro, M., "Amplifying narratives about the 'China threat' in the Pacific may help China achieve its broader aims", *The Conversation*, published online May 27, 2022.

[11]   Rudd however strongly criticized his successor's decision on the submarine deal in *Le Monde*, September 21, 2021.

reversal of the White Australia policy created a strong social and cultural bridge between the two countries, and boosted economic and trade links resulting in India becoming Australia's fifth largest export destination, and representing one major alternative and fostering economic diversification away from China.

The region's "thickening architecture" hedging against US retrenchment

As the Indo-Pacific strategic importance increases, countries around the world develop new policies to strengthen their reach in the region. While there is a long history of international partnerships in the Indo-Pacific, many recent advances in the region are in response to China's economic, political, and military expansion there.[12] For example, the Quadrilateral Security Dialogue established in 2007,[13] was revived in 2017 to counter China in the Pacific (at the foreign minister level, not yet involving defense ministers),[14] with a focus on coordination in the Indo-Pacific region. And the 2017 Australian Foreign Policy *White Paper* placed the Indo-Pacific and democratic cooperation at the center of its broader regional engagement strategy, as well as an appreciation of shared values and the need for broader economic engagement, for greater cooperation in maritime formats. There is also enthusiasm for greater mini-lateral cooperation, such as the Australia-India-Japan and Australia-India-Indonesia trilateral dialogues (recently upgraded to ministerial conversation). They represent the region's "thickening architecture", and the growth of a complementary middle-power-led strategic architecture that hedges against US retrenchment from the Indo-Pacific. In September 2020, an India-France-Australia dialogue was also initiated, involving

---

[12] *E.g.*, Lim, Y.H., *China's Naval Power: An Offensive Realist Approach*, Routledge, 2014, 234 p. The book documents the rapid post-Cold War modernization of the Chinese navy, the growth of which is shaking the naval balance in Asia.

[13] It was first meant to boost maritime cooperation after the Indian Ocean *tsunami* in 2004; as a loose grouping, its broader agenda now tackles security issues, economic, and health issues. The first joint exercise of the four navies in over a decade took place in November 2020 ; in March 2021, Joe Biden convened a virtual Quad meeting ; working groups were set up on Covid-19 vaccines, climate change, technological innovation, and supply-chain resilience.

[14] Convening the United States, India (endowed with a critical role), Australia, and Japan.

three capable resident maritime states in the Indian Ocean at the level of foreign secretaries.

Both Australia and India also take part jointly with occasional coordination in a host of regional and global forums (Indian Ocean Rim Association, G20, ASEAN-led groups, and East Asia Summit). Newer, issue-based groupings involving Australia and India also emerged in 2020.[15] Growing signs of Australia's commitment increased the prospect of a return to quadrilateral naval exercises, which started as the 25th edition of the Malabar naval drills off the coast of the Pacific Island Guam, held on August 26-29, 2021.[16] The India-US Army exercise "Yudh Abhyas" took place at the end of October 2022 in Uttarakhand, and Japan hosted the naval Malabar exercise 2022 edition consisting of India, Australia, Japan, and the US mid-November 2022.[17]

Meanwhile, the Quad has formed the basis for other avenues of official consultation, especially following the global coronavirus pandemic, at the foreign secretary and ministerial levels. Beyond consultations and institutional collaboration, military exercises and engagement have proliferated, with an increase from 11 in 2014 to 38 in 2018, naval engagement being the most advanced as illustrated by the main bilateral Australia-India exercise being held every two years, AUSINDEX.[18]

The fourth iteration of the AUSINDEX maritime warfare exercises[19] took place on Sept. 5-13, 2021 in Australia's Northern Territory, to

---

[15] On 5G telecommunications, Artificial Intelligence, and supply chain resilience.

[16] The aim of the exercise involving a wide range of surface, sub-surface, and air operations was to increase interoperability amongst the participating navies, develop common understanding and standard operating procedures for maritime security operations, involving the participating navies plus special operations teams. www.hindustantimes.com, August 26, 2021.

[17] Peri, D., "Indian Navy to join Exercise Malabar in Japan next month", *The Hindu*, October 9, 2022.

[18] Indian Ministry of Defence press release, "Australia and India begin Maritime Exercise AUSINDEX 21", www.navalnews.com, September 6, 2021.

[19] In an article published by the Australian Department of Defence on September 5, 2021, the latest round of the biennial maritime warfare exercises AUSINDEX between the Royal Australian Navy and the Indian Navy was highlighted (September 5-13, in the North Australian Exercise Area), as an opportunity to strengthen joint defense capabilities in support of a stable and secure Indo-Pacific region. First held in 2015, AUSINDEX has increased in complexity with each iteration. The successful 2019 event in India saw the first anti-submarine warfare exercises and also the first coordinated P-8 maritime patrol aircraft missions take place over the Bay of Bengal.

"develop further maritime interoperability in support of a stable and se-cure Indo-Pacific region", ahead of the two countries' holding their first "2+2" Foreign and Defense ministers' meeting in New Delhi (after a visit to the United States, and as an upgrade from the former secretarial level).

Indo-Pacific Endeavor (IPE) began in 2017 as an annual activity co-ordinated by the Australian Defence Force to deliver on the promise of the *2016 Defence White Paper* to strengthen Australia's engagement and partnerships with regional security forces, including humanitarian and security efforts in the region. 2019 involved more than 1,000 Australian personnel ; the ships visited Indian ports, and included maritime pa-trol aircraft and submarines from both countries in sophisticated anti-submarine warfare exercises. Of additional significance was the fact that US military personnel were observers in this exercise taking place over the Bay of Bengal. The 2019 event in India hosted the first anti-submarine warfare exercises and also the first P-8 maritime patrol aircraft missions. IPE 2022 has returned to full scale, as one of Australia's key regional ac-tivities promoting security and stability in the near region through bilat-eral and multilateral engagement, training and capacity-building. It sailed to South East Asia and the Northern Indian Ocean from September to November 2022, visiting a record 14 countries in this iteration;[20] it is supported by the Australian Navy, Royal Air Force, and Army, marking a total composition of 1800 personnel, five ships, and 11 helicopters.[21]

Navy-to-navy warfare training was also conducted during the US hosted Malabar exercises off Guam in 2021, in which besides the US, Indian, and Australian navies, the Japanese navy too participated, making it an exercise of the four Quad countries. Other joint binational mari-time efforts have been complementary, off India and Western Australia, and in third (US) country-led exercises in the Singapore Strait and South China Sea, as well as in the Western Indian Ocean. The Indian Navy participated in November 2021 in the Adaman Sea in the third an-nual trilateral maritime exercise SITMEX (together with Singapore and Thailand).[22] Air force engagement with multilateral exercises have also

---

20 The Maldives, Timor-Leste, Vietnam, the Philippines, Bangladesh, Sri Lanka, Laos, Cambodia, India, Thailand, Malaysia, Singapore, Brunei, and Indonesia.

21 See Australian Government Defence, https://www.defence.gov.au.

22 And in the International Fleet Review (IFR) being hosted in the first week of November 2022 to commemorate the 70th Anniversary of the Japanese Maritime Self Defence Force (JMSDF). SITMEX is in line with India's SAGAR (Security and Growth for All in the Region).

taken place, revealing a higher degree of coordination, and subject matter exchanges on flight control and security, as well as the protection of classified information.

A mutual logistics supply agreement was eventually concluded in 2020 during the India-Australia virtual summit between Morrison and Modi, increasing opportunities for joint training, interoperability, and defense industrial cooperation.[23] That is, whatever the natural differences between Australia and India that remain in strategic perspectives, as well as mismatched capabilities, asymmetric priorities, and contrasting strategic circumstances (in their relations with the US and China).[24] The two countries have actually jointly taken part in 10 bilateral exercises and 17 multilateral exercises as of 2022, and the signing of the Australia-India Economic Cooperation and Trade Agreement (ECTA) early April 2022 suggests a very substantial bilateral relationship. A joint working group on defense-sector research and development has been in motion since 2018, and defense equipment co-production is also important, as India remains heavily dependent on Russia despite a recent shift to US defense procurement; it is expressing interest in Australian defense equipment.[25] However, challenges to this relationship include the perception gap between India's "strategic autonomy" and Australia's conceptualization of national independence: India's current foreign policy and defense relations are more focused on issue-based partnerships than comprehensive relationships, limiting the scope of relationships with partners.

But what in those two countries' perceptions is making regional and interregional cooperation so pressing now in the Indo-Pacific? It remains that both countries face common threats in their maritime space, and that greater security cooperation in Indian Ocean littorals can be fostered through forums and partnerships such as the Indian Ocean Rim

---

[23]   The second India-Australia virtual summit was held in March 2022 "against the very distressing backdrop of the war in Europe" (Morrison). *Hindustan Times*, March 21, 2022.

[24]   For example, while Morrison said in 2022 during the virtual summit that Russia must be held accountable for the tragic loss of life in Ukraine, Modi did not refer to the situation in Ukraine or Russia in his opening remarks in Hindi, and highlighted "the responsibility of countries with shared values, such as India and Australia, to ensure checks and balances for critical and emerging technologies". He noted bilateral cooperation has increased in key sectors such as defense and security, and the two sides elevated ties to a comprehensive strategic partnership in 2020. *Op. cit.*

[25]   *E.g.*, armored light mobility vehicles, radar technologies, and undersea applications.

Association, the Indian Ocean Naval Symposium, and the Australia-India-Indo-Pacific Oceans Initiative Partnership. India-Australia cooperation on economic and strategic fronts can also be promoted by "polylateral" actors, *i.e.*, NGOs, academic institutions, businesses and think tanks, and by the "incentivization" of multinational projects to engage Indian enterprises.[26] In the same vein, facing the PRC's rising military power, the Prime ministers of Japan and Australia issued a Joint Declaration on Security Cooperation and signed a "landmark" security pact on November 22, 2022 in Perth, that remodels and updates a 2007 agreement initially meant to counter jihadist terrorism and the proliferation of weapons by North Korea. It clearly shows to the region Australia's current strategic alignment, in an increasingly harsh environment, yet without officially mentioning China and North Korea.[27]

The two leaders also promised greater cooperation on energy security and expressed support for boosting investment in cleaner energies. Japan is a major buyer of Australian iron ore, coal, and gas for its high-end manufacturing sector, and will require more rare earth minerals to aid the energy transition (*e.g.*, the move to electric vehicles), and green hydrogen produced in Australia with renewable energies.

In recent years in brief, China has built the world's largest navy, revamped the biggest standing army, and amassed a nuclear and ballistic arsenal on Japan's doorstep. It has also stepped up its threats to invade Taiwan, while territorial disputes continue to rage with other Asian neighbors. Besides, China's relations with Australia nosedived when Canberra demanded an international probe into the origins of the COVID pandemic.

---

[26] Mehta, P.S., George, S., "Defence cooperation hardens the India-Australia relationship", *EastAsiaForum*, May 13, 2022.

[27] Both countries are likely to focus on sharing geospatial signals and intelligence gleaned from eavesdropping satellites (SIGINT). Neither owns vast available intelligence networks on par with the CIA or French DGSE. It is a further step towards Japan's integration into the Five Eyes alliance between Australia, the United Kingdom, Canada, New Zealand, and the United States. Hindrances have long remained however, such as Japan's ability to protect and safely forward sensitive confidential documents. In addition, the new deal allows the two countries' armies to train together and "conduct joint war games", setting the direction of bilateral security and defense cooperation for the next 10 years. "Japan and Australia ink 'landmark' security pact to counter China", *The Japan Times*, October 22, 2022, www.japantimes.co.jp

II. China's rising naval ambitions in the Indian Ocean

The "Blue Water" direction in the IOR

Beijing's recent moves in the Indian Ocean region appear largely consistent with the new "basing ambitions" stated in the modernized PLA's related publications, and within Beijing's means. Y.H. Lim's article in *Asian security* documented the "Blue Water" direction chosen by the PLA Navy, and the first steps taken in the development of naval bases in the IOR.[28] That was to be expected given the "grand strategy" endeavor after development of the sea control strategy (which already represented a quantum leap from sea denial in "near seas" at the turn of the century), as the PLA National Defense University in 2007 already identified "the Indian Ocean maritime routes as a lifeline for China in terms of foreign trade and energy supply" (now over 80 percent of its oil imports, and 90-5 percent of its global merchandise trade).

China's *2015 Defense White Paper* added "open seas protection" as an increased priority (on the way to a global navy). As Indian Ocean Region waterways have major geopolitical implications for Beijing in terms of trade, energy security, and salience as a geostrategic chessboard, the missions of the PLAN in the far seas have developed since the early 2010s to include controlling the key strategic routes, protecting sea lines of communication, safeguarding Chinese interests abroad, and preventing the occurrence of militarized crisis at sea. Lim has described a progressive alignment of China's *ends* (securing long and vital lines of communication in a contested environment), *ways* (a shift toward a sea-control-oriented strategy, and a maritime force in all warfare areas), and *means* (the development of naval forces designed for sea control and of support infrastructures in the region, such as "coaling stations" as a string of Chinese naval or dual-use infrastructures like advanced air-defense or anti-submarine platforms in the Indian Ocean, or the construction of long-range maritime comprehensive supply points advocated by China's Academy of Military Science since 2015).

China's expanding ambitions and power in the Indian Ocean Region have created a larger zone of incompatible interests between Beijing, Washington, Canberra, and Delhi. Canberra has witnessed China's

---

[28] Lim, Y.H., "China's rising naval ambitions in the Indian Ocean: aligning ends, ways, and means", *Asian Security*, 16/3 , September 2020, p. 396-412.

thrust westward, and been sensitive to rivalries and risks of collision in the Indian Ocean.

China's manifold presence in PICs

China's involvement in the Island Pacific above all stands by its own interests, recognizes the strategic positioning of the Island Pacific between the most powerful states on Asia and America, and experiments assets of its counter-containment policy and public diplomacy.

In brief, China has strengthened its relations with PICS as of the 2000s through peaceful cooperation with the BRI, "creative involvement" (a doctrinal change from the 2000s, theorized by Wang Yizhou[29]), and interregional dependency, *i.e.*, unconditional support to PICs and to regional organizations favoring emancipation from the West notably Australia. Creative involvement has materialized in networking, and development aid to the PICs not conditional on changing domestic politics ($1.8 billion in public aid, in third position after Canberra and Washington, essentially concentrated on the eight countries with diplomatic ties to China, including Fiji irrespective of the 2006 coup). As a consequence, China's ownership of sovereign debt has surged and the Asian Infrastructure Investment Bank funded the larger PICs projects. The BRI has been a major investment source and true economic opportunity for PICs, by boosting infrastructures that link them to world economy. PNG is one example of massive infrastructure building in relation to its much coveted mining resources. The meaning of these investments strongly carries the impact of China's public diplomacy, whereby it can make sure of the PICs' governmental support in international arenas without using coercive measures, help curb Western influence on development, trade routes, and military capabilities, facilitate projections anywhere during crises, and live up to its ambition of being the top-ranking world power.

Multiscalar analytical insights

Following the American realist vision, an offensive China in the Island Pacific (Mearsheimer,[30] Luttwak) would collide with US postures,

---

[29] Wang, Y., *Creative Involvement : Evolution of China's Global Role*, London, Routledge, 2017.

[30] For greater analytical purchase and wiser policy prescriptions, a call to return to some of the classical traditions of realism instead of rooted structuralism would rather

generate a perception of greater risk to regional stability ; thereby moti-
vating the reinforcement of alliances, *i.e.*, a US-Australia Western bloc *vs.*
the Chinese bloc. On the Chinese side, Yu Chengsen from the University
of Guangzhou, does consider the South Pacific Islands to be an important part of China's Grand strategy, as a crucial component of the Greater
Periphery diplomacy. Following more pragmatic researchers, the pursuit
of resource supplies mostly drives China's expansion everywhere, including the South Pacific.[31] According to a third explanation, China has
become a regional power by default.

Global arms expenditures rose quickly in 2021, with an average
Chinese budget of $ 293 billion *vs.* the US $ 801 billion budget;[32] while
the US Marine deploys two-thirds of its ships in the Pacific, accidental
frictions remain a risk.

In terms of geoeconomics, China's global port ownership clusters
around key routes and maritime checkpoints, and its pearl necklace
strategy challenges traditional studies: the leases in Newcastle, Darwin
(99 years), and Melbourne are now being disputed, as they constitute a logistical base towards mining areas. In May 2021, Australian
Defense minister Peter Dutton told newspapers that the government
would consider national interests in its review of port ownership in
Australia.[33] The move was likely to further increase tensions between
Australia and China as its largest trading partner, after the call by PM
Morrison's government in April 2020 for an independent investigation
into the origins of the coronavirus. In December 2020, on Morrison's
request, laws were passed to scrap long-term leases held by Chinese

---

consider the influence of history and politics, see Kirshner, J., "The tragedy of offensive realism: classical realism and the rise of China", *European Journal of International
Relations*, 18-1, 2012, p. 53-75.

[31] Trade figures indeed remain low as the Island Pacific was very limited in China's total
trade volume and expenditures in 2013 ; recent data show significant declines in international trade in four Pacific Island countries -Fiji, Samoa, Tonga, and Tuvalu- in
2020 due to the pandemic, because of the grounding of the aviation sector, border
closures, and general lockdowns.

[32] SIPRI, *Communiqué de presse*, April 25, 2022.

[33] *E.g.*, the port of Darwin, on the doorstep of the Indo-Pacific, was sold to the Chinese
Landbridge Group as a long-term lease in 2015, four years after President Obama
had secured a deal to base about 2,500 marines there ; this prompted the US government to express concern that the Chinese presence could be used to facilitate intelligence collection on US and Australian military forces stationed nearby.

companies at the ports of Darwin and Newcastle, due to "national security risks". Although in September 2016 the Australian state of Victoria had leased the port of Melbourne, a vital freight hub for Australia, for 50 years to Port of Melbourne Operations Property Ltd, a consortium of shareholders "with local and global expertise", led by the Queensland Investment Corporation which also includes a Chinese sovereign wealth fund (20 percent). The sale had been agreed despite a previous decision by the federal government to veto a deal that would have transferred ownership of 50.4 per cent of New South Wales' electricity grid to two Chinese companies; that decision provoked an angry reaction from China's Commerce Ministry. Actually, a series of defense, trade (tariffs, Huawei. . .), and foreign policy disputes have built for years, and led to the lowest point in the two countries' ties in 50 years. Another source of tensions has been Australia's participation in the Quad, which Beijing has called a US-led attempt to create an "Asian version of NATO". As a matter of fact, China no longer wishes to comply with the rules, ways, and the order set up by Western countries after WWII. However, given that Australia is dependent on China for its economy, it has no leverage, is punching above its weight, and making political and ideological choices ; indeed, China accounts for about 35 percent of Australia's total trade, and an all-out trade war would cost the latter 6 percent of its GDP. In contrast, Australia accounts for less than 4 percent of China's trade.

In China's maritime geopolitics, two objectives appear clearly: in its more pro-active foreign and defense policy, Beijing is reconciling the contradictory policy imperative of deepening positive relations with neighboring countries while defining China's national interests towards its periphery, and firmly advancing its territorial and rescue interests and claims. Rather than defeating the Americans, the Chinese want to control the area at increasing distances and levels of operational intensity, and be able to intervene there. Hence their strategy, as the ocean allows strategic depth along several island chains, the first from the East to the South China sea, the second from Japan to Papua New Guinea to Guam including Micronesia, with the third being centered on Hawaii, to defeat US and allied forces in altercations over contested territorial claims. A prospective fourth island chain through the middle of the Indian Ocean reflects China's ability to challenge India (and US military presence) with possible dual-use facilities in Gwadar, Pakistan, and

Hambantota, Sri Lanka.[34] Not to forget Kyaukpyu, Myanmar, a deep water port project and a 70/30 joint venture with Myanmar state. A fifth island chain originating from China's base at Djibouti since 2017,[35] actually reflects Beijing's ability to pursue developing its commitments and influence in Africa.[36]

Xi Jinping's periphery diplomacy has led to proactive efforts to shape the regional order, and developed primarily through institution-building and regional integration *via* the BRI, strategic partnerships, normative binding, and developmental statecraft. Secondly, managing newly emerged power asymmetries between China and its neighbors is crucial in Beijing's peripheral policy. The emerging China-led regional order relies on norms that are hierarchical, transactional, and reflect status distinctions. Xi Jinping's neighborhood strategy rests on asymmetric bargaining: respect for China's core interests in exchange for benevolence. Hence a primordial goal is to prevent the United States and its allied forces to have access to China's maritime and/or approaches in the event of a military conflict over Taiwan or any other crisis in the South China Sea, and to deny the US and its allies any use of their forward bases within the near and middle seas. While US navy submarines available for deployment in the Western Pacific are fewer, the Chinese PLA Navy submarine fleet is growing, and China invests large sums of money into Artificial Intelligence.

---

[34] The project was initiated by Colombo, which implied profit-seeking behavior on both sides and unsustainable borrowing; a recent Chatham House research paper (August 19, 2020) has shown Sri Lanka's debt-trap was primarily the result not of the Chinese government's policies, nor a debt-for-asset swap, but a narrative of political and economic incompetence facilitated by lax governance and inadequate risk management on both sides. But revival of the international port will strengthen China's position in the Indian Ocean, with an overall stake of 80 percent for the Chinese state-owned China Merchant Port Holdings Company, *vs.* 20 percent for Sri Lanka Ports Authority ; its competitive edge will develop as a competitive regional maritime and logistics hub, making it an important trade and connectivity link. Not to forget, the clearance by Sri Lanka of an energy project involving China to install hybrid renewable energy systems in three islands 50 km off the Tamil Nadu coast. Hence the principal strategic purpose for China : an exit and direct route *via* Chinese infrastructures to secure a reliable access to the strategic space and resources of the Northern Indian Ocean and the Persian Gulf.

[35] Its first overseas military base at Doraleh.

[36] Such as harnessing economic resources, conducting anti-piracy operations, and protecting the Chinese living abroad.

Clearly, China is making good use of the political-economic void created by US economic multilateral disengagement. China is increasingly assertive while the US takes on fewer responsibilities in the region ; it also maintains military, BRI, and financial ties with New Zealand,[37] and keeps strong military presence in the Marshall Islands, whose Free Trade Association Arrangement with the United States and the economic obligations of the US was to run out in 2023.[38] The Marshall Islands is one of the four countries in the Pacific that recognize Taiwan, *vs.* 10 others in favor of the PRC. In January and February 2023, memorandums of understanding for new compacts were signed with the Marshall Islands, Palau, and the Federated States of Micronesia; they extend exclusive US military rights in the former, and expand financial and technical assistance.

On the other side, as a result of its growing dependency on space systems and information networks shared with the United States, Australia may be entrapped in a novel way in outer space and cyber-networks in case of regional crisis management... It is currently upgrading a naval base in PNG Manus Island, while the Republic of Palau has urged the US to build bases in its territory, and the Federated States of Micronesia should receive a stronger and permanent US armed force presence.

---

[37] For a nuanced overview of the *realplay* of BRI involvement in New Zealand, beyond education and tourism, and of New Zealand's principled and non-aligned strategy to act as an honest broker between China and the US, see Novak, C., "New Zealand's China reset?", *The Strategist*, Australian Strategic Policy Institute, December 20, 2018. To counterbalance the Chinese thrust into the South Pacific, Wellington appeared to be shifting back to its traditional ANZUS partners and a revised approach to the Pacific islands, with a pledge to increase New Zealand's diplomatic and development footprint, up to a combined NZ$ 894 million boost for a new strategic international development fund, yet a stronger trading relationship with China (largest partner in goods, second when services are included).

[38] Cf. Van Munster, R., "Free association : between sovereignty and dependence", *Danish Institute for international Studies Brief*, September 19, 2022. Marshallese and American interests still converge, but tensions and uncertainties remain (*e.g.,* economic dependence on the US, long-time strategic relevance to the US -the continuation of which depends not only on geopolitical circumstances but also on the effects of climate change-), settlement of past grievances in relation to nuclear testing, and the rights of Marshallese citizens in the US. In practice, the compact is an asymmetric relationship; the leverage of the Marshall Islands depends on its continued strategic relevance to the US in countering the rise of China in the Pacific. If projections about rising sea levels are accurate, though, the interests of both parties may no longer align in the medium to long-term future.

Australia's Comprehensive Strategic Partnerships

Australia's CSPs are a vehicle for high-level engagement of "middle-powers" despite contrasting approaches yet overall similar concerns, against a definite lack of security architecture in the region. Scott Morrison was enthusiastic about Comprehensive Strategic Partnerships (Malaysia, South Korea, ASEAN...) as an important symbolic vector for high-level engagement which Australia negotiated with India and Papua New Guinea (2020), Indonesia (2018), Singapore (2016), and Japan (Special Strategic Partnership, 2014). The existing constraints on the India-Australia security partnership can be navigated by officials on both sides, as Australian officials say they are very open to increasing defense engagement across the board; Indian officials are more circumspect, because Australia looms less large in India's strategic consciousness, and the two countries have different capabilities, priorities, and strategic circumstances. At a time of pandemic-induced shocks to the global economy, increasingly aggressive Chinese foreign policy, and continuing uncertainty about the US global strategic commitments, the role of "middle powers" in global governance, the future of democracy, and the balance of power in the Indo-Pacific have all assumed greater relevance.

In that sense, the growing partnership between India and Australia has become more important. However, due to an absence of historical context and to negative public perceptions, the India-Australia relationship has traditionally been the weakest among the four countries involved in the India-US-Australia-Japan Quadrilateral Dialogue.[39] After 2014, changing strategic circumstances and political leadership in both countries induced the gradual increase of defense collaboration to redress nuclear differences and initiate defense technology collaboration. Continuing divergence includes mismatched military, diplomatic, technological, and legal capabilities and capacities; asymmetric strategic and geographic priorities and contrasting strategic circumstances re. the countries' relations with China and the United States. But overall, they have expressed broadly similar concerns about China's centralized decision-making, state-led economic policies, territorial revisionism, and erosion of norms as well as its security posture in the Indo-Pacific. They have

---

[39] Because of their contrasting approaches to the Cold War and differing views on Pakistan, disagreements over India's nuclear status, absent people-to-people links, and a lack of economic content until the 1990s.

consequently begun working individually and with like-minded partners to compete with China in regions and domains they consider critical for their national security interests.

On paper at least, short of alliances, Australia's CSPs show that serious hard-power heft is needed to balance China's rise, and are a mark of distinctive company. For middle-range powers, they facilitate high-level management despite contrasting approaches. They codify trust in a formal and regularized setting, particularly in Southeast Asia. Australia is the only country other than China to have a CSP with Malaysia and ASEAN (to keep the US in by broadening and enmeshing networks of political and defense cooperation), the regional body having itself elevated its ties with Australia and China to CSP level in successive days.[40] Australia is also one of the only countries to have a CSP with South Korea, and one of Indonesia's three CSPs, the other two being India and China. Forged in 2014 under the Liberal Abbott government, the CSP with China helped facilitate a sprawling program of 50 engagements or bilateral dialogues in 2018. The conspicuous silence from China since 2020 about the China-Australia CSP has engendered skepticism about the worth of this diplomatic labelling, and even incongruity when Indonesia and Malaysia (privileged CSP partners) spoke out strongly against AUKUS in October 2021...[41]

Another geopolitical trend must be considered as well: the lack of security architecture in the region (re. the increasingly apparent inadequacies of ASEAN and its associated institutions -Regional Forum and East Asia Summit-). Stresses on ASEAN unity driven by China's efforts to undermine consensus in the group, have been accompanied by a reassertion of other major and middle powers in Asia; chief among them the US, in the guise of pivot or rebalance to Asia under the Obama Administration,

---

[40] To signal its intent to remain neutral and enjoy close relations with both Beijing and the US alliance network, as a classic ASEAN balancing act rather than a token of uniform/unilateral trust, strategic congruence, or high value of the CSP.

[41] About the two countries sharing strong reservations over Australia's decision to acquire nuclear-powered submarines, for fear of a regional arms race, even though nuclear weapons were not part of the AUKUS trilateral plan to counterbalance an increasingly assertive China, see "Indonesia, Malaysia concerned over AUKUS nuclear subs plan", Reuters Asia Pacific, October 18, 2021. The agreement cancelled a 2016 deal that Australia had sealed with France to acquire 12 diesel-powered subs from French shipbuilder Naval Group, a move viewed in Paris as a betrayal that damaged transatlantic ties.

and subsequently the Free and Open Indo-Pacific policy of the Trump Administration. Equally, middle-powers are speaking up in the broader region, including a remilitarizing Japan, a more strategic India (under its Act East policy), as well as Australia, Indonesia, South Korea, France, and Russia.

Another trend, somewhat contradictory, involves uncertainties about the United States' ability and willingness to underwrite regional security. After successive US Administrations made compelling cases for the US as a resident power in the Indo-Pacific, resource constraints, war-weariness, and political calls for burden-sharing among allies and partners have resulted in a growing nexus of middle-power coalitions (Australia, South Korea, and Indonesia),[42] incl. those involving India and Australia.

What can these two countries as democratic middle-range powers, the largest Indian Ocean maritime powers, and sizable G20 economies, do to overcome their previous distrust, and further bolster their strategic partnership? Four major recommendations as products of deliberate choices by leaders in both countries often transcend partisan divides: institutionalize and prioritize consultation mechanisms; improve interoperability in the maritime sphere, *e.g., via* the Five Power Defense Arrangements which give Australia a firm security toehold in Southeast Asia;[43] deepen defense technology collaboration; and broaden relations to give ballast to the security relationship.

---

[42] Abbondanza, G., "Whither the Indo-Pacific? Middle-power strategies from Australia, South Korea, and Indonesia", *International Affairs*, Chatham House, 98-2, March 2022, p. 403-421. The author stresses a number of internal divisions among these middle-powers, making it unlikely to provide an alternative platform for the region's direction in the near future: Canberra is now firmly aligned with Washington in balancing against China as epitomized by AUKUS and the Quad ; Seoul is cautiously increasing cooperation with the US, though potentially only to protract its strategic ambiguity; and Jakarta is pursuing strategic autonomy for itself and ASEAN, with the ambitious but precarious goal of creating a "third way" for the Indo-Pacific.

[43] The UK, Australia, Malaysia, New Zealand, and Singapore signed them in 1971 to consult one another immediately in the event or threat of an armed attack on Malaysia or Singapore, and to decide which measures should be taken jointly or separately in response.

For Australia, difficulties in relations with China have grown despite a robust trade and economic relationship. Since 2013, around 30 percent of all Australian exports have gone to China,[44] and Chinese growth has been a major driver of Australian prosperity. The investment relationship also expanded in recent years, along with the swelling Chinese diaspora in Australia. At the same time, concerns have grown over a series of developments, including Chinese investment in critical infrastructure (nascent 5G), serious allegations of Chinese influence in Australian politics, and Chinese military activity in Australia' s near neighborhood (including cyberattacks such as on Australia's Parliament). In addition to tightening political financing from foreign sources, Australia has responded with changes in its security strategy, and a major foreign policy push in the South Pacific, Southeast Asia, and further cooperation with Japan, India, and the US.[45]

III. Yet, a fragmented approach cannot counter China

Although a substantive movement has developed to contain China, AUKUS being only the most recent example, adding to the reconstituted Quadrilateral Security Dialogue (Quad), as well as the newly-launched Indo-Pacific strategy by the EU, these efforts are each standalone. Their primary focus is on security, and suffers from two major limitations: they are *ad hoc*, fragmented, adopted separately, lack a substantive economic dimension, and may undermine the goal of prompting peace and stability in the region.

---

[44] The latest Australian Bureau of Statistics trade report shows that China's share of Australia's exports, which peaked at an extraordinary 42.1 per cent in 2021, was down to 29.5 per cent in the months to August 2022.

[45] *E.g.*, Hewes, S., Hundt, D., "The battle of the Coral Sea: Australia's response to the Belt and Road Initiative in the Pacific", *Australian Journal of International Affairs*, 76-3, February 2022, p. 1-16.

A changing power-balance in the South Pacific and Australia's predicament

For example, AUKUS as the defense pact under which the US and the UK had agreed to help Australia build a class of nuclear-powered submarines, also extends to developing cyber capabilities, Artificial Intelligence, quantum technologies, and to working closely where the rise of China is perceived to be an increasing threat. And yet, AUKUS alone is security-oriented and narrowly-focused, and not risk-free for Australia because Australia and Britain are only partners in this deal, which has become tightly associated with Republicans and the Conservative Party.[46]

The Quad has portrayed itself more broadly as a buttress for security in the region, with membership criss-crossing from India to Japan, Australia, and the US. The Malabar exercise conducted off the coast of Guam in August 2021 pointed towards increasing military interoperability among these nations.[47] With talk of a "Free and Open Indo-Pacific", the Quad also ambitions to develop collaboration across arenas such as climate change, infrastructure projects, and connectivity, countering Covid-19, critical technologies, and resilient supply chains.[48] However, progress on most of these issues has been slow for lack of an institutional mechanism such as a Secretariat to support and direct the proceedings and aims. The Quad could easily slip from a leadership-level event to a downgraded dialogue forum.

Comparatively, the EU's Indo-Pacific strategy is more comprehensive, with priority to sustainable and inclusive prosperity, the transition to green technology and ocean governance, along with other common challenges in the digital realm, human rights, and security and defense.[49] Even so, its implementation will be very challenging. On infrastructure

---

[46] Fathi, R., "Sous-marins: la rupture par l'Australie du 'contrat du siècle' était prévisible", *La Tribune, Opinion*, September 21, 2021, www.latribune.fr/opinions.html; Judah, B., "Britain and Australia aren't actually treaty allies-they should be", The Lowy Institute, October 28, 2021.

[47] *The Hindu*, August 22, 2021. www.thehindu.com

[48] "The Free and Open Indo-Pacific" was announced by Japanese Prime minister Abe in 2016 at TICAD VI in Nairobi, for "a union of two free and open oceans and two continents", *i.e.*, the Pacific and Indian Oceans, and Asia and Africa. See also *Quad Joint Leaders' Statement*, May 24, 2022, www.whitehouse.gov

[49] *Global Gateway*, European Union External Action, www.eeas.europa.eu ; "Pacific", *Fact Sheets on the European Union-2021*, www.europarl.europa.eu/factsheets/en

connectivity, for instance, the EU will struggle to match China's Belt and Road Initiative. While the EU managed approximately €8 billion in funding across Asia from 2014-20, China's pledged investment in the region under the BRI is estimated to run to trillions. Given the comparisons, the EU will need partners such as the US and the UK to create a more effective presence in the Indo-Pacific. Also, the EU policy does not plan bilateral relationships, *e.g.,* with India, Japan, China, or Australia ; it is overarching various areas of strategic cooperation given by the EU Council as of spring 2021. In line with the ASEAN-EU Summit in 2022, ASEAN appears as a critical partner, with slightly different priorities, but trying to deepen regional integration there, as a regional asset. The absence of Britain from the EU has brought tremendous disappointment among allies, yet Global Britain is a continued important actor in the Indo-Pacific, and needs to pursue cooperation with like-minded partners. Besides, the announcement of AUKUS drove these would-be partners apart rather than closer. Coming at the expense of France, the defense pact announced in 2021 between Australia, the UK, and the US has left a bitterness that will linger for some time yet, and has sent a signal that the EU despite its ambitions is still not considered as a serious political actor, which stings when delivered by the US under Joe Biden. Moreover, even with some overlapping membership between AUKUS and the Quad, it is not clear that these minilateral initiatives will not end up undermining each other. Finally, very different security dynamics develop in North East Asia, South East Asia, and the Indo-Pacific, with subregional variations depending on a mix of domestic and external drivers behind the naval buildup.

In addition, to offset China's growing influence, the West and its regional allies must offer an alternative source of assistance and trade to the countries in the Indo-Pacific, as a substitute to the deep economic linkages Beijing has created within the region. Beijing's big advantage at present is in trade.

On the other hand, this may point to an opportunity to enhance Western cohesion, as China submitted in September 2021 a formal application to join the Comprehensive and Progressive Agreement for Trans-Pacific Partnership (CPTPP), *i.e.*, the 11-nation trade deal spanning the region and the successor to the Trans-Pacific Partnership (TPP), after withdrawal by former US President Donald Trump. The TPP was a key plank in the Obama Administration's *Pivot to Asia* strategy, that aimed to create an economic counterweight to China's regional influence.

Such a move signals Beijing's efforts to strengthen its economic weight. Were the US to return to the regional trade deal abandoned during the Trump interregnum, and also draw in the UK and the EU to collaborate, these like-minded partners would have an opportunity to provide a meaningful substitute to Beijing's economic development model in the Indo-Pacific. It would be the best chance for a firm and unified approach to the China conundrum.

Security and identities in the South Pacific

In the previous decade, China's actions in the South Pacific were seen primarily through the prism of its diplomatic competition with Taiwan; but the third paragraph of Australia's 2017 *Foreign Policy White Paper* discussed the changing power balance in the Indo-Pacific, and this perspective explained why the South Pacific was such a priority, with the promise of economic and security "integration" with the islands, and a "step-up" in engagement.[50]

Several moments in different fields explain why Australia-China relations have entered an icy age. Domestically, Australia announced legislation to ban foreign political donations and broaden the definition of espionage. Australia cited national security concerns in the decision to ban Chinese firms from any role building the 5G network. As an expression of strategic intent and economic contest, Australia trumped China to build an undersea telecommunications cable with Papua New Guinea and the Solomon Islands. Australia elbowed out China, promising the islands that they'd get a secure communication asset. In contrast to Australia's approval of China's lease of Darwin's port in 2015, Australia

---

[50] Publicly, Australia's Pacific Step-up aims to win friends and influence people; behind this facade, however, a core purpose is to make sure the Pacific Islands don't embrace China, just as Solomon Islands' Prime Minister Sogavare did. This clear failure could be in implementation rather than strategic logic : increasing spending alone is not enough, and Australian foreign aid needs to be focused where it can be most effective in achieving Australia's national objectives. That is, the relationship for its own stake, very much guided by what Pacific communities would like to pursue as shared regional ambitions with Australia and helping those Pacific Island domestic interest groups seeking good governance, rather than directed at the island nations' governmental elites, whose personal ambitions (and poor governance) may be useful to China. Cf. Layton, P., "Fixing Australia's failing Pacific Step-up strategy", *The Interpreter*, www.lowyinstitute.org, April 26, 2022; and Australia's *2017 Foreign Policy White Paper*, "Chapter Seven: A shared agenda for security and prosperity. Stepping up our engagement in the Pacific". https://www.dfat.gov.au

now panics at the prospect of China controlling ports and establishing a military base in Vanuatu or on Manus Island (PNG) to gain a prime strategic location for projecting military power North towards US forces in Guam or South towards Australia, and changing the strategic order of the South Pacific.

Australia and New Zealand as the two regional powers in the South Pacific, long tried to navigate a diplomatic path between the US and China. The divergence in strategic military and economic power division is growing in the region, and geopolitical power is being redistributed. The Australian government's strategic anxiety about geostrategic competition goes with its perception that Pacific states are "small" and "weak", and therefore vulnerable to influence from potentially hostile powers. Former PM Malcolm Turnbull thus vowed to "step-up" Australia's engagement with its "Pacific family" at the 2017 Pacific Islands Forum, emphasizing that its relationships with Pacific states would be characterized by respect for and listening to them, as equals. But in parallel to the articulation of its intention to improve its relationships with Pacific states, Australia has also adopted policies that undermine this goal, as the "step-up" moved from announcement to implementation and translation into behavior *via* government policies. Australian *Defense White Papers* (2013 and 2016) had consistently emphasized Australia's two primary strategic interests in the Pacific: first, "to ensure security, stability, and cohesion"; and second, "to ensure that its neighborhood does not become a source of threat to Australia", primarily through preventing a hostile power from establishing a strategic foothold.

There seem to be contradictions between and within two prominent Australian official discourses, the "Indo-Pacific" and the "Pacific family / Blue Pacific (2017)" framings. The government's preferred framing, the "Indo-Pacific", implies focus on strategic competition and does not map well onto the second one, which emphasizes human and environmental security priorities, including the economic dimension. That is primarily due to the fact that the Blue Pacific discourse implies an identity mainly among the island-state membership of the Pacific Islands Forum, a regional identity Australia and New Zealand are not emotionally part of, due to their stance on climate change, and to their emphasis on geostrategic competition which identifies them as "domineering and exploitative". Such prominence does not substantively incorporate a genuine recognition that Pacific states are sovereign, their people are resilient, and they have agency to shape their own futures, including their relations with other powers. Other moves are truly needed to facilitate the Pacific states' active participation in geostrategic debates and in discussions about Australia's policy options (*i.e.*, in support of Pacific-identified priorities, and Pacific-led initiatives to strengthen the Pacific governments' ability to enforce their laws and protect their sovereignty).

Canberra's Morrison began the year 2019 with the first bilateral visit by an Australian Prime Minister to Vanuatu and Fiji; the real test was Fiji, since the Australia-Fiji relationship had been defined by diplomatic freeze since the 2006 coup. In the discussions, family/*vuvale* became a central motif. But the hard part remains to translate "family" into Australia's policy of integration, and to work with South Pacific partners to mitigate the effects of climate change (*e.g.*, become a partner in well-planned, sustainable geo-engineering solutions for sand-pumping, controlling plastic waste and removal, and providing safe and cheap power to villages and towns across the South Pacific from small-scale renewable power systems; and build on education and respect the islands' reluctance to cede sovereignty, rather than give priority to threats, risks, stability, and security).

Comparative development aid to the South Pacific: Australia's hardly commensurate with its pivotal role in the IOR

Australian aid spending was hurriedly increased from A\$ 1.1 billion in 2017-18 to A\$ 1.3 billion the following year *vs.* a Chinese commitment of US\$ 1.8 billion over the decade 2006–16: Australia had to outbid China for the Fiji base, to assemble a team for undersea cabling as Chinese telco Huawei was attempting a cable strategy to explore global undersea dominance. Australia's climb up the geopolitical ladder is accompanied by a rise in defense spending and ambition, but not when it comes to international development; its objectives suffer from a narrow geographic focus, a stagnant budget, reliance on outsourced contract management, and a focus on outputs rather than outcomes. Arguably except for some significant in-roads over recent years: record investment in the Pacific region with a momentous pivot to Covid-19 response and recovery; and a signature contribution to women's empowerment and gender equality. The government is quick to maintain a fixed \$4 billion aid program, although expectations of Australia are rising. *Partnerships for Recovery*, Australia's interim development policy in response to the pandemic, was due to expire mid-2022.[51] This provides a timely opportunity to create a new international development policy commensurate with the scale of need, and Australia's role as a pivotal power in the Indo-Pacific region.

Understanding Australia's promise as a pivotal power requires reimagining possibilities and rewriting boundaries. It requires Australia to recognize itself as a pivotal power and then act like one by making a coherent set of strategic choices with that identity in mind. Put simply, Australia's level of aid ambition should increase to match its role and responsibility as a pivotal power. Pivotal powers don't just support development in their immediate region; they cast their vision further afield. Pivotal powers don't just react to their external environment; they actively shape the future. Which could include increasing the incomes of more than 10 million poor and marginalized households across the Indo-Pacific by 2025, regreening 100 million hectares of degraded land by 2030 to build community resilience and sequester carbon, or halving the rates of violence against women and children by 2030. Aligning around such ambitious development goals could differentiate Australia as a pivotal donor while addressing rising needs. This is consistent with recent visions for a "larger Australia" and its renewed focus on aid in a poorer, more dangerous, and more disorderly post-Covid world.

Let Australia get realistic about the South Pacific: advocates of stronger and more effective Australian engagement in the South Pacific face a couple of entrenched structural challenges. First, the region is hardly critical to Australia's economic future, as two-way trade in goods was valued at $ 3.45 billion in 2018, representing around one per cent of Australia's global goods exports, and a mere 0.3 percent of Australia's total trade in goods and services.[52] Australia currently represents approximately 18 percent of the total merchandise trade of Pacific Island countries, a declining share over the past decade as other trading partners, notably China, have increased their trade with PICs. Despite the limited growth drivers available to PICs, it is particularly important that Australia maximize

---

[51] For critical input and suggestions to refresh the Pacific "Step-up" putting development aspirations and ambitions of Australia's neighbors at the forefront, and using strategy, budget, and capability to best use, see Hill, C., "An agenda for aid and development in the 2022 federal election", *The Interpreter*, www.lowyinstitute.org

[52] Australia's Department of Foreign Affairs and Trade, ACIAR, Austrade and Export Finance Australia, *Submission 14*, Using Direction of Trade Statistics, IMF, January 24, 2020; Using Pacific Trade and Invest Australia, *Pacific Islands Export Survey*, 2018. www.aph.gov.au

trade and investment opportunities with them. PNG represents 80 per cent of that, with Fiji (8 percent) and New Caledonia (6 percent) being Australia's next most significant Pacific trading partners, yet with falling or stable exports to and imports from Australia. In terms of volume, Australia's relationship with New Zealand is mature and highly developed, and the country's largest market in the Pacific. The Australia-PNG, Australia-Fiji, and Australia-Pacific business councils jointly deem that doing business in the PICs has generally become more challenging for Australia business in recent years for a plethora of reasons: poor governance and corruption in many PICs, poor business regulation environment, high production input costs, and foreign exchange risks, in addition to poor internet and dated IT hardware, and insufficient support by the Australian government. In other words, Australia has traditionally been the Pacific's main trading partner, but this is changing as China is overtaking Australia's role: it is a bigger recipient of exports from the Pacific, and more recently, has become a bigger source of imports to the Pacific islands (excluding PNG) as well. In terms of investment, the South Pacific is even more marginal: PNG accounts for 0.8 percent of the total stock of Australian investment overseas, and Fiji (next in line in the region) a tiny 0.06 percent.

A second factor is the relatively small size of the population in Australia claiming Pacific Islands ancestry. The most recent census held in August 2016,[53] showed that this group is growing fast (from 112,133 in 2006 to 150,068 in 2011 to 206,673 in 2016, plus 128,430 of Maori heritage), but at around 340,000 people still represents 1.3 percent of the total. Moreover, the Pacific islands population in Australia is heavily dominated by Polynesian communities; the nearest Melanesian neighbors, PNG, the Solomon Islands, and Vanuatu, are under-represented.

These two structural challenges mean that despite proximity and strategic relevance, the South Pacific has often struggled to gain traction as a priority in government. And no Pacific islands lobby group, whether business or community-oriented, carries much weight in Canberra's corridors. Over the years, this has left Canberra's policy on the South Pacific vulnerable to swings between neglect on the one hand, and sudden crisis-driven interest on the other; it is currently going through an example of

---

[53] Batley, J., "What does the 2016 census reveal about Pacific Islands communities in Australia?", September 28, 2017, Development Policy Center, Australian National University, Canberra. Data from the 2016 Australian national census by the Australian Bureau of Statistics.

the latter phenomenon in response to the disruptive emergence of China as a player in the region.

Regarding the "Step-up", the China factor may prove to be a long-term, indeed structural, spur to greater and more sensitive Australian engagement in the region. A radical shift in climate change policy would ignore political and electoral reality in Australia; two pillars of the "step-up" meaning steady and long-term commitment are stronger economic partnerships and people-to-people relationships. It is in Australia's long-term interest to promote labor mobility (for seasonal guest workers) in sectoral scope and flexibility between the South Pacific and Australia, to offer scholarships earlier in the educational scale, and to invite Australia's nearest neighbor to address the Australian parliament.

Australia's ability to influence Pacific island states in pursuit of its strategic interests is at times limited, and appears to be declining. It has been unable to generate a regional consensus (such as approval for another Australian-led Regional Assistance Mission to the Solomon Islands -RAMSI-, dispatched in 2003)[54], and needs to operate alongside external powers that may not respect its regional identity interest.[55] Indeed, after Honiara's 2019 switch in diplomatic recognition from

---

[54] Graham, E., "Assessing the Solomon Islands' new security agreement with China", *Analysis*, May 5, 2022, IISS, Singapore. RAMSI included Australia, the Cook Islands, Kiribati, New Zealand, Niue, Samoa, the Solomon Islands, and Tonga.

[55] As was the case from 2009 to 2017 with the Pacific Agreement on Closer Economic Relations Plus, PACER Plus, when Australia and New Zealand reached the deal only because the South Pacific surrendered to a European Union demand for a comprehensive agreement. European aid to the Pacific islands was made hostage to a multilateral treaty, so the islands complied: multilateral structures are the way the EU sees the world, and the EU prefers to deal with reflections of itself in Africa, the Caribbean, and the Pacific. Yet Fiji stressed that SPARTECA (South Pacific Regional Trade and Economic Co-operation Agreement) is a separate treaty that was given to the Pacific under different circumstances and must remain, with the option for the private sector to choose their business (and labor mobility) framework. Cf. Chaudhary, F., "Trade deal will not be removed", *The Fiji Times*, December 15, 2015. About Australia's role and responsibility, and non-performance in the South Pacific (the RAMSI regional mission to save Solomon Islands, the PACER Plus South Pacific free trade agreement, and the interruption of shortwave transmissions to the Pacific Islands were three "things" Australia didn't want to do in the South Pacific but which came to culmination in 2017), see Dobell, G., "Australia and the South Pacific: trade, security, and media soft power", *The Strategist*, October 16, 2017. "A negotiation on Australia's central role in the region would have looked at the big stuff of deeper integration, speaking to the needs that are social and strategic as well as economic. To talk about what we and the Kiwis must do with the islands is to talk about a Pacific people

Taiwan to China, China's new five-year security agreement in April 2022 with the Solomon Islands sparked controversy and garnered attention far beyond the strategically sensitive Southwest Pacific: it signals a clear ambition to break out of the maritime encirclement posed by the "first island chain" (mostly composed of "offshore" Asian US allies and partners), to gain a foothold in a prime location from which to exert control over surrounding sea and air space, potentially threatening lines of communication between and among the US and its Pacific allies including Australia. A Chinese naval base there could be used to prevent military reinforcement for Taiwan, for intelligence gathering, and for presence patrols complicating defense planning for Australia and to some extent the US (not to speak of a security relationship with China as a deterrent against Western intervention).

At one level, Sogavare has played a familiar small-state game, exploiting geopolitical rivalry between external powers in order to "bid up" material benefits. Small-island nations are not powerless pawns but wield sovereign agency in the conduct of their foreign policy and approach to security. But China's huge financial resources and propensity to focus on influence *via* money politics, corruption, and "elite capture" render small states especially vulnerable to targeted service of the PCC's interests, and can rapidly undermine institutions of governance which Western donors spend considerable money trying to support.

Building on a legacy of Western neglect, this *fait accompli* is a massive setback for Australia's core national interest, and would completely change the way Australia looks at its national defense and security settings, as Australia's armed forces are built to complement and plug in to US-led coalitions. Beijing has out-maneuvered its *de facto* policy of strategic denial in the Solomon Islands, while Australia is used to the highest levels of security. The Pacific Island Forum as the main regional multilateral grouping is split, providing China with further opportunities to divide and conquer although Fiji and PNG weighed in diplomatically against the deal, viewed as a breach of regional security norms. China will nonetheless continue its search for basing sites, and Kiribati may be next. It is also a setback for US regional influence and interests.

As an early version of the decline of Australian diplomacy lament about reduced budget, and shrinking numbers of diplomats and overseas

---

policy – seasonal guest workers are the start of a conversation about integration that is going to run and run."

posts drastically affecting soft power and influence, Stuart Harris, then Secretary of the Department of Foreign Affairs ominously wrote in 1986: "Countries still achieve their international objectives by threat, bribe, or persuasion. Australia has limited capacity to bribe and less to threaten. With few natural allies, it needs therefore to build long and short-term coalitions and to magnify its bargaining strength".[56]

Possible reasons for the recent decline in China's engagement

Actually, new data from the annual update of the Lowy Institute's Pacific Aid Map reveal that 2018 may have been the high-water mark for China's aid engagement in the region; overall aid to the Pacific (after surging by 25 percent to almost US$ 2.9 billion in 2018), fell by 15 percent to a total of US$ 2.44 billion. Much of this decline was to be expected, with the 2018 surge being driven by the disbursements of major multilateral projects in Fiji and PNG, and a significant one-of disbursement from the United States to Palau addressing arrears in its Compact of Free Association disbursements. All told, eight of the top ten donors delivered less foreign aid in 2019 than they had the year before. Despite this decline, aid to the Pacific in 2019 remained larger by six percent than in 2017, without adjusting for inflation.

Aid from China to the South Pacific has contracted most among all bilateral donors: it fell by 31 percent from US$ 246 million in 2018 to US$ 169 million in 2019, its lowest levels of aid since 2012.[57] China is also becoming less generous. In 2018, 59 percent of all Chinese aid to the South Pacific came in the form of grants with 41 percent coming in the form of concessional loans (terms more generous than market loans).

---

[56] This review of Australian diplomacy is quoted in a sharp analysis of Australia's fear of abandonment and loyalty to Britain as the initiator of its foreign policy, by a seasoned Australian diplomat: Australia wants to embed itself with "great and powerful friends"; Australia seeks to shape the environment around including security in Asia; as a country with weight in the world but not enough to determine outcomes, Australia seeks multinational organizations, rules, and norms to create a rules-based international order; the roles of the US and China are the most important factors shaping Australia's future. See Gyngell, A., *Fear of Abandonment: Australia in the World since 1942*, Melbourne, La Trobe University Press, 2017, 496 p.

[57] Pryke, J., "The risks of China's ambitions in the South Pacific", *Brookings Report*, "Global China. Assessing China's growing role in the world Project", Phase 1. 2018-20, July 20, 2020. www.brookings.edu

In 2019, those figures were almost the inverse: 33 percent of Chinese aid to the South Pacific came in the form of grants, and 67 percent in the form of loans; Chinese aid to the Pacific peaked at US$ 287 million in 2016. Preliminary analysis for 2020 gave no indication of a significant rebound in Chinese support despite the Covid-19 crisis presenting the Pacific with its greatest economic and health crisis in decades. China has provided some support in the form of personal protective equipment and high-level briefings, and belatedly managed to get small amounts of its Sinopharm vaccine into the domestic vaccine rollouts in PNG, Solomon Islands, and Vanuatu, with its expatriate citizens and some politicians seemingly the most prominent recipients.

Overall, however, China's response to the crisis in the Pacific pales in comparison to nearly every other major donor to the region. There are many possible reasons for why Chinese aid is in decline. First, the Pacific may be less interested in Chinese aid offers than in the past. No Pacific nation except Vanuatu has taken on new debt from China since 2018. Debt levels have risen and Pacific nations have limited fiscal space to take on new loans. The type of loans China is offering (Export-Import Bank of China financed, and State-Owned Enterprise implemented) may not be as appealing to Pacific nations as existing and new alternatives. Second, Pacific leaders are also more wary of major Chinese projects, given the mixed track record of performance in the region to date, and a desire for greater spillover benefits from infrastructure projects, and for budget-support instead of project earmarked lending. Traditional part- ners like Australia have also redoubled efforts to provide viable and at- tractive alternatives to many opportunities China may once have been the only partner to offer. Third, it may be that this is part of a decline in Chinese lending. A recent study from the China-Africa Research Initiative (CARI) at Johns Hopkins University found a similar 30 percent drop in Chinese lending to Africa in 2019. The *Financial Times* reports that lending by the China Development Bank and the Export-Import Bank of China (the major sources of loans for the Pacific) collapsed from a peak of US$ 75 billion in 2016 to just US$ 4 billion in 2019. Fourth, Chinese aid can also be quite lumpy because of the scale of some invest- ments it looks to make in the Pacific. If big commitments such as the Ramu 2 hydro-power project (Eastern Highlands Province of PNG)[58]

---

[58]   "Ramu 2, Papua New Guinea", *Market Data*, December 15, 2021. www.power-tech nology.com

or the PNG national road network were actually implemented, the picture of Chinese aid to the Pacific would dramatically change. Fifth, it might also be that Chinese aid has served its purpose. Chinese loans have been used as a vehicle to get State-Owned Enterprises into the region. These SOEs have now put down deep roots and are competing in commercial activity across the board. According to China's investment statistics, Chinese construction activity in the region was US$ 958 million in 2017, almost six times its foreign aid activities. These companies are currently still building Chinese presence and influence in the region with no need for direct government support in the form of loans.

To conclude on Chinese aid, while it may be in decline, it remains among the top four donors to the Pacific. Anyway, aid is not the only way to build influence in the region. Recent bilateral discussions between Xi Jinping and Tonga's King Tupou VI and Solomon Islands Prime Minister Manasseh Sogavare indicate that China has not forgotten the Pacific. A measure of China's deep interests in the region will be linked to whether this trend of declining support continues, especially as the region faces the pandemic-induced economic shock. Meanwhile, greater resolve from the West, greater awareness within the Pacific, and growing financial demands at home and abroad may all make the price of China's aspiring influence in the Pacific very high; the years ahead will reveal how much further China is willing to go.[59]

Numerous Australian contradictions in the Blue Pacific narrative

In the Pacific, kinship comes with important expectations, values, and responsibilities. This raises the question of what constitutes Pacific family values, as well as how Australia will negotiate the obligations that family membership is generally understood to involve in the Pacific. For instance, would Australia accept economic or environmental refugees from the Pacific, and would they be entitled to come "home" with an Australian visa? The answer may be a source of disappointment in the Pacific; just like official, instrumental, discourses with no critical thinking on how Australia itself may infringe the sovereignty of Pacific states *via* the legacy of colonialism, interventionism, and the impact of globalization.

---

[59] Pryke, J., *op. cit.*

Contradictions are also evident within the *2016 Defense White Paper*, which argues that the rules-based order is important to Australia, with no capacity to unilaterally protect and further its global security interests; this order is "under increasing pressure as newly powerful countries want greater influence and challenge some of the rules". To that end in 2016 and 2017, it committed Australia to work with the US and "like-minded partners to maintain the RBO". Since 2019, this concern has become more explicitly directed at China's perceived non-compliance with the "rules". Then Defense Minister Linda Reynolds, and PM Scott Morrison, observed that China's engagement should augment, not hinder, those institutions' ability to operate as forums for equitable decision-making with tangible, positive impacts.

Pacific leaders have expressed concerns about the recasting of geostrategic competition and cooperation under the rubric of the "Indo-Pacific", because of the big powers' manipulation strategies to extend their reach and inculcate a sense of insecurity, framing the alternative between China or traditional partners, and implicitly admonishing Australia and other states seeking bilateral security relationships. Beyond rhetoric, does such a rules-based order actually exist (or still exist)? Whose interests does it serve? The value of other aspects of the RBO for the Pacific is questionable, such as trade liberalization; not to speak about Australia's controversial compliance with universal values and human rights (as it operated immigration detention centers in PNG and Nauru). Or about Scott Morrison and Minister for Foreign Affairs Marise Payne's insistence that "multilateralism for the sake of it is rather pointless; and Australia will continue to prioritize its perceived nation interest when engaging with multilateral institutions". The dynamic plays out in respect of the climate crisis (by its continued commitment to coal-based power generation and its position as the world's largest coal-exporter, by stopping payments to the UN's Green Climate Fund, and stymying stronger collective commitments to address climate change within the PIF), just as it recently did with the submarine deal.

All this contradicts the concept of the Blue Pacific first officially articulated at the 2017 PIF leaders' meeting as emphasizing principles which have become prominent in the discourse of Pacific leaders, such as regional priorities, a partnership approach, and collective outcomes and impact, with the core element of an identity based around "our collective potential and our shared stewardship of the Pacific Ocean".[60]

---

[60] Secretary General of the Pacific Islands Forum Dame Meg Taylor, *Griffith Asia Lecture 2019*, November 11, 2019. www.forumsec.org

Revisiting a middle-range power's foreign policy

Another key element of the Blue Pacific narrative is stronger strategic autonomy and Pacific diplomacy, as remote from dominance or overt influence. One potentially encouraging example is the Australian creation of a pilot hub for the Pacific Fusion Centre in Canberra in September 2021. It is a security information fusion body in the broad sense, which delivers training and strategic analysis against security priorities in the area covered by the PIF (with hosting in Canberra of 21 analysts from 14 Pacific island countries, for real-time shared analysis of risks and threats and its dissemination for the benefit of the Heads of relevant governmental and regional agencies, on short-term secondments, as a continuation of the Pacific Step-up initiated in 2016). It issues strategic assessments relevant to Boe Declaration priorities, provides service domain awareness through media monitoring and an unclassified geospatial portal, national and regional capacity building and security coordination, and information sharing. That the headquarters of the PFC is located in Vanuatu is no coincidence, as the country was suspected of being willing to host a Chinese military base in 2018. Its transfer was envisaged to the Southwest Indian Ocean; backed by the Indian Ocean Commission, it would cover global security issues, not just maritime security, with the support of France's Indian and Australian partners, as part of the implementation of French strategy in the Indo-Pacific.[61] This suggests that Australian leaders and officials now recognize that, to build positive global relationships and advance Australia's strategic interests, they can design internationalized approaches that advance both Australia's priorities and those of the Pacific, if need be by drawing on non-Western ideas, practices, and historical experiences.[62]

---

[61] In this framework, an initiative has been pondered to establish a Security Information Fusion Center in the Indian Ocean (SIFCIO), to cover aspects such as climate security, the fight against illicit trafficking of all types, disinformation, cybersecurity, and health security. See Regaud, N., "From the Pacific Fusion Center to the Security Information Fusion Center in the Indian Ocean?", *Strategic Brief* n° 11-2020, IRSEM, Ministère des Armées, www.irsem.fr

[62] Reus-Smit, C., "Going global : a future for Australian International Relations", *Australian Journal of International Relations*, 75-6, 2021, p. 678-690.

Conclusion: Towards multiscalar and unequal polylateralism, fluctuating and opportunistic collusion, and relative democratic fragmentation to face the PRC's rising global leadership

BRIGITTE VASSORT-ROUSSET
Professeur émérite en Science politique,
CERDAP²-Sciences Po Grenoble-UGA

This book has investigated successive instances of emancipatory engagement characteristic of Interregnum *vis-à-vis* post-WWII international politics as well as International relations knowledge production. The first part on Risk management across borders has shed light in theory and practice on examples of explicit challenge to hegemonic structures: providing new meanings across disciplines to the sciences of danger and to risk governance, including subverting borders and marginalized actors, new agents, voices, and perspectives; and elaborating new strategies and agency in the neglected field of environment. The second part on Creative interregional competition has demystified transformation and empowerment, *via* hybridity (of agents and of power patterns) as subversive and empowering, derivative yet localized and enriching. While the third on Permanent reconstruction of representations and their application has delineated distinct regional circumstances disrupting hegemonic structures, by enhancing local agency and context, and pluralizing but not overturning.

As regards the level of practices in global international relations, they are enacted in ways that go far beyond the former bipolar system and the subsequent prevalent binary decolonization *vs.* sustaining Western hegemony dichotomy; they are generated through contextual particularities. Even more importantly, the current global framework of cooperation and competition has since 2013 been primarily informed by the new world system induced by the Belt and Road Initiative, backed by the Chinese state and inclusive of a global security project. Beyond considerable infrastructures and the multiplicity of connections, needs, and commodities, it brings forth the huge importance of utilitarian networks, and of rich and active cities, *e.g.*, in Central Asia, and uses phenomenal architectural care and elite patronage to exploit resources, assert power on a massive scale, and spread norms and beliefs unto remote peripheries on all the continents.

When facing increasingly harsh strategic competition with a very assertive China ("a partner, rival, and systemic competitor"), interconnected challenges for the European Union in defense of open markets, free open seas and skies, and inclusivity encompass protection of its rules-based approach, reinforcement of regional transparency and codes of conduct in the face of many provocations against international law, development of its autonomy and resilience, and furthering domestic support to continue playing to its strengths, *e.g.*, connectivity and intra-European cooperation *vis-à-vis* third countries.

The dilemmas consist in underscoring an independent voice and finding a way to maintain relationships with China, while managing the risks in trade and interference, and in focusing on priorities (such as fixing multilateralism, diversifying dependencies, coordinating -despite multiple obstacles- with the Chinese on defining a regulatory framework on climate change and the digital domain), while elaborating a decisive level-playing field with like-minded partners and creating new instruments to act together in a strategic way to reconsider geo-economics. The goal is to achieve enhanced global security with flexibility and speed, technical and fundamental political trustworthiness, sustainability, quality infrastructures, and respect for human rights. Important constraints are undeniable, such as asymmetries and capability shortfalls (*e.g.*, a severe decline in EU capability since the end of the Cold War, and scattered perceptions), and diverging strategic priorities among Europeans (in relation to history and geopolitical positioning) *vis-à-vis* challenges on sovereignty and democracy, China's military rise, the clash of values, and economic dependency.

What is at stake as part of a balancing game is sustainable trade, the rules-based order and human rights, cybersecurity, climate change, global poverty, supply chain safety, and improved connectivity, with internet and personal freedom... Actually, status ambitions and conflicts are the decisive background behind disputes and negotiations on norms and standards (environment, digital...), the advancement of free trade negotiations, green transition, good governance, security cooperation (open lines of communication, capacity-building, cybersecurity, counter-terrorism, interference and manipulation), and health.

For public prestige is distinct from interactional role status: hence, differentiations emerge through bilateral interactions, and defiant acts that upend regional and local status hierarchies should be accounted for, and related to the most intense status infringements, *i.e.*, humiliating acts and relationships. Open defiance can clearly be considered as the best way to escape an undignified position of inferiority. An integrated conceptual framework for international ranking orders theorizes that "all societies contain at least two basic forms of hierarchy that are closely connected: a hierarchy of prestige (according to perceived public esteem), and hierarchy deference patterns that reflect direct interactions between parties with dominant and subordinate roles". Various tensions giving rise to status disputes can result from several kinds of friction: between actors with differing views concerning an actor's appropriate prestige, be-tween an actor's prestige and its authority, between an actor's unchanged status position and the latter's shifting material basis, and between actors holding differing views about the appropriate status position of third par-ties. "Fears that another party might attempt to enforce an asymmetric relationship tend to provoke the most severe form of status conflicts" *via* a perceived *fait accompli*, or shifts in the relationships with third parties.[1] The intrinsic benefit of a higher rank may actually become the main driver of great power revisionism, given the mutual benefits of economic inter-dependence and of security provided by nuclear deterrence, as the world undergoes a profound shift from erstwhile Western preponderance to a more balanced distribution of economic resources and military power.

---

[1] Wolf, R., "Taking interactions seriously: asymmetrical roles and the behavioral foun-dations of status", *European Journal of International Relations*, 25-4, 2019, online April 4, 2019, explores the explanatory value of this framework for Russia's seemingly erratic status disputes with the "West". This comprehensive view of international ranking orders can be extended to include China, the "West", and third countries (*e.g.*, in the South China Sea and in the Island Pacific). Likewise, Russian diplomats in three multilateral organizations (the United Nations, the NATO-Russia Council, and the Organization for Security and Cooperation in Europe) have consistently defended policies and used narratives that reveal more interest in status recognition, at the expense of security concerns. See Schmitt, O., "How to challenge an inter-national order: Russian diplomatic practices in multilateral security organizations", *EJIR*, 26-3, 2020, online November 11, 2019.

On the level of spatiality, the concepts of "core" and "periphery" must be dislodged from their geographical associations with the "West" and "non-West". Multiple asymmetric relationships are striking within and between the West and the non-West, and relationships of domination also occur within the non-West, all the more so as geopolitical shifts are transferring material and ideational power away from Europe and North America, towards Asia and Latin America. Hence, processes of stratification, emulation, localization, diversification, mimetic defiance, and emancipation interact, and dismantle and transform the border structures of power and governance. They make possible a multiplicity of political projects that are re-articulated through multiple layers of global relations, and problematize the assumption of Western ascendency as natural and given. While moving beyond the "black box of the state", global IR practices are best captured by notions of complexity and stiltedness, requiring recognition of positionality, globality, and context.

As a matter of fact, great powers routinely face demands to take on special responsibilities to address major concerns in global affairs, among them global environmental concerns pursuant with the new Sustainable Development Goals ; however, norms or institutions demanding or recognizing great power responsibility are notably absent. This lack of great power responsibility may be accounted for by a lack of congruence between systemic and environmental "great powers", and by weak empirical links between action on the environment/climate change and the maintenance of international order, and no link to special rights. Institutionalized environmental responsibilities arose from the North-South conflict; they have become more diffused than top-down collective management, and more decentered from ideas of state responsibility, reaching into societal change where multilevel transformation and leadership, and wider ranges of actors are equally as important.[2]

This calls first for recognizing both the changing structure of global order, and the problematic governance level of many serious systemically important global issues characterized as non-traditional security, *e.g.*, environment and climate change. And also for accepting that leadership, accountability, and authority will be required at multiple levels and in different locations simultaneously, in a multiplex order with increasingly complex authority arrangements among state and non-state actors.

---

[2]   Bernstein, S., "The absence of great power responsibility in global environmental politics", *EJIR*, 26-1, 2020, p. 8-32.

The two African case studies (Benin/Nigeria, and Central Africa) deal with the management of cross-border flows, and the spatial and temporal mutations of borders, territory, population, authority, and sovereignty. They both acknowledge other mindsets and territorial references than state, sub-state, legal, or administrative dimensions. They question the articulation between the state level and the customary level, evaluate the number and intensity of cross-border exchanges, and lead to framing the analysis in terms of mobility, networks, and hybrid norms, rules, and logics. This further evidences that the meanings of sovereignty and territoriality, and hence nation-building processes as well as porous borders, are increasingly contingent on the agents' rules and practices, both localized and historicized, with an ever more intrusive international community. They display hybrid practices in the definition of legitimacy, that borrow from primordial communities as well as contemporary administrative levels, and from alternative cross-border norms, values, and structures (networks), possibly cooperative.

From a policy perspective, for that matter, existing studies have shown that peace-keeping operations should not be implemented in the absence of prior domestic consent and cooperation, or in the presence of external belligerent support. Can such consent be obtained and sustained and how, and can belligerents be cut off from external support? Does a causal logic of sequencing exist, deriving from the absence or presence of a major power lead that creates subsequent path dependencies?

That entails a syncretic and multiscalar vision of power and identities, beyond the state and stability, which challenges the Western national and territorial model superimposing identity and sovereignty. It suggests adjusting the level of analysis and action to continuous and entangled/multiple grassroots cultural realities and to the deep recognition of endogenous political mechanisms, as they intrinsically and fundamentally question the artificial notions of border and territory as well as the Western mindset. They also yield the dynamic notion of network territory, which is better suited to historical, cultural, and economic vitality in Africa. This sheds light as well on the paradoxes and cumulative logics which have curbed regional integration attempts conducted on the basis of the imported reference to the European national state. Further academic research will explore an ethnographic understanding of cross-border peoples' representations of the world and their cosmogonies, as they constitute the roots of better-fitted political and judicial regulation, conflict resolution and conciliation, and can restore a shared collective narrative, a sense of individual responsibility, and political participation supporting peace-building and human security.

The de-compartmentalization of two domains of investigation, namely recurring civil war and post-war violence, is under academic scrutiny. They share some risk factors, which nevertheless induce divergent consequences in relation to the State, the community, and the intensity of violence. It is no longer a matter of designing categories of violence, but rather of seeking in an integrated fashion the structural conditions of post-war contexts and the actors' strategic choices. Being aware of them may help prevent violence after civil war.

Bringing non-state actors back in, though a feature of multilateralism since 1946, has gained prominence since the end of the Cold War, and accelerated with the 17 Sustainable Development Goals set up by the UN General Assembly in 2015. International organization accreditation for each non-governmental organization, whether at the UN or in regional organizations like the EU (as in the case of hybrid free trade agreement negotiations with India), goes through three successive and interdependent stages: *i.e.*, institutional inclusion, social (participative) inclusion,[3] and substantive inclusion,[4] as tokens of the interactive/participative democratization of self-organized international and transnational flows, *e.g.*, on environment, food procurement, and human rights even though the most powerful states will aim at keeping control.

NGOs epitomize grassroots and activist multilateralism, oftentimes more substantial than discursive confrontation among diplomats, above all on sustainable development. They are vital to IO survival and public legitimacy. At the same time, they must face such hindrances as difficult coordination among numerous bodies, polarization, management of highly technical issues, weak legitimacy and representativeness linked to great heterogeneity, and limited ability of a restricted number of important agents to influence the final output.

Overall, their inclusion in multilateralism helps mobilize financial, organizational, and human resources to face new challenges; in return, they provide international and domestic legitimacy to the decision-making process, and authority to committed agents. Legitimacy is enhanced *via* efficiency based on field knowledge, variety of agents, and

---

[3]   Drawing a distinction between policy arena (debate) and decision venue.

[4]   Evaluating processes of negotiation, issue promotion, scale of competence-building.

horizontal debates; such agency bypasses institutional and state blocking of decisions, and embodies diffuse and stabilized reciprocity. Inclusion may hence be hurt by issues of representativeness, level of specialization, self-censorship among agents from the Global South, matters of responsibility *vis-à-vis* implemented public policies, and limited evaluation and accountability of international organizations *vis-à-vis* their partnerships.

In parallel to global change, the process of international regional integration is rapidly spreading from North Asia to Europe, *via* Central Asia, and cooperative (inter-)regionalism may become a potential way to revive multilateralism. It involves many countries with long histories related to the ancient Silk Road, and now concerned with recent developments in infrastructures, transportation networks, and logistics as powerful countries are stepping up their interest, diplomacy, and investments in the Eurasian region. Cooperation mechanisms in the region have been numerous, including the Shanghai Cooperation Organization. However, progress has been unclear, outcomes often insufficient, and common values difficult to identify, while a danger exists for smaller countries to become overly dependent on a dominant state economically, and lose in economic and national security and independence.

Connectivity, sustainability, and viability of new or restored infrastructures between China's East Coast and Europe *via* Central Asia are all constitutive of international uncertainty as to outcomes and beneficiaries, balanced and mutual benefits, and fair exchanges of ideas and beliefs. Indeed, whether in Central Asia, Latin America or the South Pacific, there is more to infrastructures built by China than efficiently designed "things": the underlying logic unfolding beneath the seismic shift of global infrastructure production must be brought to light. What do these services mean? In which sectors are they more effective and fair as a sustainable perspective, or potentially negative? Which oversight for such planning processes? The risk exists of seeing them as depoliticized, and failing to consider them in a more inclusive way. *E.g.*, how does the associated digitalization contribute to inequalities and market dependencies, and how does capital accumulation in a handful of huge state-sponsored firms result in concentration of income opportunities?

The capacity to innovate is the key characteristic of today's Asia in the post-Mao/post-Soviet/post-Cold war eras. The powerful regional process there has led China to become a "super-regionalizer", and been a "multiplier" of power, bringing logistics, exchanges, and security. It enhances

China's international acceptability and domestic legitimacy, by opening up trade outlets and routes.

In post-Cold War anti-Western actions, China is the only country willing and up to filling the void of regulations. Infrastructures do carry a political philosophy and world vision connected with three global paradigm shifts: climate change, digitalization, and China's emergence as a superpower. The New Silk Roads as a systemic approach "from above" has imposed an unprecedented economic contracting theory, a new type of hybrid multilateralism in Eurasia, and concrete rules and procedures foreign to the usual and protective option of flexibility and renegotiation in international law economic agreements.[5]

Four sets of issues emerge, regarding Eurasia in the making, the "New Asia", and changing Europe: where does this take us, and is Eurasia fit for the next generation? How can turbulences in international relations theories fuel enhanced awareness, as it is important to track down international relations beyond nation-states, about people and their survival? Although cooperative (inter-)regionalism is a potential way to revive the debate on the role of multilateralism from an interdisciplinary perspective, and to fuel analyses of practices and hybrid forms of multilateral cooperation that provide greater bargaining leverage *vis-à-vis* established powers, twenty-first century international regionalism has new characteristics: its increasing plurality and intensifying antagonisms are largely disconnected from the orbit of the United States (unlike the previous hegemonic regionalism), and challenge the positive relation between regionalism and multilateralism. In addition, given the shift in geopolitical relations, the main test for member countries of new regions being to design and implement a common platform to wield greater influence at the international level, what new types of intra-regional trade cooperation and of leadership are needed? Allowing of course for the fact that regionalism and globalism will assume different contents and scopes of application depending on where they apply.

---

[5]   Hirsh, M., Mostowlansky, T., *Infrastructure and the remaking of Asia*, University of
        Hawaii Press, 2023, 280 p., in addition to the process "from above" also investigate
        infrastructure planning, production, and operation "from below", as experienced by
        middlemen, laborers, and everyday users. This book establishes a dialogue between
        various scholarly approaches (except for the complex impact in international rela-
        tions) to the materiality and agency of the infrastructures and the more operational
        perspective of the professionals who design and build them.

The conventional wisdom is that China functions as a unitary player in its foreign policy-making process. In reality, its approach to external issues, as its international relations have become more complex, is a result of intense bargaining between numerous subnational authorities with a wide range of objectives, such as central government institutions with specific expertise and knowledge, provincial-level authorities, and major state-owned enterprises (SOEs). A deeper understanding of the foreign policy decision-making process as the result of seeking the broadest "consensus" among a myriad of actors, at least opportunities for vested interest groups with specific expertise to influence the opinions of the most senior leaders within the Party, holds the key to progress in cooperation, e.g., on climate change. The process remains fluid, opaque, and flexible not to say erratic, and mainly involves threefold policies: economic cooperation, energy transportation, and border security.[6] The BRI has put local issues and agents at the heart of global politics, and witnessed an institutional power-shift from traditional diplomacy-led ministries to specialized units, with occasional conflicts and disagreements with the central government.

In order to overcome obstacles in its quest to move closer to the center of the world stage, and to respond to escalating strategic competition with the United States, "China appears to be pursuing a three-pronged medium-term strategy maintaining a non-hostile external environment, in order to focus on domestic priorities; reducing dependence on America while increasing the rest of the world's dependence on China; and expanding the reach of Chinese influence overseas."[7] China's partnership strategy on the international stage is unique in its inclusiveness, flexibility, and diversity. Its thorough use of economic interdependence tied to globalization allows it, beyond the remodeling of is foreign relations, to gain first-rank diplomatic status and maintain links with Europe and the US as well as with Russia. The New Silk Roads hence appear as the prerequisite of China's ambition to become the top world power,

---

[6] On the institutionalization and professionalization of foreign policy formation, on matters of "high politics" decided by the Standing Committee of the Politburo, and on how SOEs backed with generous state loans have bolstered China's geopolitical authority but also drawn criticism from various countries and undermined profitability overseas, see Yu, J., Ridout, L., "Who decides China's foreign policy?", *Chatham House Briefing*, November 1, 2021, 24 p.

[7] Hass, R., "How China is responding in escalating strategic competition with the US", *China Leadership Monitor*, 67, March 1, 2021, Spring 2021.

without mentioning the political and economic fallout from presence in its near environment. Technical infrastructures serve the messianic vision of normativity with Chinese features, breeding ground for alternate globalization and an anti-containment strategy. Yet without revolution, and *via* multifaceted influence on international organizations and in the economic field, free from any political-military entangling alliance.[8]

The analysis of plural memory in Europe, as the others in the book, is not a review of international news, but includes historical background and contemporary enhancement structured by theoretical considerations. In this vein, the European Union countries' reaction to the Russian invasion of Ukraine put an end to hierarchical roles within the EU, and offered new value to the inputs by countries from its margins, until then only evaluated according to their domestic institutional posture (Poland) and their economic performance (Romania). It decisively incentivized Central and Eastern European countries to activate maximal participation in EU decision-making, thus enhancing their legitimacy as full-fledged EU members. The "nesting effect" has become an asset after the invasion of Ukraine rather than a hindrance, by jointly gearing down and adjusting the power of strategic and geopolitical commitment. It has strengthened the EU's normative foundation in pushing forward the part played by these new "pivotal powers" in the conflict. They have become if not the catalysts of anti-Russia resistance, at least its relays and levers, through their deliberate choice between political regimes. Just as Poland had started national uprisings in the late 1980s.

This has led to the unveiling/recognition of vitality in these civil societies, which claim quick consolidation of their integration processes into the EU, and are unlikely to accept being relegated as the most vulnerable parts of Europe. It must be assumed that while a common destiny belongs to Western Europe in defense of justice and respect for individual and national choices and ethics, acknowledging their new indispensable pivotal role is the "special way" of Europe's Eastern margins and a vital contribution to European power. It is no longer relevant to mention the

---

[8]   As opposed to "Thucydides' Trap" popularized by Graham T. Allison, coined to describe a potential conflict between the United States and the PRC, or any tendency towards war when an emerging power threatens to displace an existing great power as a regional or international hegemon, *pax sinica* is currently promoted by the New Silk Roads, as argued by Bongrand, M., Roche, S., " 'S'imposer sans combattre': origines, ambitions et limites de la stratégie partenariale chinoise", *Les Cahiers de la Revue Défense Nationale*, 2022/HS n°2, p. 26-32.

"normative delay" and subaltern pasts of these East-European countries, which simultaneously seek recognition from, and resist the hegemonic "core European" narrative. The selection of their identity by these countries has become obvious and unquestionable. Their historicity in action has abruptly made them into full-fledged actors of Europe under construction, beyond the legal corpus, both philosophically and with the risk of bloodshed, by sublimating the Slavic messianic legacy and displaying their difference.[9]

The final analysis on Australia's risk governance hints at an ontological reorientation in how international relations are conceived as a domain of politics, and demands a shift in normative reasoning, emphasizing the ethics of recognition, revisiting hierarchy, and giving thought to how a middle-power like Australia can seek ways to influence the thinking and behavior of Chinese policy-makers. This interacts with social ideas about other ends Australia's elites and inhabitants may hold, *i.e.*, with the "role" they expect their state to play in international politics, and does not preclude incompatibilities in role-performative and *Realpolitik* understandings of powerness: role-performative impulses (as activated during the recent submarine crisis) may induce external behavior inimical to security-maximization.[10] In the debate in policy circles regarding spheres of influence in the world, the rise of China must be viewed with alarm as taming it is a fantasy, while offensive realism from Western US-led partners is wrong and dangerous.

Great power sphere of influence behavior is actually primarily a function of material calculations and secondarily of ideational ones; however, both types often combine. Hypothesis 1 of Resnick's modified ideological distance theory may be extended to Australia as a middle-range power in its triangular relationship with the US and China, *i.e.*, "If a great power

---

[9] The benefits and risks of "differentiated integration" (where countries do not participate in specific policy areas, or where they proceed at different speeds of integration) have been assessed by Sandra Kröger and Thomas Loughran, "The benefits and risks for the EU of 'differentiated integration'", *The Loop*, European Consortium for Political Research, online February 25, 2022. The analysis generated several core findings: significant support for differentiated integration in general, significant regional difference in experts' attitude towards differentiated integration, support deemed instrumental in EU survival *vs.* qualified objections linked to intrinsic features, and benefits outweighing the risks.

[10] Blagden, D., "Roleplay, realpolitik and 'great powerness': the logical distinction between survival and social performance in grand strategy", *EJIR*, 2021, 27/4, p. 1162-92.

and small power are ideologically homogeneous and their ideology differs from that of a peer competitor, then the great power will temporarily deny the peer competitor a sphere of influence by engaging in short-term unrestricted cooperation with the small power".[11] Washington and its allies such as Canberra need to help strengthen the incentives for peace and simultaneously develop a strategic framework for competing effectively with China; paradoxically, recognizing the reality of competition increases the chances that the ongoing contest for influence can remain bounded, manageable, and ultimately peaceful, between "responsible stakeholders". Its pivotal (if not stabilizer) role also broadens a middle power's array of fluid agencies in a changing regional/global order.[12]

Opportunities for multilevel cooperation with China illustrate pure inter-regionalism (between regions), hybrid inter-regionalism (between a state and a region), and trans-regionalism (dialogue and cooperation between major regional hubs to enhance connectivity and the synergy of development strategies within and among regions). This clears the way for new global governance in education, health, trade, migration, and culture. It is a flexible response to global threats, against dysfunctional institutional choices that can no longer support liberal universalism. It unexpectedly results in continuing the globalized international order, yet with other multilateral practices, and significantly curbs Western influence in development and trade decision-making processes.

This approach elaborates a fluid and hybrid (public/private, external/domestic, bilateral/multilateral) dynamics of regional integration (as a process towards a new globalization), based on the official "win-win" motto, and remote from the Western concepts of individualism and rules-based governance. It also stresses references to two fundamental components of traditional Confucean philosophy at the roots of the rising Chinese school in I.R., meant for conducting globalization through other means than the traditional Western legal framework. *Tianxia* (defined by Zhao Tingyang) as the source of legitimacy and power backed by the principle of integration (rather than submission) of a central State endowed with the right to rule over all the other political entities around it ; and

---

[11] Resnick, E.N., "Interests, ideologies, and great power spheres of influence", *EJIR*, 2022, 28-3, p. 563-588.

[12] See Efstathopoulos, C., "Global IR and the middle power concept : exploring global paths to agency", *Australian Journal of International Affairs*, online March 31, 2023, p. 1-20.

the concept of "relationality" comprising the Confucean ethical nature of social interaction (rather than Western free will and individual responsibility), and a polycentric global framework of governance possibly replacing hierarchy and a single center. They both enhance a revisionist discourse *vis-à-vis* the Western alliance system and the liberal order. They elicit the "Chinese Dream" and its key concept of China's unique responsibility to reform the conflictual Western liberal order, through fighting its imbalances supposedly at the roots of terrorism and the refugee crisis, which hinder global peace and development.

Following this world vision, globalization becomes the coordination of several regional policies under the supervision of a central State, namely China, which has extended its geographical area of competence through the New maritime and land Silk Roads. A potential follow-up would be the transformation into a normative vision dedicated to serving China's foreign policy interests, which would amount to extinguishing the originality of the international liberal order and of US exceptionalism.[13] Three key concepts for mankind have for this purpose been redefined by China: "justice and democracy" hence signifies increased audience for developing countries in international forums, while "freedom" essentially proclaims their right to opt for non-Western political models and development patterns.

However, to become a world leader, China must build trust from other countries. In May 2021, the G-7 Group of leading economies stated it was "deeply concerned" by human rights violations and abuses in Xinjiang, Tibet, and Hong Kong; one month later, a final *communiqué* by leaders of the 31-member NATO alliance said China's "stated ambitions and assertive behavior present systemic challenges to the rules-based international order".

Actually, the rise of "anti-democracies" characterizes the new setups instigated by states that were humiliated during the previous centuries,

---

[13] The five current official guidelines of Chinese reforms are partnerships, a new security order (maintaining the United Nations, yet reasserting the principles of sovereignty and equality among states in the multiplex world), more inclusive and balanced economic globalization, the diversity of civilizations, and sustainable ecology. At the core of this pragmatic community, partnership will rest on "dialogue, non-confrontation, non-alliance, 'win-win' cooperation, equality, and mutual respect". Such a policy of international economic liberal order without political liberalism pushed by China does not solve inner contradictions, as soon as national integrity and political orthodoxy as its fundamental interests are questioned.

and that have become prominent international agents around the globe, *e.g.*, China, Russia, Turkey, and Iran. These states consider themselves as the radical opposite of democracy, which has been based on a dual principle: consensus allows a human community to think of itself as a society, while dissent legitimizes, negotiates, resolves, and occasionally institutionalizes domestic conflicts. Anti-democracies do not fully annihilate their opponents, yet act in politics as in a war game, both domestic and foreign; they deny freedom of belief and of speech, human, environmental, and constitutional and fair voting rights ; they violate judicial independence, marginalize legislative power for the benefit of the executive branch, criminalize the opposition, encourage Manichean polarization, dismiss intermediary bodies in the name of technocratization, and tolerate corruption and cliques. They also perceive they have the right to dominate, so as to honor their historical and theological mission. China comes forward as the prime model of a digital dictatorship, with a single party, and leaders with an imperialist inclination.[14]

The main peculiarity being that China's executive may have achieved its revenge since 1949, *via* its ability to use state-owned companies to boost the Communist party's domestic and foreign influence, policy and subsidy to decide which companies will win, and the political will to muster sustained and long-term commitment. State power over technology and institutions that have the means to control social interactions bolsters the ruling party's political control in ways that Western governments cannot.

On the surface, China strides "to take center stage in the world", following Xi's doctrine. It is the top trading partner to more than 120 nations ; the dark side being that the World Bank has named supply-chain disruptions stemming from China's lockdowns as driving a cut in global growth, down at 2.9 per cent in 2022, from 5.7 per cent in 2021. Never before has the global economy and the livelihoods of so many billions been so at the whim of one man. As each side pushes towards technological self-reliance and heavy investments in bringing production chains home or to a "friendly" country, they are pressing other nations to join their blocs. It will be a costly decoupling as China and the US together account for over 40 per cent of the global economy.

---

[14] Bozarslan, H., *L'anti-démocratie au XXIè siècle. Iran, Russie, Turquie*, CNRS Editions, 2021, 288 p.

The diplomatic freeze is most worrying from a security perspective, given Xi's belligerence towards Taiwan, his oversight of border clashes with India, economic warfare with Australia, and standoffs with Vietnam, the Philippines, and the US in the disputed South China Sea, as well as his "no limits" partnership with Putin announced just weeks before the invasion of Ukraine.

In this fragmenting world, nevertheless, no one government will have the international influence required to continue to set the political and economic rules that govern the global system. China looks best positioned to extend its influence with partners and rivals alike, but the nearly unrivaled concentration of power by Xi Jinping, with no apparent meaningful checks and balances, is a recipe for paralysis as he faces a daunting dilemma. In reality, even in Beijing intense bargaining prevails on external issues between numerous subnational authorities with a wide range of objectives; Xi himself may be tempted to turn to a more assertive foreign policy as an alternative way to demonstrate the CCP's legitimacy and right to rule. But in so doing, he (and the aftermath of his enduring zero-Covid policy) could jeopardize the stability that has contributed so directly to China's economic growth.

In order to overcome the current crisis of formal multilateralism and the shortcomings of state sovereignty, former WTO Director General Pascal Lamy drew perspectives for the EU in 2021 and 2023 (*Le Grand Continent*). He advocated "polylateralism" to facilitate energy transition and global economic management. With more freedom to expand and criticize in liberal regimes and parts of Africa than in China, results-oriented, networked, and more horizontal coalitions can derive their legitimacy from outcomes rather than form. In order to avoid EU dissolution or marginalization in a world harmed by fragmentation and the "war of political capitalisms", he welcomes reinvigorated European unity and solidarity since the invasion of Ukraine, the "green" impact of "war ecology", and recognition that conventional warfare is being waged and military efforts integrated. That is, "a civilizational turn feeds a geopolitical turn"; Europe's unique responsibility *vis-à-vis* the South is to focus on environmental leadership (unlike the Sino-American geopolitical contest), trade, humanitarian issues, and refugees. Globalization is changing, the price of risk has risen and includes environmental and health security, and a techno-sovereignist vision spreads. Green leadership, variable geometry partnerships with the South, and enhanced self-reliance are very complex and costly, yet the key to EU agility away from chaos.

New International insights/
Nouveaux Regards sur l'International

En hommage au fondateur de l'ancienne collection *Regards sur l'international*, Eric REMACLE, les éditeurs ont proposé de le renommer New International Insights.

Leur objectif consiste à inviter les auteurs potentiels à considérer les situations, les études de cas et les dynamiques qu'ils souhaitent analyser et conceptualiser comme innovantes dans un ordre mondial de plus en plus multipolaire, plus que comme une simple continuation des évolutions et des théories passées. C'est l'approche qui caractérise les propres recherches des éditeurs. Plus d'un quart de siècle après la fin de la guerre froide, les innovations constantes eurasiennes, transatlantiques, asiatiques-pacifiques et panaméricaines remettent en question les conclusions les plus analytiques presque aussitôt qu'elles ont été formulées. Pourtant, il y a un besoin de théorie. Les exemples dépasseraient le cadre de cette brève présentation, mais une illustration valable peut être suggérée : le tournant par lequel une Asie sino-post-soviétique déjà innovante s'est révélée capable, tout en étant au stade de sa première affirmation, d'engager l'Asie du Sud et de construire une relation triangulaire Chine-Russie-India qui bouscule, voire remet en question la plupart des visions existantes de l'Asie, notamment les visions néoréalistes. Les visions traditionnelles cèdent ainsi aux incertitudes contemporaines. Alors que les acteurs non-étatiques provoquent toujours le recul, le retrait ou le trébuchement des États, de nouvelles constructions trans-nationales et même trans-continentales, font « revenir » les États, même si c'est autour d'objectifs différents : logistiques et commerciaux, tandis que la coopération militaire apparaît comme une forme datée et remise en question de mise en œuvre de la sécurité.

New International Insights vise à équilibrer les publications de livres d'auteurs de toutes origines intellectuelles, occidentales et orientales, d'auteurs du Nord et du Sud. Ce n'est qu'ainsi que l'on pourra espérer faire avancer la vision de ses premiers fondateurs. Un monde post-moderne a besoin d'une épistémologie post-occidentale pour dévoiler sa nouvelle signification.

Les manuscrits en science politique et en sciences sociales sont invités à être soumis, de préférence en anglais, n'excédant pas 650 000 signes, notes et annexes comprises.

Series Editors

Pierre CHABAL (Ph.D., Dr. Habil.), Political Science Associate Professor (regional studies), University of Le Havre, and Sciences-Po Europe- Asia campus.

Esra LAGRO (Ph.D.), Jean Monnet Professor of European Union Governance and Professor of International Relations, CIRP, Turkey.

Turtogtokh JANAR (Ph.D.), Political Science Professor, National University of Mongolia, editor of Contemporary Political Society.

Brigitte VASSORT-ROUSSET (Ph.D.), Professor Emerita in Political Science, former ECPR-SGIR Chairperson, Senior Research Fellow Sciences Po Grenoble.

Scientific advisory Committee

Prof Aliya AKATAYEVA, Satbayev University, Almaty, Kazakhstan

Prof Hakan CAVLAK, Namik Kemal University, Turkey

Prof Charles-Philippe DAVID, UQAM, Canada

Prof Nobuto IWATA, Aoyama Gakuin University, Japan

Prof George KALLANDER, Syracuse University, United States

Prof Nedret KURAN, Yeditepe University, Turkey

Prof Yves-Heng lIM, Macquarie University, Sydney, Australia

Prof Erik MOBRAND, National University of Singapore, Singapore

Prof Darya PUSHKINA, St Petersburg State University, Russia

Prof Jayati SRIVASTAVA, JNU, Delhi, India

Prof Elisabeth VALLET, UQAM, Canada

Series titles/Titres parus

International insights/Regards sur l'International

Édité par Éric Remacle (†)

N° 1 – Pierre CALAME, Benjamin DENIS & Éric REMACLE (eds.), *L'Art de la Paix. Approche transdisciplinaire*, 2004.

N° 2 – Gustaaf GEERAERTS, Natalie PAUWELS & Éric REMACLE (eds.), *Dimensions of Peace and Security. A Reader*, 2006.

N° 3 – Yves DENÉCHÈRE (ed.), *Femmes et diplomatie. France – XXe siècle*, 2004 (2e tirage 2005.

N° 4 – Takako UETA & Éric REMACLE (eds.), *Japan and Enlarged Europe. Partners in Global Governance*, 2005.

N° 5 – Barbara DELCOURT, Denis DUEZ & Éric REMACLE (eds.), *La guerre d'Irak. Prélude d'un nouvel ordre international?*, 2004.

N° 6 – Claude SERFATI (ed.), *Mondialisation et déséquilibres Nord- Sud*, 2006.

N° 7 – Takako UETA & Éric REMACLE (eds.), *Tokyo-Brussels Partnership. Security, Development and Knowledge-based Society*, 2008.

N° 8 – David AMBROSETTI, *Normes et rivalités diplomatiques à l'ONU. Le Conseil de sécurité en audience*, 2009.

N° 9 – Dries LESAGE & Pierre VERCAUTEREN (eds.), *Contemporary Global Governance. Multipolarity vs New Discourses on Global Governance*, 2009.

N° 10 – Christophe WASINSKI, *Rendre la guerre possible. La construction du sens commun stratégique*, 2010.

N° 11 – Sébastien BOUSSOIS & Christophe WASINSKI (eds.), *Armement et désarmement nucléaires. Perspectives euro-atlantiques*, 2011.

New International insights/
Nouveaux Regards sur l'International